Herbert Friedmann

Vom Wildfluss zur Kraftwerkstreppe

Herbert Friedmann

Vom Wildfluss zur Kraftwerkstreppe

Umweltgeschichte des Lechs

wbg Academic

Die Deutsche Nationalbibliothek verzeichnet diese Publikation
in der Deutschen Nationalbibliographie; detaillierte bibliographische
Daten sind im Internet über http://dnd.d-nb.de abrufbar

wbg Academic ist ein Imprint der Verlag Herder GmbH

Satz und eBook: SatzWeise, Bad Wünnenberg
Gedruckt auf säurefreiem und
alterungsbeständigem Papier
Printed in Germany

Besuchen Sie uns im Internet: www.wbg-wissenverbindet.de

ISBN 978-3-534-45022-0

Elektronisch ist folgende Ausgabe erhältlich:
eBook (PDF): 978-3-534-45023-7

Inhalt

Abbildungsverzeichnis . . . 6

1 Warum der Lech? . . . 9

2 Hydrogeographische Leitlinien der ursprünglichen Flusslandschaft . . . 11

3 Anthropogeographisches Grundmuster der Flusslandschaft und hydrogeographische Veränderungen . . . 27

4 Gezielte Eingriffe in den Landschaftswasserhaushalt . . . 39

5 Bewässerung . . . 42

6 Hochwasserschutz – Wildbachverbauung und Lechkorrektur . . . 45

7 Die Okkupation der Flussaue . . . 61

8 Flößerei, Schifffahrt und Verkehr . . . 64

9 Entnahme von Geschiebe und Geröll . . . 69

10 Wasserversorgung und Abwasser . . . 71

11 Wasserkraft . . . 77

12 Stromgewinnung . . . 84

13 Sport und Erholung . . . 89

14 Der staugeregelte Lech – ein limnisches Gewässer . . . 91

15 Der Fluss als technisch-ökonomisches System . . . 100

16 Licca liber – die ökologische Wende . . . 107

17 Wildfluss oder grüner Strom? Zusammenfassung und Versuch einer Abwägung . . . 122

Glossar . . . 126

Literatur . . . 133

Danke! . . . 140

Abbildungsverzeichnis

Abbildung 1: Einzugsgebiet des Lechs 11
Abbildung 2: Längsprofil des Lechs 12
Abbildung 3: Historische Abflussganglinie des Lechs 14
Abbildung 4: Abflussganglinie der Hochwasserkatastrophe von 1910 14
Abbildung 5: Mure am Oberlauf des Lechs 17
Abbildung 6: Temperaturschwankungen seit der Jungsteinzeit 20
Abbildung 7: Tiefpassgefilterter Jahresgang von Temperatur und Niederschlag in Mitteleuropa seit dem Jahr 1000 21
Abbildung 8: Digitales Geländemodell des Lechs. 22
Abbildung 9: Veränderung des Lechs durch Korrektionsmaßnahmen 23
Abbildung 10: Wildernder Lech bei Forchach 24
Abbildung 11: Steinzeitliche Fundstellen am Lech 30
Abbildung 12: Jungneolithische Siedlung Pestenacker 32
Abbildung 13: Besiedlung und Straßenführung in der römischen Kaiserzeit 34
Abbildung 14: Wiesenbewässerung 43
Abbildung 15: Frühneuzeitlicher Hochwasserschutz 46
Abbildung 16: Hochwassereinbruch bei Augsburg 47
Abbildung 17: Frühe Planungen zur Lechkorrektur 49
Abbildung 18: Projektierung der Lechkorrektion 52
Abbildung 19: Tiefenerosion im Gefolge der Flusskorrektur 54
Abbildung 20: Tiefenerosion und Querschnittsveränderung nach der Lechkorrektur . . . 54
Abbildung 21: Abflusshöhe und Geschiebetransport 56
Abbildung 22: Lechhochwasser 1910 57
Abbildung 23: Stauvolumen und Hochwasserschutz am Forggensee 59
Abbildung 24: Hochwasserschutzfunktion des Forggensees mit der neuen Speicherbewirtschaftung 59
Abbildung 25: Latènezeitliche Brücke 65
Abbildung 26: Flutwelle an der Kinzig in Schiltach 66
Abbildung 27: Kiesentnahme aus dem Lech 70
Abbildung 28: Mühlstandorte an Seitenbächen des Lechs 78
Abbildung 29: Laufverlegung des Lechs seit 300 n. Chr. nach Osten 79
Abbildung 30: Lechkanäle in Augsburg um 1635 80
Abbildung 31: Hochablass in Augsburg 81
Abbildung 32: Staumauer des Forggensees im April 2019 85
Abbildung 33: Lechkraftwerk Langweid 86
Abbildung 34: Bachläufe, Triebwerkskanäle und Kraftwerke in Augsburg 87
Abbildung 35: Die Olympiastrecke am Augsburger Eiskanal 90
Abbildung 36: Querschnitt durch eine Flussaue 92
Abbildung 37: Auenvegetation am Lech 1924 95

Abbildung 38: Auenvegetation am Lech 1987 96
Abbildung 39: Veränderungen der Auenvegetation 97
Abbildung 40: Tagesgang der Kraftwerksleistung 100
Abbildung 41: Schwellbetrieb einer Kraftwerkstreppe 102
Abbildung 42: Typischer Tagesgang des Stromverbrauchs 103
Abbildung 43: Staustufen am Lech 104
Abbildung 44: Jahresgang des Wasserstandes 106
Abbildung 45: Jahresgang des Abflusses 106
Abbildung 46: Kanalisierte Wertach 109
Abbildung 47: Renaturierte Wertach 111
Abbildung 48: Das Renaturierungsgebiet des Lechs 112
Abbildung 49: Frühneuzeitliche Wasserbauten zum Hochwasserschutz 113
Abbildung 50: Lageplan der Untersuchungsräume 114
Abbildung 51: Veränderungen des Lechs zwischen 1809 und 1834 115
Abbildung 52: Der Lech bei Augsburg war um 1900 noch ein wildernder Fluss 116
Abbildung 53: Tiefenerosion des Lechs innerhalb von 10 Jahren 117
Abbildung 54: Leitbild für die ökologische Sanierung des Lechs 118
Abbildung 55: Entwicklungsziele für die Renaturierung 119
Abbildung 56: Beispiel für eine Sohlrampe 120
Abbildung 57: Zeitplan des Wasserwirtschaftsamtes Donauwörth 121
Abbildung 58: Systemveränderungen eines fluviatilen Systems 123
Abbildung 59: Das Dilemma der Wasserkraftnutzung 125

1 Warum der Lech?

Flusslandschaften sind multifunktional. Sie werden von zahlreichen Grundfunktionen des menschlichen Daseins tangiert oder beansprucht, u. a. durch wohnen, arbeiten, sich versorgen, am Verkehr teilnehmen und sich erholen, vgl. dazu *Maier* et al. (1977, S. 18). Deshalb ist es nicht verwunderlich, dass Flüsse und ihre Einzugsgebiete zu den vom Menschen am stärksten überprägten Landschaften gehören. Am Beispiel der Flusslandschaft des Lechs, der durch menschliche Eingriffe vom letzten wildernden Gebirgsfluss nördlich der Alpen in eine Kraftwerkstreppe verwandelt wurde, sollen die Wechselwirkungen zwischen den Raumansprüchen von Menschen, Gesellschaften und Kulturen und ihrer natürlichen Umwelt exemplarisch gezeigt und interpretiert werden. Das Ergebnis ist eine speziell auf die Hydrosphäre konzentrierte Umweltgeschichte des Lechs. Dabei ist auch einzugehen auf die jüngsten, überaus positiven Entwicklungen, die die teilweise Renaturierung des Flusses zum Ziel haben. Die Darstellung der Umweltgeschichte des Lechs beginnt deshalb nicht – wie sonst üblich – mit der Beschreibung eiszeitlicher Terrassen aus dem Günz-, Mindel-, Riß- oder Würmglazial und damit vor ca. 1 Mio. Jahren, sondern mit der Sesshaftwerdung des Menschen in der beginnenden Jungsteinzeit vor rund 7000 Jahren. Dies ist kein zeitlich eng einzuschränkendes Ereignis, vielmehr handelte es sich um einen länger dauernden Prozess, der auch noch regional differenziert war. Im Voralpenraum können wir davon ausgehen, dass sich die Neolithisierung und damit die landschaftsprägende Veränderung der Wirtschaftsweise vom Jäger und Sammler der Mittelsteinzeit zum Ackerbauern der Jungsteinzeit in der 2. Hälfte des 5. Jahrtausends vollzog, vgl. dazu z. B. *Doppler* und *Ebersbach* (2014) und *Schier* (2014). Möglicherweise wurden einzelne Elemente der sesshaften neolithischen Wirtschaftsweise auch schon früher eingeführt. Seitdem Ackerbau und Viehwirtschaft getrieben wurden und Dauersiedlungen entstanden, wurden die menschlichen Eingriffe in das Landschaftsgefüge und den Wasserhaushalt so groß, dass es zu bleibenden Veränderungen der Umwelt kam. Das Thema sind also die vom Menschen verursachten Veränderungen im hydrogeographischen Gefüge der Flusslandschaft des Lechs. Da wir die Entwicklung eines mehrere Tausend Jahre umfassenden Zeitabschnitts betrachten, ist die Untersuchung zwangsläufig historisch-geographisch ausgerichtet.

Der Lech wurde aus verschiedenen Gründen als Demonstrationsobjekt ausgewählt, u. a. weil

- es kaum eine Flusslandschaft in Deutschland gibt, in der die Eingriffe schwerwiegender waren und sind
- die Flusslandschaft seit weit über 100 Jahren intensiv wissenschaftlich von unterschiedlichen Disziplinen vor allem unter floristischen, faunistischen, wirtschaftsgeschichtlichen, technischen und geowissenschaftlichen Gesichtspunkten untersucht wird. Von geographischer und geologischer Seite waren dies u. a. *Penck* und *Brückner* (1901–1909), *Troll* (1925), *Bayerisches Geologisches Landesamt* (1959) und in den letzten Jahren besonders intensiv *G. Schellmann* und seine Schüler in zahlreichen Publikationen, z. B. *Schellmann* (2010), *Schellmann* (2016), *Gesslein* (2013) und *Schielein* (2012)
- aus ökologischer Sicht die Eingriffe im Licht einer hydrogeographischen Fragestellung völlig anders bewertet werden müssen als unter den Gesichtspunkten Klimageographie, anthropogen verursachter Klimawandel und CO_2-Vermeidung, vgl. dazu *Friedmann* (26. 09. 2019)
- inzwischen auf staatlicher und planerischer Ebene ein ökologisch ausgerichtetes Umdenken stattgefunden hat und zahlreiche Renaturierungsmaßnahmen eingeleitet wurden. Sie können zwar den angerichteten ökologischen Schaden nicht vollständig wiedergutmachen, aber sie werden eine weitere Verschlechterung verhindern und partiell wesentliche Verbesserungen bringen
- die erfolgreiche Bewerbung der Stadt Augsburg um die UNESCO-Klassifizierung der städtischen Wasserwirtschaft als Weltkulturerbe einen weiteren Informationsschub gebracht hat, vgl. z. B. *Kluger* (2011) und *Kluger* (2015)

- eine aktuelle, auf die Flusslandschaft des Lechs bezogene ganzheitliche, ökologisch orientierte Zusammenfassung auf historisch-geographischer Grundlage seit über 40 Jahren überfällig ist, zumal die in Rede stehende Dissertation von *Raster* (1979) nicht in gedruckter Form vorliegt und damit einer breiten Öffentlichkeit unzugänglich ist.

Generell hat sich die Umgestaltung der Flusslandschaft von den ersten Anfängen bis heute kontinuierlich verstärkt und besonders in den letzten hundert Jahren rasant beschleunigt. Das hängt mit vielen Faktoren zusammen, u. a. mit den gestiegenen Anforderungen, die aus den oben genannten Daseinsgrundfunktionen erwachsen, die technischen Möglichkeiten sind exponentiell gewachsen und auch die finanziellen Mittel und die organisatorischen Instrumente eines modernen Staatswesens haben sich vervielfacht.

Obwohl die sichere Versorgung mit Wasser in weltweiter Sicht eines der größten Probleme der Menschheit darstellt, soll dieses Buch zum Schluss auch Hoffnung machen! Denn anders als beim Ringen um eine CO_2-neutrale Wirtschaftsweise hat die Wasserwirtschaft – leider bislang nur in Mitteleuropa und wenigen anderen Regionen der Erde – die ökologischen Probleme erkannt und steuert erfolgreich um. Es bleibt zu hoffen, dass dies beim Thema Wasser weltweit und besonders auch in der Klimadebatte in gleicher Weise gelingt!

2 Hydrogeographische Leitlinien der ursprünglichen Flusslandschaft

Die Flusslandschaft des Lechs wurde in den letzten 7000 Jahren vom Menschen grundlegend verändert. Wenn man diese Veränderungen darstellen und beurteilen will, muss man zunächst zeigen, wie die Flusslandschaft vor den menschlichen Eingriffen ausgesehen hat. Und wir müssen uns fragen, wie die natürlichen Formungskräfte gewirkt haben?

Der Lech ist ein typischer Gebirgsfluss, der im österreichischen Lechquellengebirge in den nördlichen Kalkalpen in 1840 m Meereshöhe entspringt und bis zu seinem Übertritt ins Alpenvorland bei Füssen von den ihn begleitenden Talflanken geleitet wird. Nach einem deutlichen Gefällsknick (vgl. Abb. 2) und dem Durchbruch durch Wettersteinriegel, Flysch, Faltenmolasse und die Endmoräne des Iller-Lech-Gletschers gewähren ihm die weitgespannten glazialen und glazifluvialen Aufschüttungen genügend Platz, um auf einer schiefen Ebene hin und her zu pendeln und über die Donau-Iller-Lech-Platte dem Vorfluter Donau zuzustreben.

Unser Untersuchungsraum ist das Einzugsgebiet des Lechs, vgl. Abb. 1. Es umfasst 3919 km^2 (*Bayerisches Landesamt für Umwelt* (2016)) und begleitet den Fluss lanzettförmig von seinen Quellen in den Lechtaler Alpen bis zu seiner Mündung in die Donau bei Donauwörth.

Wenn der Lech nach einer Laufstrecke von ca. 257 km bei Rain in die Donau mündet, hat er die potentielle Energie aus einer Höhendifferenz von 1448 m zwischen Quelle und Mündung in Bewegungsenergie umgesetzt. Bei der relativ kurzen Laufstrecke des Flusses errechnet sich ein durchschnittliches Sohlengefälle von ca. 5,7 ‰. Das ist auch im Vergleich zu ähnlich situierten Flüssen wie dem Inn mit 4,4 ‰ oder der Isar mit 2,9 ‰ sehr hoch und weist den Lech als extrem energiereichen Fluss aus (Gefälle nach Angaben aus *Bayerisches Landesamt für Umwelt* (2014a) und des *Bundesministerium für Land- und Forstwirtschaft, Umwelt und Wasserwirtschaft* (2012)).

Aus hydrodynamischen Gründen wird an dieser Stelle eine durch das Gefälle motivierte Zweiteilung des Flusses der detaillierteren, geologisch-geomorphologisch begründeten Untergliederung, wie sie beispielsweise bei *Pfeuffer* (2010, S. 21 ff.) dargestellt wird, vorgezogen. Wir gliedern

- in den noch bzw. wieder naturnäheren Alpenlech von seinen Quellbächen Formarinbach und Spullerbach in Österreich bis zum Austritt aus dem Gebirge bei Füssen mit einem Sohlengefälle von durchschnittlich rund 12 ‰ und
- in den zur Kraftwerkstreppe umgewandelten Alpenvorlandslech zwischen Füssen und seiner

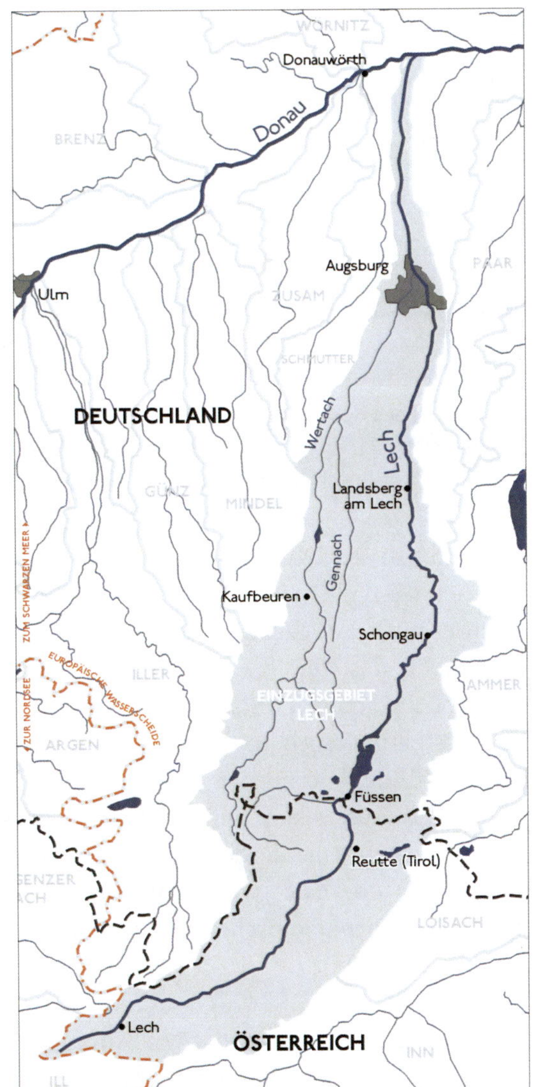

Abb. 1: Einzugsgebiet des Lechs,
Quelle: (*Wikipedia* Lech); Einzugsbereich des Lechs http://creativecommons.org/licenses/by-sa/3.0/, sansculotte@despammed.com.

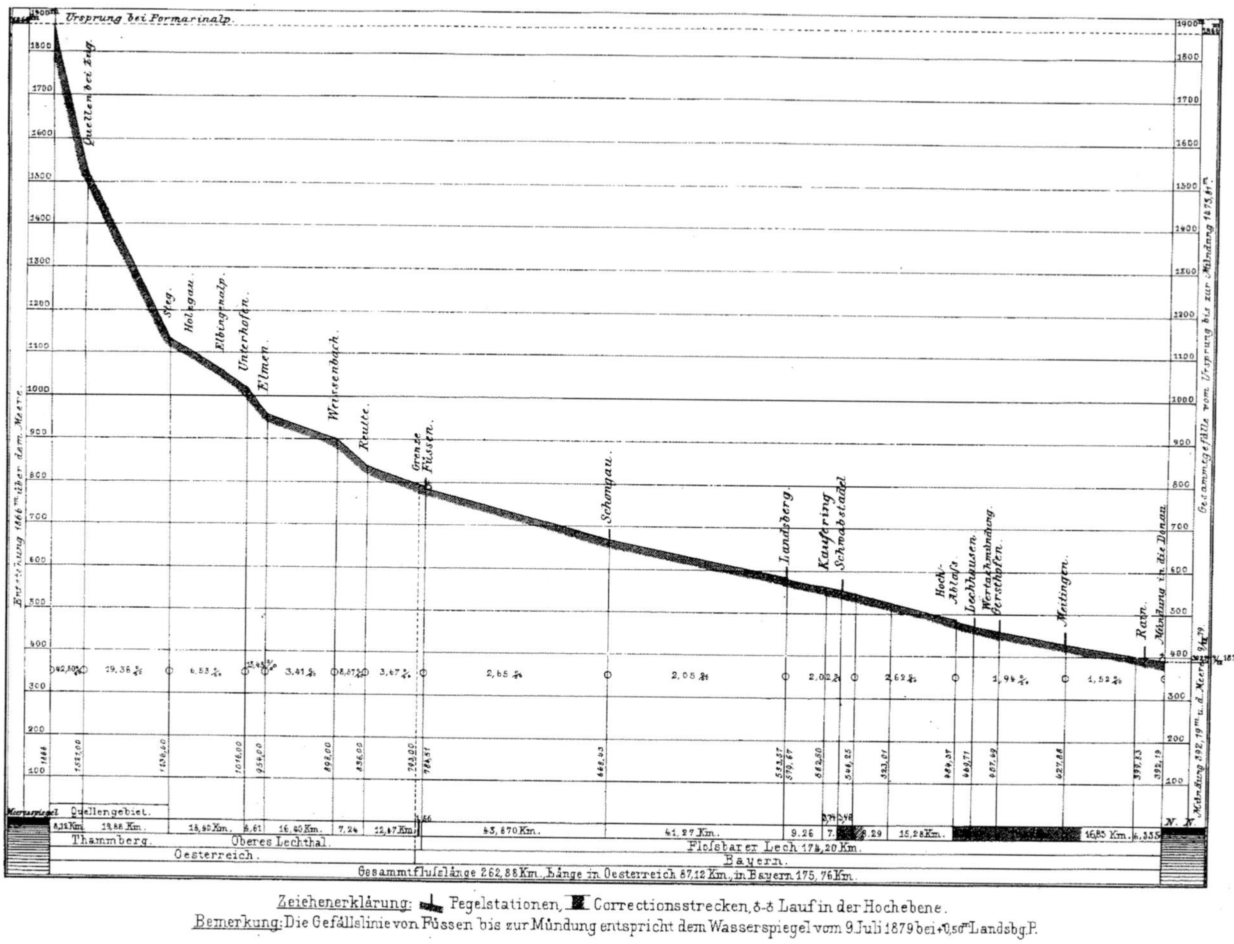

Abb. 2: Längsprofil des Lechs. Diese älteste Profilaufnahme des Lechs aus dem Jahr 1879 zeigt schön den Unterschied zwischen Alpen- und Alpenvorlandslech und die mehr oder weniger konstanten Gefällsverhältnisse ab Reutte bis zur Einmündung in die Donau, Quelle: *Bauer* (1979, S. 9).

Mündung in die Donau mit einem eher theoretischen Gefälle von 2,42‰. Warum das durchschnittliche Gefälle des Alpenvorlandslech nicht das für die Fließgeschwindigkeit maßgebliche Sohlgefälle ist, wird sich im Verlauf der Darstellung ergeben.

Diese Zweiteilung kommt im ältesten bekannten Längsprofil des Flusses klar zum Ausdruck (vgl. dazu Abb. 2) und wird heute dadurch unterstrichen, dass der Lech oberhalb von Reutte seinen ursprünglichen morphologischen Charakter noch weitgehend erhalten bzw. wiedererlangt hat, vgl. dazu *Egger* et al. (2019, S. 426), während er flussabwärts durch die energetische Nutzung in Deutschland sehr stark verändert wurde und besonders unterhalb des Forggensees durch die Ausbildung einer Kraftwerkstreppe eher Seenkette als Wildfluss ist, vgl. dazu auch Kapitel 12, 14 bis 16.

Klimatisch gehört das Lecheinzugsgebiet nach der Klimaklassifikation von Köppen und Geiger im alpinen Bereich zu **Df,** also einem immerfeuchten, kühlen Schnee- oder Waldklima, und im Alpenvorland bis zur Donau zu **Cf**, unserem atlantisch beeinflussten mitteleuropäischen warmgemäßigten Regenklima. Akzentuiert wird die klimatische Disposition von der Orographie, die häufig zu Wetterlagen mit Nordstau an den Alpen und somit zu erhöhtem Niederschlag führt. Generell wird das Abflussgeschehen des Lechs ganz wesentlich im Gebirge, das als hygrisches Steuerungszentrum fungiert und wo hohe Abflusskoeffizienten und Fließgeschwindigkeiten herrschen, bestimmt. Am Oberlauf des Lechs werden je nach Höhenlage und Exposition 1800 mm bis über 2500 mm Niederschlag pro Jahr gemessen, das Maximum liegt im Sommer im Monat Juni. Ein erheblicher Anteil der Niederschläge fällt im Jahresverlauf als Schnee, der als Rücklage bis ins Sommerhalbjahr erhalten bleibt und erst im Frühjahr und Frühsommer mit der Schneeschmelze ins Tal fließt. Auch im Alpenvor-

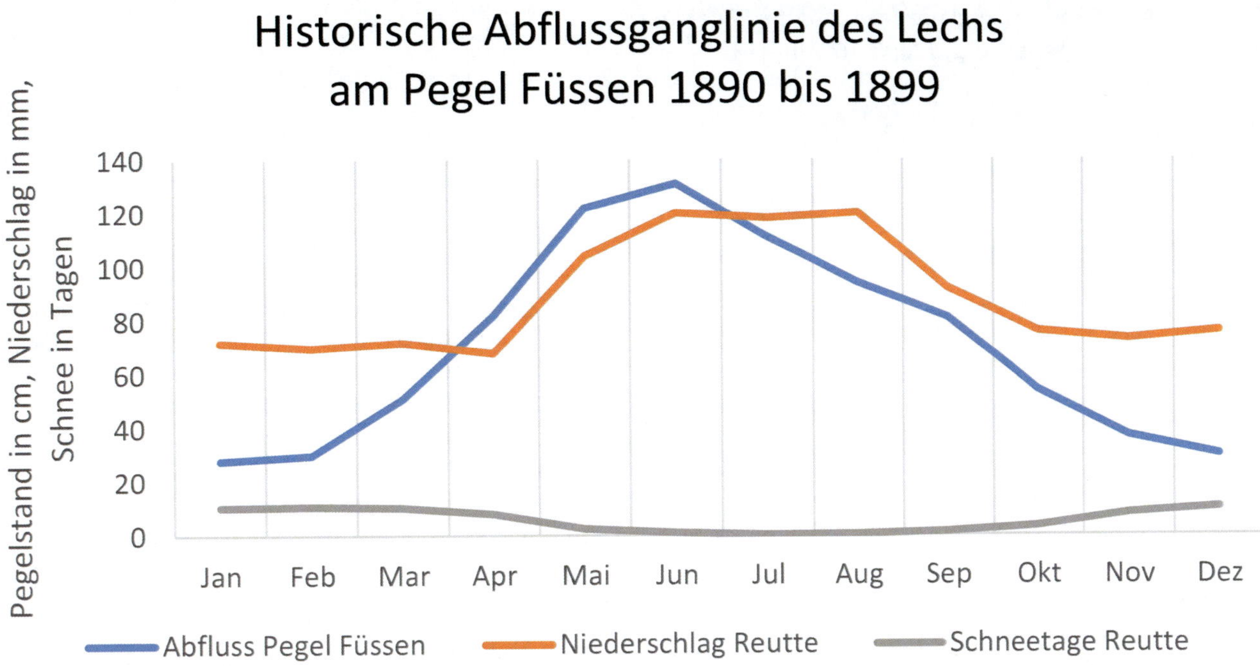

Abb. 3: Historische Abflussganglinie des Lechs. Gemittelte Abflussganglinie für die Jahre 1890 bis 1899 am Pegel Füssen, berechnet nach Raster (1979, S. 29), Niederschlag und Anzahl der Schneetage aus 30-jährigen Reihen nach Meteoblue.

land liegt das Niederschlagsmaximum zwar im Sommer, allerdings ist der Anteil des Schnees wesentlich geringer. Er fällt nur an wenigen Tagen im Winterhalbjahr und taut bereits nach kurzer Zeit wieder. Der Jahresniederschlag liegt im Alpenvorland um 800 mm/a und steigt mit zunehmender Alpennähe schnell auf Werte über 1000 mm/a an, vgl. Tab. 1. Auch der Abflusskoeffizient ist im Alpenvorland wesentlich niedriger als im Gebirge, weil hier die Verdunstung in Form der Evapotranspiration eine größere Rolle spielt und das Gefälle kleiner ist. Diese Niederschlagsverteilung wirkt sich naturgemäß auf das Abflussprofil des Lechs aus, vgl. dazu u. a. *Bayerisches Landesamt für Wasserwirtschaft* (1984), *Keller* (1979), *Müller* (1987) und *Raster* (1979).

Station	**Jahresniederschlag**
Augsburg	714 mm/a
Landsberg/Lech	1530 mm/a
Füssen	1103 mm/a
Reutte/Tirol	1447 mm/a
Warth/Vorarlberg	1722 mm/a

Tab. 1: Jahresniederschlag im Einzugsgebiet des Lechs, Quellen: Bayerisches Landesamt für Wasserwirtschaft, Ortsartikel in Wikipedia

Nach Pardé besitzt der Lech ein einfaches Abflussregime mit eindeutigem Maximum im Juni. Trotzdem überlagern sich – ähnlich wie beim komplexen Regime – zwei Abflussursachen, nämlich ein montan-nivaler und ein pluvialer Einfluss in einer Weise, dass nur ein eindeutiges Maximum resultiert und es deshalb nicht zu einer ausgeglicheneren Wasserführung, sondern zu einer Akzentuierung des Maximums kommt, vgl. Abb. 3. Im langjährigen Mittel ist das Verhältnis vom sommerlichen zum winterlichen Abfluss etwa 3 : 1. Die Differenz zwischen Abflussminimum MNQ im Winterhalbjahr und dem sommerlichen Maximum MHQ ist mit einem Faktor > 35 wegen der Überlagerung von Niederschlagsmaximum und dem Höhepunkt der Schneeschmelze relativ groß. Der Aufbrauch der Schneerücklage verläuft mehr oder weniger parallel zum Jahresgang des Niederschlagsgeschehen, vgl. dazu *Keller* (1979, S. 274 ff.).

Dies führt zu schnell auflaufenden sommerlichen Hochwasserschwällen mit erheblicher morphologischer Wirksamkeit, vgl. dazu besonders *Bauer* (1979). Stellen wir NNQ, den niedrigsten, je gemessenen Abfluss, und HHQ, den höchsten je gemessenen Abfluss in Rechnung, vergrößert sich der oben genannte Faktor auf bis zu ca. 470!

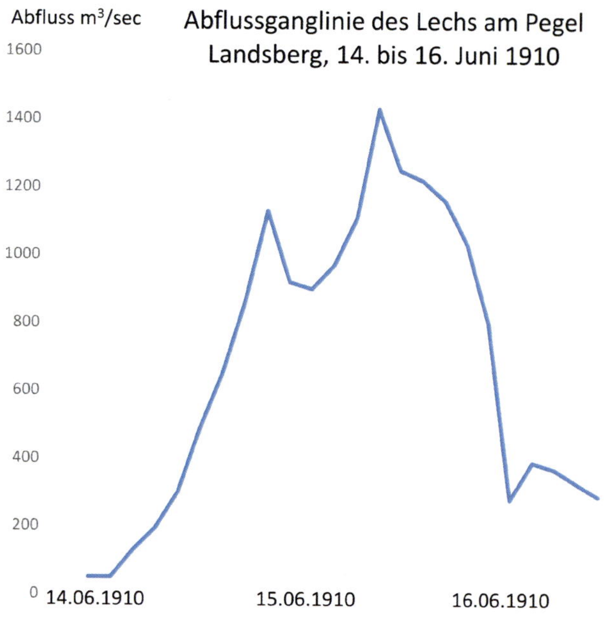

Abb. 4: Abflussganglinie der Hochwasserkatastrophe von 1910. Die Abflussganglinie des Lechs am Pegel Landsberg beim bisher größten Hochwasser im Juni 1910 zeigt, wie dramatisch schnell das Wasser anstieg. Neuere Auswertungen des Scheitelwertes am Lattenpegel in Landsberg lassen auf einen Abfluss in Höhe von > 1400 m³ pro Sekunde schließen. Innerhalb von ca. 18 Stunden steigerte sich der Durchfluss von ca. 60 m³/sec auf fast 1200 m³/sec und stieg dann auf mehr als 1400 m³/sec, das entspricht einem Erhöhungsfaktor von fast 25 in zwei Tagen! Quelle: Bayerisches Landesamt für Wasserwirtschaft (Hrsg.) (1984, S. 27 ff.), verändert.

Bezeichnung	**Abfluss**	**Zeit**
NNQ niedrigster, je gemessener Abfluss	1,96 m³/sec	20.01.1996
MNQ mittlerer Niedrigwasserabfluss	9,36 m³/sec	1971–2010
MQ langjähriges Mittel	44,1 m³/sec	1971–2010
MHQ mittlerer Hochwasserabfluss	363 m³/sec	1971–2010
HHQ höchster, je gemessener Abfluss	943 m³/sec	23.08.2015

Tab. 2: Variabilität des Abflusses am Pegel Lechaschau, ca. 15 km oberhalb von Füssen (*Bundesministerium für Land- und Forstwirtschaft, Umwelt und Wasserwirtschaft* 2012)

Wenn im Frühsommer die Schneeschmelze durch sehr hohe, langanhaltende Niederschläge beschleunigt wird und sich die Abflüsse von Niederschlags- und Schmelzwasser überlagern, kommt es zu oft katastrophalen Hochwässern. Das bislang schwerste Hochwasser ereignete sich 1910, *Müller* und *Bürger* (1990, S. 46), vgl. Abb. 4. In diesem Jahr lag im Juni in den Tiroler Bergen noch sehr viel Schnee. Als am 14. Juni heftige Wolkenbrüche diesen Schnee in wenigen Stunden schmelzen ließen und der Oberflächenabfluss des Starkregens zusammen mit dem Schmelzwasser ins Tal drängte, kam es zur Katastrophe. Weite Teile der Stadt Augsburg wurden zwischen Lech und dem Stadtzentrum auf der Hochterrasse überflutet. Der Hochablass, der über Jahrhunderte den Lech gestaut und einen Großteil seines Wassers in die Stadtbäche geleitet hatte, wurde so schwer beschädigt, dass er gesprengt werden musste. Dadurch fielen die Stadtbäche trocken. Trotz Hochwassers herrschte in der Stadt Wassermangel und die Abwässer, die über die Stadtbäche entsorgt wurden, konnten nicht mehr abfließen, *Bayerisches Staatsministerium für Umwelt und Verbraucherschutz* (2021, S. 8).

Hochwasser ist während der schnell auflaufenden Hochwasserwelle sehr energiereich und stellt für den Fluss den Zeitabschnitt dar, in der er die Form seines Bettes prägt. Durch Hochwasser werden die formenden und vielfach zerstörenden Kräfte des Wassers, die in der Schleppspannung zum Ausdruck kommen, enorm verstärkt. Bei normalem Abflussgeschehen liefert in globaler Sicht das Gefälle neben der Wassermenge die Energie für die drei wesentlichen vom Fluss geprägten Gestaltungsprozesse:

- Erosion seines Bettes in die Tiefe und zur Seite
- Transport von Geröll, Sand, Schweb und Lösungsfracht
- Sedimentation von Schweb, Sand und Geröll.

Wann kommt es zu Erosion oder Sedimentation? Die Voraussetzungen für Erosion sind dann erfüllt, wenn die notwendige kinetische Energie für die Lockerung und den Abtransport von Substrat und Geröll bereitgestellt werden kann. Sie hängt von der Menge des fließenden Wassers und von seiner Geschwindigkeit ab:

$$E_{kin} = \frac{(m * v^2)}{2}$$

Es gilt: **E** = kinetischen Energie des Wassers und damit der Antrieb für Erosions- und Transportarbeit; **m** = Masse des fließenden Wassers; **v** = Geschwindigkeit des Wassers.

Die Fließgeschwindigkeit ist abhängig von Gefälle, Wassertiefe und Rauigkeit des Bettes. Weil die Fließgeschwindigkeit in der Energiebilanz im Quadrat steht (siehe obige Formel), ist ihr Einfluss erheblich größer als der der Wassermasse beziehungsweise des Abflusses. Allerdings ist die Schwankungsbreite der Fließgeschwindigkeit relativ klein. Eine Verdoppelung der Wassermasse führt bei gleichbleibender Fließgeschwindigkeit zwar nur zu einer Verdoppelung der Erosionsleistung. Bezogen auf den Lech müssen wir jedoch die sehr hohe Variabilität des Abflusses mit einem Faktor > 35 berücksichtigen! Damit wird letztendlich beim Lech doch der sehr variable Abfluss zum steuernden Faktor für Erosion und Transport! Hochwasser reißt Geröll aus der Sohle und transportiert es, hingegen wird bei fallendem Wasserstand die Geröllfracht wieder abgelagert und es entstehen erneut Kies- und Sandbänke.

Des Weiteren muss – wie das beim Lech vor Beginn menschlicher Eingriffe der Fall war – Geröll- und Sandfracht in den unterschiedlichen Fraktionen als Last und als Erosionswerkzeug in ausreichender Menge vorhanden sein, vgl. dazu besonders *Bauer* (1979).

Aus Geröll- und Sandfracht und der kinetischen Energie des Wassers ergibt sich die Formulierung des Belastungsverhältnisses eines Flusses. Es wird definiert als das Verhältnis von mitgeführter Fracht zur Wassermenge und ihrer Fließgeschwindigkeit bzw. Schleppkraft:

BV = L/S

Dabei gilt: **BV** = Belastungsverhältnis; **L** = Last; **S** = Schleppkraft

Das Belastungsverhältnis zeigt, ob überschüssige kinetische Energie als Motor von Erosion und Transport verfügbar ist und entscheidet somit über Erosion, Transport oder Akkumulation. Hier liegt der Schlüssel für die morphologischen Aktivitäten des Flusses. An dieser Stelle wird mitentschieden, ob ein Fluss z. B. erodiert und sein Bett tiefer legt, ob er mäandriert oder verwildert, sich aufspaltet und Kiesbänke schüttet oder andere Formen für sein Bett schafft. Es gilt:

- **BV << 1** überwiegend Tiefen- bzw. Sohlenerosion
- **BV ≈ 1** vornehmlich Transport
- **BV >> 1** Akkumulation bzw. Sedimentation.

Häufiger Wechsel zwischen

- **BV << 1** und **BV >> 1**

führt zur Verwilderung bei abwechselnd erodierenden oder sedimentierenden Formungsprozessen. Das „Belastungsverhältnis" wird in jüngerer Zeit ergänzt durch die Kenngröße „Stream Power". Sie gibt Auskunft über die Schlepp- bzw. Erosionskraft eines Flusses:

$$\Omega = Q * J_S$$

Dabei gilt:

Ω = Stream power; **Q** = Abfluss; J_S = Sohlengefälle

Große Tieflandsflüsse haben zwar oft ein wesentlich kleineres Gefälle als Gebirgsflüsse, allerdings ist ihr Abfluss viel größer und sie sind deshalb trotz kleinem Gefälle in der Lage, enorme Mengen an Geschiebe zu transportieren.

Wenn die Stream Power abnimmt, wird sedimentiert – damit besteht im seichten Gerinne die Neigung zum Verzweigen eines Flusses. Bei ansteigender Stream Power, z. B. verursacht durch ein Hochwasser, wird erodiert.

Die Stream Power **Ω** schwankt in unseren Breiten jahreszeitlich, zusätzlich kommen Extremereignisse wie Hochwasser und lange Perioden mit Trockenwetterabfluss hinzu, in denen die Schwankungen des Jahresgangs akzentuiert werden, vgl. dazu z. B. *Hohensinner* et al. (2019).

Ein naturbelassener, nicht regulierter Fluss ist ständig bestrebt, Formungsprozesse und Form aneinander anzupassen und einen Gleichgewichtszustand durch Anpassung der Form seines Bettes an die wirkenden Kräfte zu erreichen. *Bauer* (1979) hat in einer sehr fundierten Untersuchung das Gleichgewicht zwischen Energie und der Last in Form von Geröll und Geschiebe untersucht und die Auswirkungen des Lastentzugs durch den Bau von Querverbauungen und Staustufen am Lech beispielhaft aufgezeigt.

Um die vom Menschen induzierten Veränderungen zu beurteilen, ist es notwendig, zunächst den Ausgangszustand der Flusslandschaft zu beschreiben. Dazu gehört die Beschreibung der hydrogeologischen Situation und die Darstellung der holozänen geomorphologischen Formung. Da wir den glazialen Formenschatz als Bühne der nacheiszeitlichen Formung ansehen, dessen Entstehung somit vor dem von uns betrachteten Zeitraum liegt und deshalb hier nicht zur Debatte steht, können wir auf klimageomorphologische Betrachtungen der Eiszeit und des Tertiärs an dieser Stelle verzichten. Kleinere klimatische Veränderungen des Holozäns, die sich natürlich auch auf die Art der Formung ausgewirkt haben, blenden wir mit dem von Ingenieuren gern angewendeten Kunstgriff der Linearisierung einfach aus. Für diese Betrachtung halten wir die geomorphologischen Formungstendenzen im Untersuchungszeitraum konstant. *Bork* et al. (1998, S. 159 ff.) haben diese Methode in ihrer Untersuchung der Landschaftsentwicklung in Mitteleuropa mit großem Erfolg in den Geowissenschaften eingeführt.

Der Lech entspringt in den nördlichen Kalkalpen. Nach Norden schließt sich die ca. 15 km breite Flyschzone an, danach folgt die etwas breitere Faltenmolasse. Insgesamt sind die Nordalpen ein vornehmlich aus Karbonatgestein bestehendes junges Faltengebirge mit kleinräumiger Faltung und nach wie vor aktueller tektonischer Hebung. Das Karbonatgestein in allen drei Grundwasserlandschaften Kalkalpen, Flyschzone und Faltenmolasse bildet einen Festgesteinsaquifer mit Kluft- und Karsterscheinungen mit geringer bis mittlerer Durchlässigkeit. Die quartären, kiesig-sandigen Talfüllungen sind dagegen Porengrundwasserleiter mit einer hohen Durchlässigkeit und großer Bedeutung für die Grundwassergewinnung.

Folgen wir dem Fluss weiter nach Norden, dann durchfließt der Lech zunächst Moränen, um schließlich auf fluvioglazialen Schottern zwischen Iller-Lechplatte und Tertiärhügelland der Donau zuzustreben. Die Moränen bestehen aus glazialen Lockergesteinen. Sie bilden Porengrundwasserleiter mit stark wechselnder Durchlässigkeit. Die Moränenlandschaft wird beherrscht von einem kleinkammerigen Wechsel von grundwasserleitenden Kiesen und Sanden und weniger durchlässigen Moränen- und Seeablagerungen. Dadurch entstehen oft mehrere geringmächtige übereinanderliegende Grundwasserkörper. Die nach Norden anknüpfenden fluvioglazialen Schotter sind ein Porengrundwasserleiter mit hoher bis sehr hoher Durchlässigkeit. Folglich haben wir es im Alpenvorland entlang des Alpenvorlandslech mit einem sehr ergiebigen Grundwasserleiter zu tun, der für die Wasserversorgung sehr wichtig wird. Der Grundwasserabstrom erfolgt in den Schotterkörpern im Einklang mit dem Abfluss des Lechs. Die Grundwasserstände schwanken deshalb im Jahresgang mit dem Wasserstand des Flusses. Deshalb reagieren sie auch sehr empfindlich auf erosive Eintiefungen des Lechs, vgl. dazu *Aust* et al. (1980), *Schubert* (2016) und Kapitel 10.

Wie müssen wir uns den Lech vor dem Beginn menschlicher Einflussnahme vorstellen? Der Alpenlech war ein typischer Gebirgsbach bzw. Fluss mit eher gestrecktem Verlauf und begrenzenden Talhängen, die sich dann zum eiszeitlich geformten Trogtal weiteten und auf größeren Strecken bereits Raum gaben für ein breiteres, verwildertes Flussbett. Stellenweise war der Fluss jedoch auch klammartig eingetieft wie bei der Lechschlucht oberhalb Füssens.

Mit dem Austritt aus den Alpen weist das Längsprofil des Lechs einen markanten Knick auf, vgl. Abb. 2. Das starke durchschnittliche Sohlengefälle des Alpenlechs von anfangs weit über 12 ‰ verringert sich auf einen Wert kleiner 3 ‰ beim Alpenvorlandslech. Nach einer relativ kurzen Wegstrecke, auf der sich dem Fluss bei seinem Austritt aus dem Gebirge mehrere Hindernisse in den Weg stellen, gewährt ihm das weitläufige Lechfeld die Freiheit, die ein wildernder Fluss zu seiner Entfaltung benötigt. Bevor der Lech jedoch auf dem Lechfeld frei pendeln kann, muss er die bereits erwähnten Hindernisse überwinden. Nachdem der Riegel aus Wettersteinkalk am Lechfall bei Füssen durchsägt ist, durchbricht der Lech die Flyschzone, kurz danach die steil gestellte Faltenmolasse und schließlich die würmzeitliche Endmoräne des Iller-Lech-Gletschers. Auf dieser Flussstrecke zwischen Füssen und Schongau hat sich der Fluss tief in Molasse und Moränen eingesenkt. Der nördlich von Schongau anschließende Flussabschnitt entstand in der Rißkaltzeit, als geröllbeladene Schmelzwasserströme die Endmoräne nach Norden durchbrachen, sich in die davor liegende tertiäre Fläche eingruben und ein mächtiges Flument schütteten. In der nachfolgenden Würmkaltzeit erodierte der Lech erneut und grub ein 60 m bis 70 m tiefes, breites, kastenförmiges Tal in dieses Flument, das sich südlich von Landsberg zu einer mehrere Kilometer breiten Schotterebene, dem Lechfeld, aufweitet. Diese ausgedehnte fluvioglaziale Schotterlandschaft mit den ineinander

Abb. 5: Mure am Oberlauf des Lechs. Die links im Bild als Geröllfeld sichtbare Mure hat den Lech vor einigen Jahren beim Unteren Älpele nach Norden abgedrängt. Das zugelieferte Geschiebe wird bei den folgenden Hochwasserabflüssen abtransportiert. Foto: Friedmann.

geschachtelten glazifluvialen Terrassen und dem kilometerbreiten fast ebenen Lechfeld bietet ideale Bedingungen für einen wildernden Fluss, vgl. dazu u. a. *Schellmann* (2016) und *Semmel* (1996, S. 155).

Geschiebe und Geröll wurden im Gebirge von den Hängen und Seitenbächen eingetragen (vgl. Abb. 5) und auf der gesamten Laufstrecke im Alpenvorland bilden leicht erodierbare Moränen, Terrassenkörper und weitgespannte, eiszeitlich aufgeschüttete Schotterfluren das Bett des Lechs. Dadurch war er auf seiner gesamten Laufstrecke reichlich mit Geröllfracht versorgt.

Diese hohe Geröllbelastung konnte der Fluss nur transportieren, weil einerseits das Sohlengefälle noch relativ groß war und für hohe Fließgeschwindigkeiten mit turbulentem oder schießendem Abfluss sorgte und andererseits durch die hohe Variabilität des Abflusses besonders in den Sommermonaten große Schmelzwasser- und Regenmengen abflossen. Wenn in dieser Situation zusätzlich Starkregen fielen, kam es zu ausgeprägten Hochwasserssituationen. Die dann sehr energiereiche stoßweise Wasserführung veränderte das Flussbett kurzfristig, weil das Formungsregime, das bei **BV** > 1 vornehmlich sedimentiert, durch die zusätzliche Energie in den erosiven Bereich umschlägt, in dem **BV** $<< 1$ ist. In solchen Zeiten ist die Streampower und damit das Erosions- und Transportvermögen sehr groß. Geht das Hochwasser wieder zurück, oszilliert das Belastungsverhältnis des Flusses oft und regional auf kleinster Distanz um den Wert **BV** ≈ 1. Wegen der Schwankungen von Durchfluss und Fließgeschwindigkeit alternierten an gleicher Stelle Erosion und Akkumulation. Diese sehr komplexe fluviatile Dynamik sorgte dafür, dass der Lech sich in viele Arme verzweigte und ein oft 1000 m bis 3000 m breites, flaches Bett ohne eindeutig begrenzende Ufer ausbildet. Die zahlreichen, häufig umgelagerten Kiesbänke und Inseln blieben vegetationslos. Nur die stabileren, oft mehrere Jahre nicht umgelagerten höheren Kiesbänke und Inseln waren mit Pioniervegetation besiedelt, deren Artenzusammensetzung als Folge der Sukzession Hinweise auf die Häufigkeit der Überflutung und morphologischen Umgestaltung gibt. Ganz allgemein gilt, dass der Fluss bei

Niedrigwasser sein Bett kaum verändert, dies jedoch bei Hochwasser ständig umlagert. Dabei wird auch die Uferlinie häufig verschoben. Je größer die Schwankungsbreite zwischen Niedrig- und Hochwasser ist, umso unterschiedlicher sind auch die formenden Prozesse.

Hinzu kommt, dass ein Fluss, der die gesamte Talsohle nutzen kann, der kein festes Bett hat und dessen Ufer aus wenig standfestem Geröll bestehen, ein sehr seichtes, in die Breite gehendes Gerinne ausbildet. Es gibt mehrere flache, oft in unterschiedlichem Höhenniveau liegende Stromfäden, dazwischen große und kleine Kiesbänke, die durch Akkumulation oder Abtragung immer wieder verändert und verlagert werden. Bei extremen Abflüssen werden wegen der hohen Fließgeschwindigkeit auch grobklastische Geschiebe auf der ganzen Breite des aktiven Flussbetts transportiert. Größere Gerölle werden bei einem Nachlassen der Transportkraft zuerst abgesetzt. Dadurch kommt es bei Kiesbänken zu einer Sortierung in der Fließrichtung. Oben wird großes Geröll abgelagert, stromabwärts wird am unteren Ende im Strömungsschatten der Kiesbank eine geringmächtige Sandablagerung gebildet. Da das Gerinne durch Sedimentation sich ständig selbst den Weg verbaut, zerteilt es seinen Lauf in viele Rinnen. Insgesamt pendelt der Fluss auf seinen Sedimenten. Je nach Gewässertiefe und Strömungsgeschwindigkeit kann auch ein Übergang zum Mäandrieren erfolgen.

Eine Größensortierung des Flussgerölls ist auch flussabwärts zu beobachten. Beim Transport werden die Steine durch Abrollen, Reibung und Stoßvorgänge zugerundet und verkleinert. Deshalb ist das Flussgeröll im Oberlauf des Lechs durchschnittlich größer als nach einem langen Transportweg im Unterlauf kurz vor der Einmündung in die Donau.

Wildflüsse wie der Lech besitzen wegen der ständigen Veränderungen des Flussbetts eine sehr spezielle Biozönose. Auf derart extremen Standorten gedeihen nur Pionierpflanzen, die kurzzeitige Überflutungen, längere Trockenperioden und die Überschüttung mit Geröll überstehen. Ihre natürliche Sukzession wird häufig durch Störungen unterbrochen und auf ein früheres Pionierstadium zurückgeworfen. Bei den Pflanzen handelt es sich vielfach um unterschiedliche Weidenarten, die sich mit einem ausgeprägten Wurzelsystem fest verankern können. *Müller* und *Bürger* (1990, S. 47), *Müller* (1991a) und *Müller* et al. (1992) gliedern die Auenvegetation des Lechs mit Bezug zum Hochwassergeschehen in

- jährlich mehrfach überschwemmte, fast vegetationsfreie Kiesbänke
- beinahe jedes Jahr überschwemmte Sand- und Kiesbänke mit lichtem Weiden-Tamarisken-Gebüsch
- etwa alle 3 bis 4 Jahre überschwemmte Kiesbänke mit Kiefern-Weiden-Gebüsch
- selten überschwemmte Grauerlen- und Kiefernwälder, vgl. dazu auch Abb. 36.

Wenn wir uns jetzt die Frage nach dem Ausgangszustand der Naturlandschaft stellen, so können wir davon ausgehen, dass das Tertiärhügelland von großen, zusammenhängenden Urwäldern bestockt war. In diese Hügellandschaft eingesenkt ist die Aufschüttungseben des Lechs mit seinen Hoch- und Niederterrassen und Schotterfeldern. Der Lech selbst ist geomorphologisch so gut untersucht, dass wir uns eine Vorstellung von seinem Aussehen zur Zeit der Sesshaftwerdung des Menschen machen können (vgl. dazu besonders die umfassenden Untersuchungen von *Gesslein* (2013), *Müller* und *Schmidt* (1991), *Müller* et al. (1992), *Schellmann* (2016) und *Schielein* (2012), denen diese Darstellung folgt. *Gesslein* (2013, S. 1) spricht in diesem Zusammenhang sogar vom Lech als Typlokalität. Die hochaufgelösten Laserscanningdaten mit einer Höhengenauigkeit $< \pm 0{,}2$ m in der Abb. 8 vermitteln uns einen guten Eindruck vom Grundriss des Flusses und zeigen viele alte Gerinnebetten nebeneinander. Allerdings müssen wir beachten, dass nicht alle sichtbaren Gerinnebetten gleichzeitig aktiv waren. Vielmehr zeigt das LiDAR-Modell eine Summation aller flussmorphologischen Relikte ohne zeitlichen Bezug. Die Veränderungen, die der Lech allein im letzten Jahrhundert erfuhr, zeigt die Gegenüberstellung eines Luftbildes des noch wildernden Flusses von 1910 mit einer Darstellung, die *Hilgers* (2014, S. 141) aus Weltraumdaten und Luftbildern errechnet hat, vgl. Abb. 9.

Die natürliche Vegetation und das Klima haben sich seit der Ausbreitung der Kulturtechnik des Ackerbaus während der Neolithischen Revolution mehrfach stark verändert. Deshalb kommt man nicht umhin, auch einen Blick auf die Klimaentwicklung zu werfen, wenn man sich mit der Geschichte eines Flusses beschäftigt. Denn die Temperatur steuert die Wasserverdunstung und der Niederschlag ist die wichtigste Quelle für den Abfluss. Das Problem bei unserer Betrachtung ist jedoch der lange Zeitraum, für den Aussagen gemacht werden sollen. Als der Mensch vor ca. 7000 Jahren sesshaft wurde und mit Ackerbau und Viehzucht die Landschaft umzugestalten begann, gab es weder Temperatur- noch Niederschlagsmessungen oder gar Aufzeichnungen. Instrumentenmessungen liegen erst seit dem 19. Jahrhundert so zahlreich vor, dass man damit verlässliche Aussagen zum Witterungsablauf machen kann. Wenn man weiter zurückblicken möchte, bleiben lediglich Urkunden, Beschreibungen des Wettergeschehens in Chroniken und andere Aufzeichnungen, die allerdings sehr subjektiv sind und bestenfalls eine Klimarekonstruktion der letzten 1000 Jahre zulassen, vgl. zur historischen Klimaforschung besonders *Glaser* (2001), *Glaser* et al. (2007) und *Glaser* et al. (2010).

Aus diesem Mangel an Klimainformationen heraus muss man die Temperatur- und Niederschlagskurven, die weiter zurückreichen, mit Hilfe sogenannter Proxydaten rekonstruieren. Dabei nutzt man z. B. die Tatsache, dass das Wachstum von Bäumen und viele andere Phänomene u. a. vom Wasserdargebot und der Temperatur abhängig sind, und dass sich Bäume unter Luftabschluss in Mooren über Jahrtausende erhalten. Wegen des mitteleuropäischen Jahreszeitenklimas bilden unsere Bäume Jahresringe aus. Im Frühjahr wächst der Baum rasch und produziert relativ helles Holz. Im Herbst entsteht festeres, dunkles Holz. Da diese Wachstumsringe vom Witterungsgeschehen eines Jahres geprägt werden und sich deshalb eine ganz charakteristische Abfolge verschieden starker Ringe ergibt, die dem individuellen Rhythmus von Feucht- und Trockenjahren entspricht, können Dendrochronologen durch Aneinanderpassen unterschiedlich alter Hölzer einer Baumart aus einer Region, deren Lebenszeit sich um ein Minimum von Jahren überlappt, Jahresringchroniken aufstellen. Beispielsweise reicht die mitteleuropäische Eichenchronologie mit einigen Unterbrechungen bis etwa 10 000 Jahre vor heute zurück, vgl. dazu *Schirmer* (1979, S. 25 ff.). Damit sind auf das Jahr genau Aussagen über feuchte oder trockenere Zeiten möglich. Neben den Jahresringen gibt es noch zahlreiche weitere Proxydaten, die Zeugnis von vorzeitigen Klimazuständen ablegen. Das können Eisbohrkerne aus Gletschern oder von Nord- oder Südpol sein oder Blütenpollen, die sich im Moor erhalten haben und die stratigraphisch oder mit Hilfe der Radiokarbonmethode datiert werden können. Auch Seesedimente oder Tropfsteine kommen als Klimazeugen neben vielen anderen Indikatoren in Frage. Damit werden Aussagen zur Veränderung der Umweltbedingungen seit der neolithischen Revolution möglich. Sie vermitteln uns eine Vorstellung über die Wachstumsmöglichkeiten von Kulturpflanzen und ihre potenzielle Nutzung.

Der Klimatologe *Schönwiese* (2013; 2019) hat eine 1995 erstmals publizierte Rekonstruktion der gemittelten bodennahen Lufttemperatur für die Nordhemisphäre vorgelegt, die die letzten zehntausend Jahre bis wenige Jahre vor der Jahrtausendwende aufzeigt. Der dort dargestellte Rhythmus von wärmeren und kälteren Klimaperioden wurde inzwischen von zahlreichen späteren Bearbeitungen und Ergänzungen bestätigt, einige wesentliche Autoren sind in der Abb. 6 genannt, z. B. *Eberle* et al. (2010, S. 149), *Glaser* (2001), *Jacobeit* (2007), *Plöger* et al. (2020) und *Wanner* (2016; 2007). Auf der Grundlage der genannten Autoren und von Daten aus dem *Helmholtz-Zentrum hereon GmbH* wurde die Abb. 6 erstellt.

Klimaveränderungen resultieren seit der Neolithisierung zunehmend aus einer Überlagerung von natürlichen Veränderungen und den Folgen menschlichen Handelns, vgl. dazu besonders *Wanner* (2007) und *Plöger* et al. (2020). Zu den natürlichen Ursachen des Klimawandels zählen die von *Milankovitch* beschriebenen himmelsmechanischen Veränderungen der Erdbahnparameter (Exzentrizität, Schiefstellung der Erdachse, Präzession) und die Zu- oder Abnahme von Sonnenaktivitäten. Dadurch ändert sich auf der Erdoberfläche die Menge der zugestrahlten Sonnenenergie. Zu den natürlichen Ursachen gehören auch große Vulkanausbrüche, die mit ihren um die Erde ziehenden Staub- und Aschefahnen wie eine Art großer Filter wirken und ebenfalls die Energiezufuhr von der Sonne für einige Jahre verringern können. Hingegen sind menschgemachte Ursachen des Klimawandels die Verstärkung des Treibhauseffekts, der durch die Freisetzung von fossilem CO_2 und anderen Gasen wie Methan und Aerosolen die Wirkung eines Wintergartens hat. Durch diesen sog. Greenhouse-Effekt wird von der Sonne zugestrahlte kurzwellige Energie in langwellige Wärme umgewandelt. Die Rückstrahlung der Wärme in den Weltraum wird durch „Treibhausgase" behindert. Das CO_2 stammt aus der Verbrennung von fossilen Energieträgern wie Kohle und Öl.

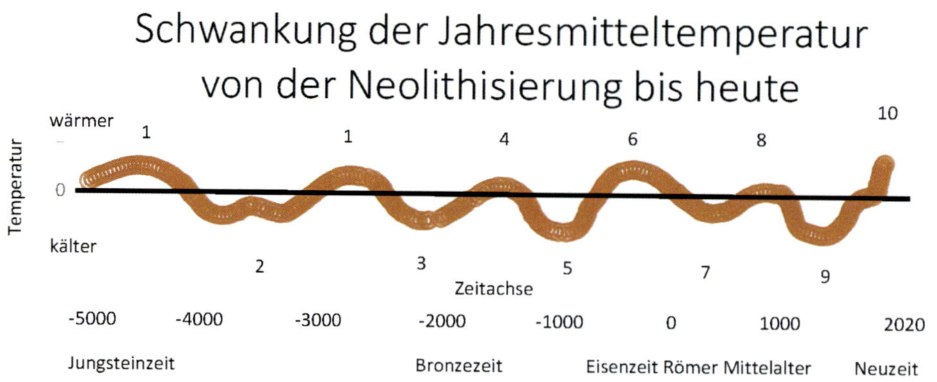

Legende:

1	Holozäne Warmphasen	6	Eisen-, römerzeitliche Warmphase
2	Holozäne Kaltphase	7	Kälteperiode der Völkerwanderung
3	Frühbronzezeitliche Kaltphase	8	Mittelalterliche Warmphase
4	Bronzezeitliche Warmphase	9	Kleine Eiszeit
5	Bronze-, eisenzeitliche Kaltphase	10	moderne Warmphase plus anthropogener Klimawandel

Friedmann 2021 nach *Eberle* et al. (2010), *Glaser* (2001; 2007), *Helmholtz-Zentrum hereon GmbH*, *Jacobeit* (2007), *Plöger* et al. (2020), *Schönwiese* (2013; 2019), *Wanner* (2007; 2016)

Abb. 6: Temperaturschwankungen seit der Jungsteinzeit. Der Jahresgang der Temperaturen bis heute bezieht sich auf das 30-jährige Mittel 1961–1990, die Daten wurden aus verschiedenen, in der Graphik genannten Untersuchungen zur Paläoklimatologie der Nordhemisphäre kompiliert.

Zum menschgemachten Klimawandel gehören auch Veränderungen der Albedo z. B. durch Bauten, die Änderung der Landnutzung oder verstärktes Abtauen von Schneedecken. Die genannten Triebfedern der Klimaveränderungen beeinflussen die atmosphärische Zirkulation und die Meeresströmungen und damit letztendlich auch unser Wettergeschehen.

Die in Abb. 6 dargestellten beiden holozänen Wärmephasen haben ihre Ursachen wohl überwiegend in einer höheren Energiezustrahlung durch die Konstellation der Bahnparameter, die zu einer größeren Sonnennähe führten.

Kaltphasen gehen häufig einher mit bedeutenden Vulkanausbrüchen. Beispielsweise ist inzwischen nachgewiesen, dass in der frühbronzezeitlichen Kaltphase die Vulkane Mount St. Helens, Vesuv und Thera (Santorin) mit ihren gewaltigen Eruptionen zu Temperaturveränderungen führten. Vulkanausbrüche haben auch bei der Kleinen Eiszeit eine Rolle gespielt. Zu nennen wäre hier der gewaltige Ausbruch des Vulkans Salamas in Indonesien im Jahr 1258. Bei der Kleinen Eiszeit überlagerten sich jedoch verschiedene Ursachen: die Entfernung zur Sonne war relativ groß, die Sonnenaktivitäten waren deutlich reduziert und es gab weitere große Vulkanausbrüche. Sehr typisch für Kaltphasen sind Gletschervorstöße in den Alpen und damit verbunden eine größere Albedo und die geänderte Wasserführung der Flüsse. Die sommerliche Schneeschmelze dürfte in solchen Kaltphasen wesentlich öfter zu Hochwasser und damit zu verstärkten morphologischen Aktivitäten geführt haben. In der bronze-eisenzeitlichen Kaltphase wurde auch das Wachstum von Bäumen durch den Temperaturabfall stark eingeschränkt, vgl. dazu besonders *Wanner* (2007, S. 32; 2016, S. 136 ff.).

Werfen wir einen Blick auf den rechten Abschnitt der Temperaturkurve in Abbildung 6, dann erkennen wir den gegenwärtig in der Diskussion stehenden dramatischen Temperaturanstieg. Der 2020 von der Kurve erreichte Wert ist inzwischen wesentlich höher als alle bisherigen holozänen Spitzenwerte es je waren. Dazu *Plöger* et al. (2020, S. 110): „Schauen wir noch auf das vergangene 20. Jahrhundert und den Zeitraum bis heute. Bei den Temperaturen ist ein eindeutiger Trend nach oben festzustellen – in den letzten 100 Jahren global um etwa 1 Grad Celsius. Dieser Trend ist aber nicht ungebrochen, denn während die Temperaturen von 1910 bis 1940 erkennbar anstiegen, gab es bis zum Ende der 1970er Jahre ein Verschnaufen. Seither steigen die Werte wieder erheblich an. Die zehn

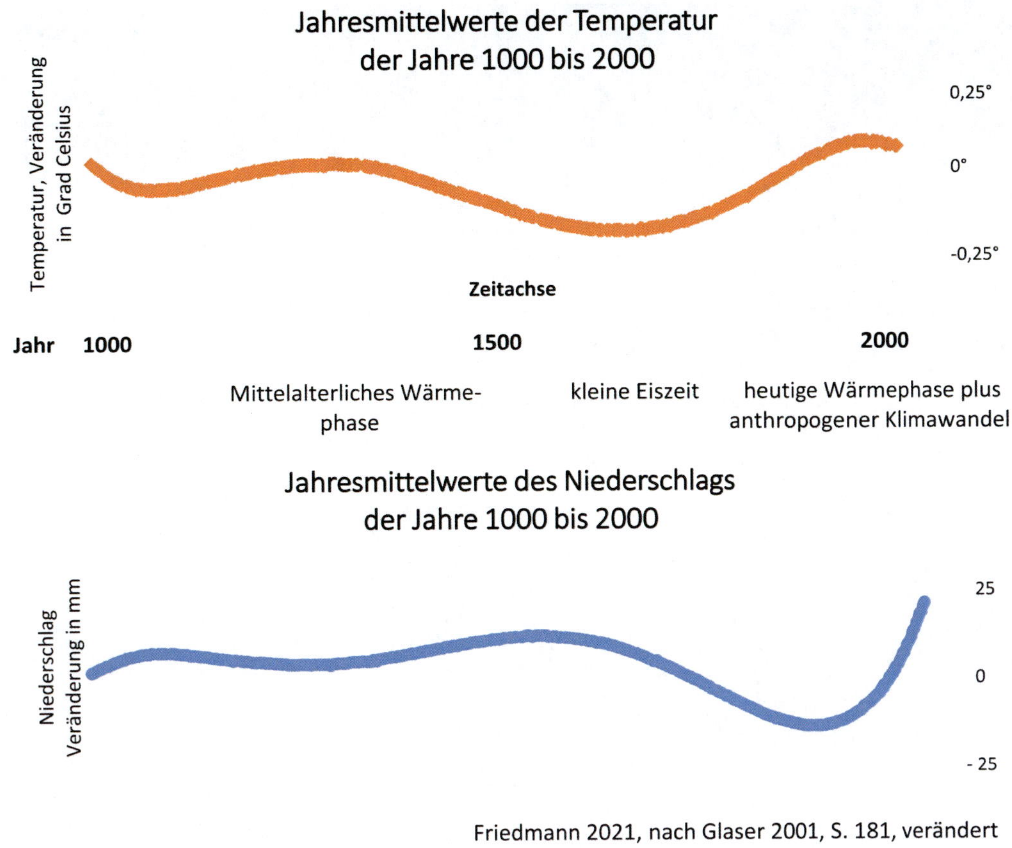

Abb. 7: Tiefpassgefilterter Jahresgang von Temperatur und Niederschlag in Mitteleuropa seit dem Jahr 1000. Der dramatische Temperaturanstieg der letzten Jahre wird von dieser Grafik wegen der Tiefpassfilterung und dem Ende der Kurve zur Jahrtausendwende nicht abgebildet! Quelle: *Glaser* (2001, S. 181), verändert.

global wärmsten Jahre seit 1880 lesen sich nach den Daten der NASA (Goddard Institute for Space Studies, GISS) wie folgt: 2016, 2019, 2017, 2015, 2018, 2014, 2013, 2005, 2007, 2008.“ Die Jahre 2015 bis 2019 waren die wärmsten seit Beginn der Wetteraufzeichnungen! Dies hat naturgemäß auch Auswirkungen auf die Niederschlags- und Abflusswerte des Lechs.

Während es jedoch lange Zeitreihen mit angenäherten Temperaturdaten gibt, sind Aussagen zum Niederschlagsgeschehen wesentlich komplexer. Das liegt nicht nur an den großen regionalen Unterschieden der Niederschläge. Für eine hydrogeographische Betrachtung des Lechs wären zur Ergänzung der Temperaturschwankungen auch Niederschlags- oder Abflussdaten enorm wertvoll, aber leider liegen derart lange Datenreihen für die regional stark variierenden Parameter Niederschlag und Abfluss kaum vor. Die Abbildung 6 kann deshalb nur die Temperaturkurve in der Zusammenschau mit den Kulturstufen darstellen.

Lediglich für die letzten tausend Jahre ist die Darstellung von Temperatur und Niederschlag für Mitteleuropa u.a. dank der Arbeiten von Glaser (2001, 2007) möglich, vgl. dazu Abb. 7. Die gemittelten tiefpassgefilterten Temperatur- und Niederschlagskurven wurden weitgehend von Glaser übernommen, der Graph ist jedoch ganz bewusst mit einer größeren Strichstärke und ohne detaillierte Skala wiedergegeben, schließlich beruhen diese Kurven auf Proxydaten. Wichtig sind die Aussagen „wärmer“ oder „kälter“ bzw. „feuchter“ oder „trockener“. Für den Zeitraum 1000 bis 2000 können wir mehrere Phasen ausgliedern. Im sog. mittelalterlichen Wärmeoptimum – besser sprechen wir von einer mittelalterlichen Wärmephase – die man etwa von 1200 bis 1400 ansetzen kann, lag die Temperatur im 30-jährigen Mittel deutlich über der Nulllinie bei gleichzeitig relativ trockeneren Jahren. In der kleinen Eiszeit, die vom Anfang des 15. Jahrhunderts bis zum ausgehenden 17. Jahrhundert dauerte, hatten sich die Verhältnisse umgekehrt. Die Temperatur war deutlich niedriger bei wesentlich höheren Niederschlägen. *Wanner* (2016, S. 144)

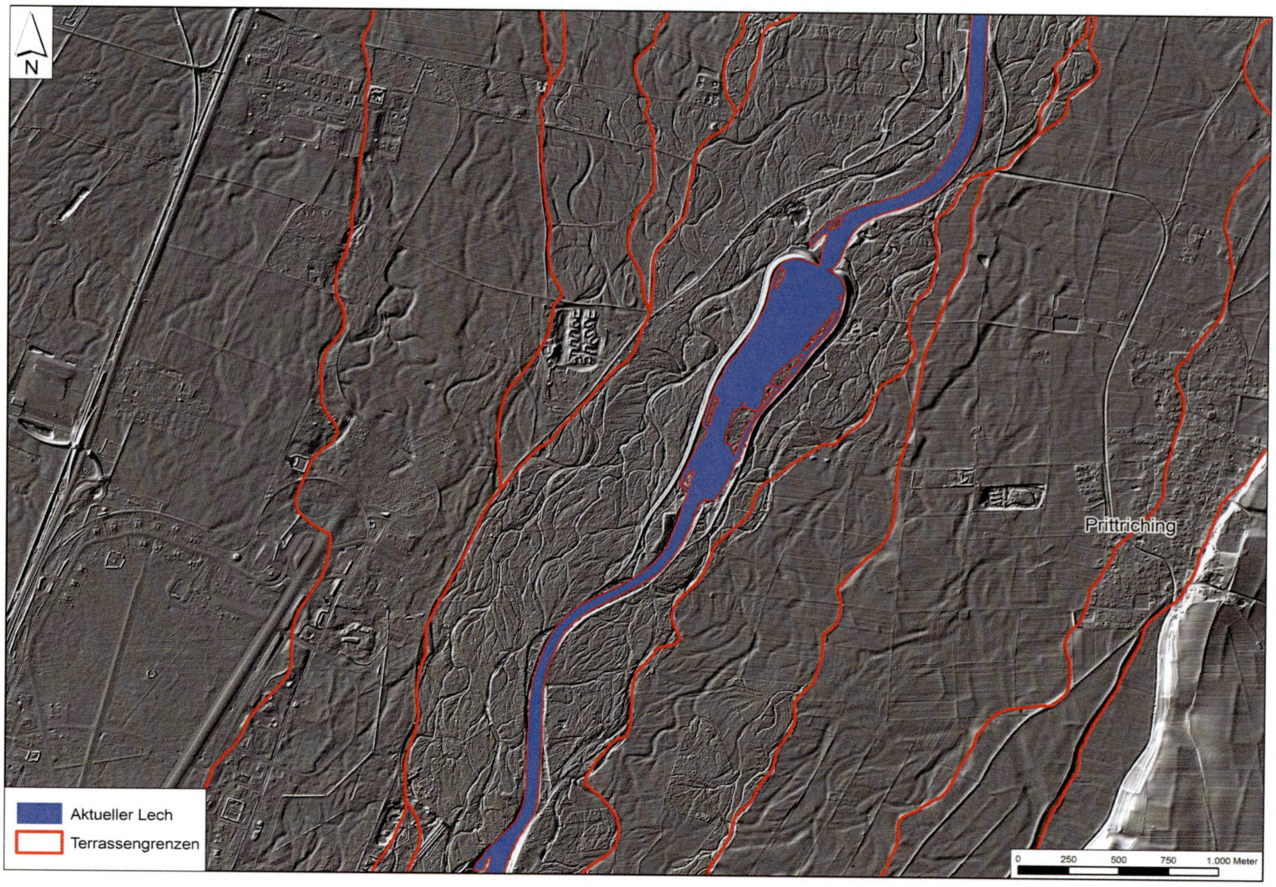

Abb. 8: Digitales Geländemodell des Lechs. Das Modell wurde mit airborn LiDAR erzeugt und zeigt den aktuellen Fluss bei Prittriching mit vorzeitlichen Terrassen und teils verzweigten, teils mäandrierenden fossilen Abflussrinnen, Quelle: Gesslein (2013, S. 39).

schätzt, dass die Temperaturabnahme auf der Nordhemisphäre etwa 1 °C bis 1,5 °C betrug. Nach der kleinen Eiszeit macht sich der von der Industrialisierung und dem Bevölkerungswachstum beschleunigte anthropogene Klimawandel, der zu den natürlichen Ondulationen addiert werden muss, immer stärker bemerkbar. Der zunächst widersprüchliche Abfall der Temperaturkurve zum Jahr 2000 hin hängt einerseits mit der Tiefpassfilterung zusammen und er spiegelt auch noch die kurzzeitige Abkühlung von einem temporären Maximum Mitte der 40er Jahre des letzten Jahrhunderts zu einem relativen Minimum in den späten 1970er Jahren. Würde die Kurve bis 2020 verlängert, ergäbe sich ein sehr deutlicher Anstieg. Vgl. zu den nordhemisphärischen Temperaturabweichungen vom langjährigen Mittel 1961 bis 1990 besonders *Jacobeit* (2007).

Das genannte Manko fehlender Niederschlags- und Abflussdaten wird in gewisser Weise ausgeglichen durch Proxydaten wie „Pegelstände" bzw. Hochwassermarken. Sie markieren Hochwasserstände an Bauwerken in Verbindung mit dem Datum des Wasserhöchststandes. Zwischen 1346 und 1935 verzeichnen Chroniken und Hochwassermarken am Lech 37 Hochwasserereignisse mit schwersten Schäden, so *Schiechtl* (1981, S. 128). Diese Hochwässer haben Häuser und Brücken zerstört und das Flussbett und die Aue des Lechs vielfach verändert. Einen Eindruck davon gibt das historische Luftbild in Abb. 22. Eine Untersuchung der Hochwassergeschichte des bayerischen Alpenvorlandes hat *Böhm* (2011) vorgelegt. Er rekonstruierte eine erste Phase gesteigerter Hochwasseraktivitäten zwischen 1470 und 1500. Weitere Zeiträume mit verstärktem Hochwassergeschehen waren zwischen 1515 bis 1545, zwischen 1575 und 1605, zwischen 1615 bis 1665, zwischen 1720 bis 1770, zwischen 1830 bis 1870, zwischen 1910 bis 1930 und zwischen 1965 bis 1995, nach *Böhm* (2011, S. 183 ff.) Ergänzend müssen für den Lech die Jahrhunderthochwässer der Jahre 1999 und 2005 genannt werden, vgl. dazu Kapitel 7. Für die extreme Hochwasserphase zwischen 1830 und 1870 sind auch menschliche Eingriffe in den Fluss mitver-

Abb. 9: Veränderung des Lechs durch Korrektionsmaßnahmen. Beide Luftbilder des Lechs nordwestlich von Mering zeigen den Fluss aus ähnlicher Perspektive: oben eine Luftaufnahme des noch nicht gestauten Lechs um 1910, unten der kanalisierte und gestaute Lech in einer von Hilgers aus Luftbildern erzeugten Ansicht, Quelle: Hilgers (2014, S. 141).

Abb. 10: Wildernder Lech bei Forchach. Der Fluss bei Forchach führt seit dem Rückbau von Wildbachverbauungen nach 2002 wieder verstärkt Geröll und Geschiebe. Foto: Friedmann, August 2021.

antwortlich: „Dementsprechend müssen neben veränderten klimatischen Rahmenbedingungen zusätzlich anthropogene Einflüsse auf die Entwicklung der Hochfrequenz [des Hochwassers] unterstellt werden", *Böhm* (2011, S. 185). Die anthropogenen Einflüsse waren Begradigung, Kanalisation und Laufverkürzung des Lechs. Oberflächenversiegelung und Deichbau und damit die Abtrennung des Retentionsraumes kamen im Lauf der Jahre hinzu. Dadurch wurden die Spitzenabflüsse stark erhöht und aus einem „normalen Hochwasser" wurde ein katastrophales Ereignis. Die nach 1901 entstandenen zahlreichen Stauhaltungen konnten bis nach 1999 die sommerlichen Hochwasserwellen kaum erniedrigen, weil ihr Speichervolumen bereits aufgefüllt war und deshalb bei Hochwasser alle Schleusen geöffnet werden mussten. Erst beim Hochwasser 2005 trug der Forggensee durch ein verbessertes Hochwassermanagement zur Kappung der Hochwasserwelle bei, vgl. dazu Kapitel 6 und Abb. 23, Abb. 24.

Stellen wir nun den Zusammenhang mit der Temperatur- und Niederschlagskurve in Abb. 7 her, so erkennen wir, dass die hochwasserreichen Phasen bis zur Kleinen Eiszeit mit einer niedrigen Temperatur und relativ hohen Niederschlägen korrelieren. Dies gilt nicht für den Übergang von der kleinen Eiszeit zur modernen Warmphase. Vielmehr ist es in diesem Zeitraum wohl die Umstellung der atmosphärischen Zirkulation von der kleinen Eiszeit auf die der jetzigen Warmphase, die die Hochwässer mit induziert hat, vgl. dazu *Böhm* (2011).

Hochwasser geht stets einher mit starken flussmorphologischen Aktivitäten, denn hohe Fließgeschwindigkeit und große Wassermassen erhöhen die Schleppspannung und liefern die notwendige Energie für die Umformung des Flussbetts. Wir wollen nun diese Formungsarbeit etwas näher anschauen. Nach dem Gefälleknick beim Austritt aus dem Gebirge (vgl. Abb. 2) stand dem Lech besonders auf dem Lechfeld viel Platz zur Verfügung. Der Fluss war seicht, extrem breit und vielfach verzweigt. Die zahlreichen, oft in unterschiedlicher Höhe nebeneinanderliegenden Stromfäden waren durch Kies- und Sandbänke und Inseln getrennt und verlagerten sich ständig. Kiesbänke wurden besonders bei Hochwasser schnell geschüttet und wieder erodiert. Das

Grundmuster des damaligen Lechs war das eines sich laufend verändernden wildernden Flusses. Hochwässer besonders in den Sommermonaten setzten die Flussaue auf breiter Front mehr oder weniger regelmäßig unter Wasser und überformten sie. Bei bordvollem Abfluss werden die Bänke von Wasser überströmt, deshalb sind sie meist unbewachsen. Ein charakteristisches Merkmal von verwilderten Flüssen ist die Furkation, die wiederholte Trennung und Wiedervereinigung der Gerinne.

Der Lech bei Forchach in Abb. 10 vermittelt uns heute noch einen Eindruck dieser Flusslandschaft. Voraussetzungen eines solchen verwilderten Flussgrundrisses sind:

- viel Geschiebefracht
- häufiger Wechsel des Belastungsverhältnisses von < **1 zu** > **1** und zurück
- viele periodische oder episodische Hochwasserereignisse
- hohe Variabilität des Abflusses
- große Dynamik bzw. hohe Fließgeschwindigkeit
- geringe Uferstabilität, z. B. bei glaziofluvialen Schotterfeldern, wo die Haftfestigkeit bzw. die Kohäsionskräfte zwischen den Geschieben und Schottern gering sind
- seitlich Raum zur Ausbreitung des Gerinnes.

Das Flussbett hat sich zwar mit jedem Hochwasser verändert, aber weil dem Fluss kein Geröll entnommen und von oben immer neues Material nachgeliefert und flussabwärts abtransportiert wurde, befand sich der Lech trotz ständiger Veränderung in einem Gleichgewicht. Wegen dieses Gleichgewichtszustands sprechen *Mangelsdorf* et al. (1990) von einer Umlagerungsstrecke des Flusses, bei *Büdel* (1977) entspricht das der Durchgangsaufschüttung.

Bezüglich der geomorphologischen Prozesse müssen wir zwei extreme Zustände und den Übergang von einem in den anderen Formungsprozess unterscheiden:

- Bei **Hochwasser** mit großer Strömungsgeschwindigkeit, **BV << 1** und sehr großem Durchfluss gilt:
    - Geschiebedefizit
    - turbulenter, meist schießender Abfluss
    - Tiefenerosion besonders in tieferen Bereichen des Gerinnes und an bzw. nach Hindernissen (Tosbeckeneffekt)
    - Seitenerosion besonders da, wo die ufernächste Kiesbank die Strömung wie ein Keil trennt und auf das Ufer lenkt
    - Verbreiterung des Gerinnebetts
    - rollender und springender Transport auch großer Geschiebe
    - Stoßbelastung der Sohle, Reibung zwischen Sohle und Geröll
    - Luftblasen führen wegen Druckunterschieden zu Kavitationseffekten (Über- bzw. Unterdruck) und dadurch zur Gesteinslockerung.

- Beim **Rückgang des Hochwassers** nimmt die Strömungsgeschwindigkeit ab, **BV** $\approx$ **1,** der Durchfluss geht zurück, es gilt:
    - Geschiebesättigung tritt ein
    - auf kleinstem Raum nebeneinander turbulenter und laminarer Abfluss
    - überwiegend Transport
    - mit nachlassender Transportkraft werden zunächst grobklastische Materialien abgelagert, bei weiterer Geschwindigkeitsreduktion folgen auch die kleineren Korngrößen
    - Sedimentation von Sand und Geröll besonders im flachen Wasser, in tieferem Wasser wird noch transportiert
    - Korngrößensortierung in Abhängigkeit von unterschiedlichen Fließgeschwindigkeiten.

- Bei **Niedrigwasser** mit relativ kleiner Strömungsgeschwindigkeit, **BV >> 1** und kleinem Durchfluss gilt:
    - Geschiebeüberschuss
    - meist langsamerer turbulenter bis laminarer Abfluss, daneben Stillwasserbereiche im Lee von Kiesbänken
    - Sedimentation von Sand
    - Luv-Lee-Effekte bei der Sedimentation: am strömungszugewandten Kopf einer Kiesbank wird die Strömung geteilt, hier werden nur größere Fraktionen Kies sedimentiert. Dagegen wird am unteren Ende einer Kiesbank, sozusagen im Lee, hauptsächlich Sand sedimentiert.
    - je seichter das Wasser, desto langsamer die Fließgeschwindigkeit, desto mehr Sedimentation
    - keine aktive Umformung des Flussbetts durch Erosion.

Die geomorphologische Formung des Flussbetts und der Aue bewegt sich in Abhängigkeit vom Durchfluss zwischen diesen beiden extremen Formungsmechanismen und verändert sich innerhalb kurzer Zeit. Vgl. zu den Formungsmechanismen vornehmlich *Ahnert* (2009), *Dalchow* und *Rohdenburg* (1989), *Leser* (2009), *Mangelsdorf* et al. (1990), *Müller* und *Bürger* (1990), *Rohdenburg* (1989) und *Zepp* (2011).

3 Anthropogeographisches Grundmuster der Flusslandschaft und hydrogeographische Veränderungen

Nachdem wir uns im vorausgegangenen Kapitel die „unberührte" Flusslandschaft angeschaut haben, müssen wir nun fragen, wie der Mensch diese Naturlandschaft in eine Kulturlandschaft verwandelt hat? Das Grundmuster der Kulturlandschaft entlang des Flusses wird vom Gang der Besiedlung und von der Wirtschaftsform gezeichnet. Je mehr Menschen sich ansiedelten, desto gewichtiger wurden auch die hydrogeographischen Eingriffe. Parallel zur ansteigenden Bevölkerung entstanden neue Technologien und wuchsen die wirtschaftlichen Möglichkeiten.

Für die Alt- und Mittelsteinzeit bezeugen Pfeilspitzen, Klingen und Schaber die Anwesenheit des Menschen am Lech seit etwa 80 000 Jahren vor heute. *Fischer* et al. (2009) weisen für das Mesolithikum verschiedene Funde nach. Allerdings haben diese Jäger und Sammler noch nicht nennenswert in den Wasserhaushalt eingegriffen. Für die mesolithische Population nehmen *Kreuz* und *Terberger* (2014, S. 87) eine Bevölkerungsdichte von 0,01 bis 0,1 Personen/km^2 an. *Richter* und *Affolter* (2016) präzisieren die Zahlen und geben für das Spätmesolithikum 0,0023 Personen pro Quadratkilometer für Altbayern an. Bei den Linienbandkeramikern, die im Neolithikum den Wandel in der Wirtschaftsweise bringen, steigt der Wert nach *Kreuz* und *Terberger* (2014) mit 0,6 Personen/km^2 bereits auf ein Vielfaches an. Die Lagerplätze in der Zeit des Übergangs vom Spätmesolithikum zum Neolithikum, in der die Bandkeramiker zuwanderten, waren schon über längere Zeit bewohnt und der Anteil pflanzlicher Nahrung in der Zeit des Übergangs stieg an, weshalb *Richter* und *Affolter* (2016, S. 224) von einer „low level food production" sprechen. Damit deutet sich die neolithische Revolution bereits an. Zu diesem Zeitpunkt setzt auch unsere Betrachtung an.

Während für weite Teile Mitteleuropas die Kenntnisse des Jungneolithikums noch relativ bescheiden sind, ist im Voralpenraum die Quellenlage durch die über 100-jährige Erforschung von Pfahlbauten und Feuchtbodensiedlungen sehr gut. Die durch Luftabschluss hervorgerufene gute Erhaltung von Holz und anderen organischen Siedlungsrelikten und vor allem von Blütenpollen gestattet sehr gute Einblicke in den Alltag, die Ernährungs- und Wirtschaftsweise und in die Umweltgeschichte. Und die dendrochronologischen Datierungsmöglichkeiten erlauben eine aufs Jahr genaue Präzisierung, vgl. dazu *Doppler und Ebersbach* (2014, S. 58).

In Süddeutschland können wir nach *Gronenborn* (2014) mit ersten vollbäuerlichen Dorfgemeinschaften der Linienbandkeramiker um 5500 v. Chr. rechnen. Im Einzugsbereich des Lechs erfolgte die Neolithisierung wohl wesentlich später. Etwa ab 4300 v. Chr. werden Landschaften wie das Alpenvorland und Oberschwaben erschlossen, *Rösch* (2011, S. 16). In den meist kurzlebigen Dörfern konnten einige mit bis zu 50, ja sogar bis zu 100 Gebäuden nachgewiesen werden, *Doppler* und *Ebersbach* (2014, S. 61).

Mit dem Übergang von der Mittel- zur Jungsteinzeit erfolgte parallel zur Sesshaftwerdung des Menschen ein grundlegender Umbruch in der Wirtschaftsweise und damit auch in der Schwere des Eingriffs in den Landschaftswasserhaushalt. Dazu schreibt *Goudie* (2019, S. 18): „Both the domestication of animals and the cultivation of plants have been among the most significant causes of the human impact … [auf die natürliche Umwelt]."

Allerdings kam es bei der Umstellung von der mesolithischen auf die neolithische Wirtschaftsweise nicht einfach zu einer Ablösung der alten Wirtschaftsform. Vielmehr müssen wir mit einem langdauernden und mehrschichtigen Neolithisierungsprozess rechnen, bei dem die Epochengrenze zwischen Mesolithikum und Neolithikum verschwimmt. Für die Schweiz haben *Haas* et al. (1997, S. 36 ff.) durch pollenanalytische Untersuchungen gezeigt, dass es in mehreren Wellen zu charakteristischen Abläufen kam:

- Es begann mit einer Rodungsphase, in der durch Feuer bzw. Brandrodung oder andere Techniken der Wald zerstört wurde
- in der anschließenden Kulturphase, in der Kulturpflanzenpollen wie Getreide und bestimmte Unkräuter gefunden wurden, andererseits jedoch die Kurven für verschiedene Bäume stark

zurückgingen, erfolgten die ersten zunächst unbewussten Eingriffe in den Landschaftswasserhaushalt

- in Seen kam es zu einem „Nährstoff- und Sedimenteintrag als Folge öffnungsbedingter Erosion …", *Haas* et al. (1997, S. 40). Das sind eindeutige Belege für Waldöffnung, Bodenerosion und Nährstoff- und Sedimenteintrag in die Gewässer
- auch längere Bracheperioden, Verbuschung und anschließende Wiederbewaldung können pollenanalytisch belegt werden.

Nach längeren Ruhephasen lief häufig die gleiche Sequenz erneut ab.

Rösch (2011) liefert eine sehr kompakte Beschreibung der Stadien der Kulturlandschaftsentwicklung, der wir hier weitgehend folgen. Vor Beginn der produzierenden neolithischen Wirtschaftsweise existierte im Alpenvorland eine geschlossene Bewaldung. Das änderte sich mit dem Beginn der Jungsteinzeit, denn unsere Kulturpflanzen stammen überwiegend aus dem vorderen Orient, wo sie in offenen Landschaften wuchsen, *Rösch* (2014, S. 14 f.) Deshalb ist der Anbau dieser Kulturpflanzen nur dort möglich, wo der Wald beseitigt wurde. Während zu Beginn der Neolithisierung in den trocken-warmen Gunstgebieten – als am Lech noch keine Feldfrüchte angebaut wurden – kleinflächiger Hackbau auf dauerbewirtschafteten Flächen ohne Dünger betrieben wurde, musste man beim Vordringen in weniger von der Natur begünstigte Landstriche wie dem Lechgebiet die Anbauverfahren ändern. Als im Jungneolithikum ab 4300 v. Chr. im Alpenvorland der Ackerbau begann, fand man Möglichkeiten, um durch Düngung der bei Dauerbewirtschaftung drohenden Bodenversauerung und Nährstoffauslaugung entgegen zu wirken. Dies geschah durch die Hinwendung zu einer Art neolithischem Brandrodungs-Wanderfeldbau, wie wir ihn aus den Tropen kennen. Bei diesem Wald-Feld-Bodennutzungssystem diente die Holzasche als Dünger. Wenn nach der ersten Rodung, bei der Hochwald mühsam mit steinzeitlichen Werkzeugen beseitigt werden musste, nach ca. 12 Jahren der junge Baumwuchs, der einen Niederwald hatte entstehen lassen, wieder für eine ackerbauliche Nutzung gerodet werden musste, tat man sich wesentlich leichter. Das armstarke Holz konnte schnell mit einfachen Steinwerkzeugen geschlagen werden und trocknete schnell. Der Holzeinschlag war wegen der großen Feuchtigkeit in Mitteleuropa notwendig, denn Buchenniederwald brennt ohne vorherige Trocknung kaum. Nach dem Brand wurde eine Einzellochsaat durchgeführt. Als Getreide wurde vornehmlich freidreschender Weizen eingesät, er ist wesentlich ertragsstärker als Einkorn oder Emmer. Fettlieferanten waren Lein und Schlafmohn, an Hülsenfrüchten wurden nur Linsen und Erbsen kultiviert. Da durch das Feuer auch die konkurrierenden Wildpflanzen optimal bekämpft wurden, waren die Erträge im ersten Jahr sehr hoch. Zudem war die Nährstoffversorgung gut. Weil der Boden durch das Feuer schwarz wurde und deshalb eine niedrige Albedo besaß, erwärmt er sich im Frühjahr schnell. Das gab einen weiteren Wachstumsschub, *Rösch* (2016).

Die von Buchen beherrschte Landschaft der Jungsteinzeit wurde durch den neolithischen Brandrodungs-Wanderfeldbau zu einem Flickenteppich aus Niederwäldern, Gebüsch, Schlagfluren und Feldern, auf denen relativ hohe Erträge erzielt wurden, die durchaus an Erträge des frühen 20. Jahrhunderts heranreichten! Diese Ertragskraft wurde ermöglicht durch die Verwendung von zusätzlich herbeigeschaffter Aschedüngung. Für 1 ha Ackerland benötigte man wegen der 12-jährigen Umtriebszeit und der Nutzung von zusätzlichen Niederwaldflächen als Aschelieferant etwa 30 ha ergänzende Nutzfläche. Es konnten also nur 3 % bis 5 % der Landfläche als Ackerland genutzt werden, alles übrige Land war mit unterschiedlich schlagreifen Niederwäldern bestockt, die im 12-jährigen Turnus als Ackerland genutzt wurden, so *Rösch* (2011, S. 18 f.).

Im Spätneolithikum gewinnt die Viehwirtschaft an Bedeutung, Rinder werden als Zugtiere verwendet und man kommt vom Wanderfeldbau ab. Die Felder wurden nicht mehr verlagert, sondern dauerhaft an Ort und Stelle bewirtschaftet. Dieses modifizierte Anbauverfahren erlaubte bei Aschedüngung Erträge von 1500 kg/ha bis 8000 kg/ha, ohne Aschedüngung erreichte man max. 2000 kg/ha. Der Daueranbau wurde stationär auf den besten Standorten einer Flur betrieben, das Düngematerial wurde aus Asche vom Niederwald auf schlechteren Standorten gewonnen und zum Feld transportiert. Schließlich wird im ausgehenden Neolithikum die Feldwirtschaft zu Gunsten der Viehwirtschaft (Weidewirtschaft, Dauergrünland) weiter zurückgedrängt. Möglicherweise wird erstmals Mist- statt Aschedüngung angewendet und der Dinkel kommt als neue Feldfrucht hinzu, *Rösch* (2011, S. 20).

In der Bronzezeit kommen zum Anbauspektrum Hirse und Ackerbohnen neu hinzu, daneben werden weiterhin Dinkel, Gerste, Erbsen, Linsen, Schlafmohn, manchmal auch Emmer und Einkorn angesät. Insgesamt wird nun eine Feld-Graswirtschaft betrieben. Wenn die Erträge einbrachen, wurde ein Brachejahr eingeschoben. Diese Brache wurde als Weide genutzt, dadurch erfolgte gleichzeitig eine Düngung durch das Weidevieh. Auch die Waldweide spielte eine Rolle. Die Erträge waren in der Bronzezeit niedriger als im Neolithikum, deshalb benötigte man mehr Anbauflächen. Die intensivere Bodenbearbeitung wurde jetzt mit dem Pflug durchgeführt.

In der Eisenzeit blieben die Anbauverfahren weitgehend gleich, es kamen jedoch neue Pflanzen wie Leindotter und Linsenwicken hinzu.

Die sesshaften Bauern bauten Dörfer, rodeten Wälder, legten Felder an und der sonst durch die Vegetation festgehaltene Boden wurde auf frisch bearbeiteten oder abgeernteten Feldern zeitweise ungeschützt der Erosion ausgesetzt. Verdunstung, Grundwasserneubildung und Oberflächenabfluss änderten sich und es kam zu Bodenerosion und zum Eintrag des abgespülten Bodens in den Vorfluter. Bei festen Siedlungen ist auch schon mit ersten Maßnahmen des Hochwasserschutzes zu rechnen, Verkehrswege überqueren bzw. durchqueren Flüsse mit Hilfe von Furten und verändern den Strömungsquerschnitt und auch die Wasserkraft wurde frühzeitig genutzt.

Die Felder der frühen Bauern waren relativ klein und lagen möglichst nahe bei den Häusern. Man darf nach *Kreuz* und *Terberger* (2014, S. 90 f) annehmen, dass zur Ernährung eines Menschen etwa 0,5 ha Ackerfläche benötigt wurden. Wenn im Durchschnitt 8 Personen in einem Langhaus gelebt haben, musste folglich ein Feld mit etwa 200 m Länge und 200 m Breite vorhanden sein. Es kann aber durchaus sein, dass statt der 8 Personen auch 16 oder mehr Menschen in einem Langhaus wohnten. Entsprechend größer war dann der Flächenbedarf.

Die Bodenbearbeitung erfolgte zunächst mit Grabstöcken. Die tägliche Arbeitsleistung bei der Feldarbeit betrug etwa 0,03 ha/Person. Im Mai und April wurde der Boden mehrfach gelockert. Ab etwa 3000 v. Chr. dürfen wir mit dem Übergang vom Hackbau zum Ackerbau rechnen. Durch diese neue Technologie des Pflügens konnte der Boden tiefgreifend gelockert werden. Das beeinflusste sowohl das Infiltrationsvermögen nach Niederschlägen als auch die Anfälligkeit gegenüber der Bodenerosion.

Alle Haus- und Nutztiere der Neolithiker wurden ursprünglich aus dem Orient eingeführt. Im Wesentlichen waren das Rinder, Schweine, Ziegen und Schafe. Bei den Schweinen kann eine Vermischung mit heimischen Wildschweinen jedoch nicht ausgeschlossen werden. Die Tiere lieferten Fleisch, Häute, Milch, Knochen und Dung, sie waren noch nicht aufgestallt. Vielmehr zogen sie mit Hirten durch die Wälder. Das weidende Vieh verhinderte den Aufwuchs von jungen Bäumen. So entstanden Hutewälder mit mehr oder weniger vereinzelt stehenden großen Eichen und Buchen. Um eine Übernutzung der Wälder zu vermeiden, wurde die Waldweide teilweise auch in Form der Transhumanz betrieben, bei der die Hirten mit den Herden zwischen zwei Weidegründen – z. B. im Tiefland und im Gebirge – wanderten. Der Flächenanteil des Weidelandes war größer als der des Ackerlandes. Nach der Ernte wurden die Tiere regelmäßig auf die Felder getrieben, damit sie die nicht abgeernteten Reste der Feldfrüchte fressen konnten und vor allem auch um zu düngen.

Zusammenfassend kann man sagen, dass mit der Besiedlung und der neuartigen agrarischen Nutzung auch die ersten – zweifellos unbeabsichtigten – ökologisch relevanten Veränderungen bzw. Eingriffe in das hydrogeographische Gefüge der Flusslandschaft gegeben waren. Dies geschah durch Bodenabtrag von den Feldern und die Ablagerung des abgespülten Bodens als Auesediment nach einem Hochwasser und durch eine Veränderung von Oberflächenabfluss, Verdunstung und Infiltration des Niederschlags. Schließlich ist der Wasserverbrauch der Nutzpflanzen und ihre Verdunstung anders als bei der vorausgegangenen natürlichen Vegetation, vgl. dazu *Goudie* (2019, S. 145 ff.).

Die Analyse von Pflanzenpollen, die sich in Mooren oft gut erhalten haben, lassen sehr gute Rückschlüsse auf die Zusammensetzung der Vegetation zu. Auch eine Datierung ist möglich, allerdings ist dies eine stratigraphisch orientierte Gliederung, die bezüglich ihrer Exaktheit nicht an die jahresgenaue Datierung der Dendrochronologie heranreicht. Das mag Abweichungen bei den Altersangaben erklären. Deshalb werden Pollenanalysen gern mit Hilfe von C-14-Datierungen zeitlich genauer eingestuft. Pollenanalytische Untersuchun-

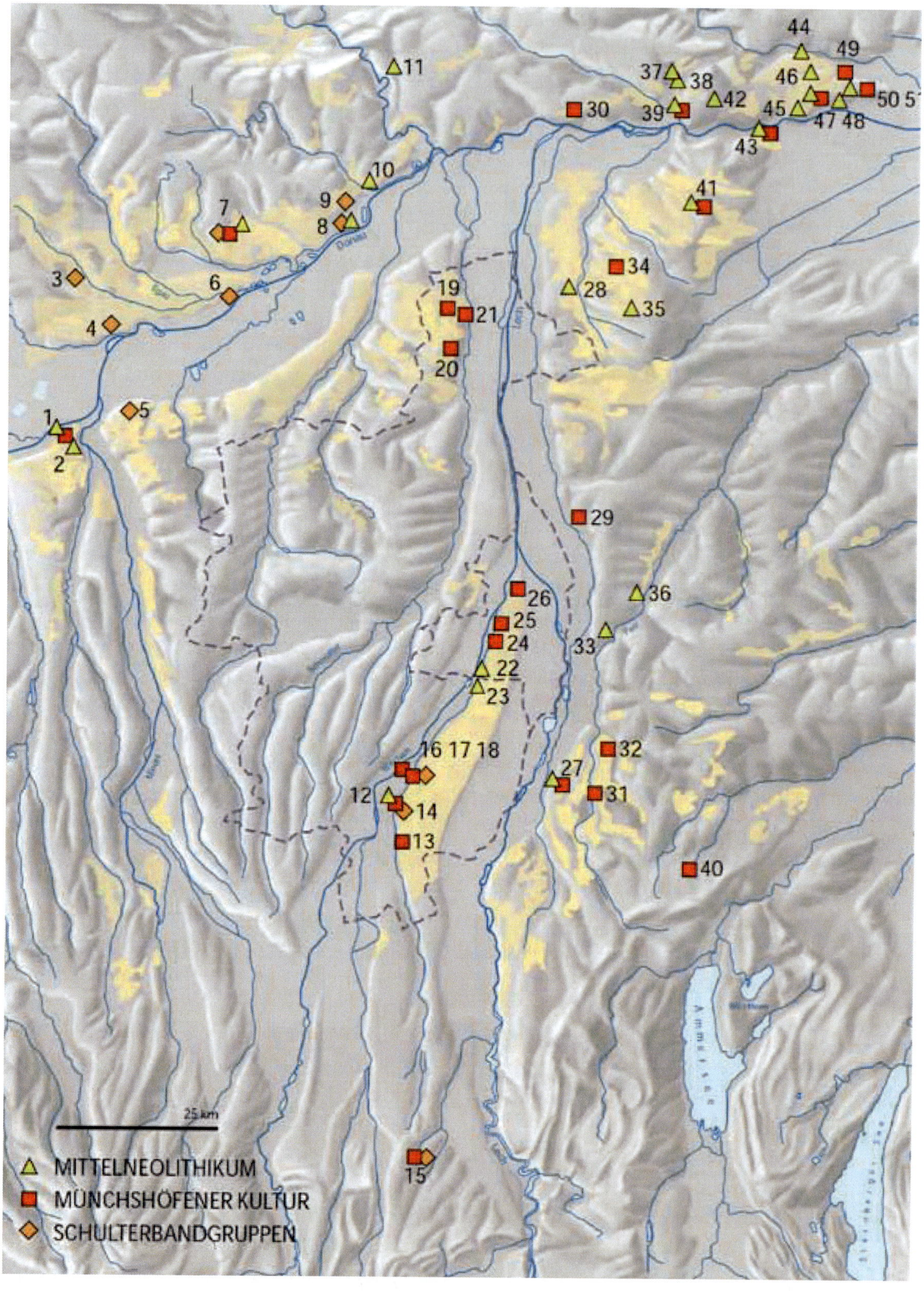

Abb. 11: Steinzeitliche Fundstellen am Lech. Mittel- und jungneolithische Funde im unteren Lechtal, Quelle: *Meixner* (2013, S. 148).

gen in fruchtbaren Lössregionen im Einzugsgebiet des Lechs führen zur Vermutung einer bäuerlichen Besiedlung bereits vor 6000 bis 7000 Jahren, so *Küster* (2001, S. 10 f.).

Schwerpunkte der Besiedlung waren zunächst die überflutungssicheren Hochterrassen entlang des Lechs. Im Raum Augsburg war es das Hochfeld, das etwa 10 m bis 12 m über dem Lech liegt, und wo eine mehrere Meter mächtige Lössauflage günstige Bedingungen für den Ackerbau bot. Im Umfeld der Stadt wurden in Göggingen, Bobingen und Inningen jungsteinzeitliche Siedlungen nachgewiesen. Von der Wertach sind Pfostenlöcher von Langrechteckhäusern bekannt und Funde von Steinsicheln und Malsteinen weisen auf den Anbau von Dinkel, Emmer und Gerste hin. In der ausgehenden Jungsteinzeit war der Siedlungsraum bereits bis in die Gegend von Kaufbeuren und Memmingen ausgeweitet. Dagegen blieb das angrenzende Tertiärhügelland flächenhaft mit Urwald bestanden, vgl. dazu *Trier* (2002, S. 204 f.). In Abb. 11 ist die Verbreitung mittel- und jungsteinzeitlicher Funde am unteren Lech dargestellt. Die in der Karte eigens ausgewiesene Münchshöfener Kultur gehört ins Jungneolithikum. Sie tritt erstmals um 4500 v. Chr. auf und dauerte bis etwa 3900/3800 v. Chr., vgl. dazu *Meixner* (2013). Besiedelt wurden vorzugsweise leicht bearbeitbare Böden in Kombination mit günstigem Lokalklima auf den hochwassersicheren Hochterrassen der Iller-Lechplatte. Flüsse wie der Lech boten besonders in Grenzlagen zwischen feuchter Talaue und den trockeneren Platten günstige Bedingungen für die Siedlungen.

Bei Landsberg am Lech wurde eine Siedlungskammer mit drei Feuchtbodensiedlungen aus dem Jungneolithikum ausgegraben, vgl. Abb. 12. Es handelt sich um die drei zeitlich aufeinander folgenden Siedlungen Pestenacker-Nord, die älteste Siedlung, um Unfriedshausen und Pestenacker, die zwischen 3735 bis 3410 v. Chr. bewohnt wurden. Jedes dieser drei Dörfer hatte 12 bis 16 Wohnstallhäuser in Pfostenbauweise und war umzäunt. Weitere Siedlungen aus dieser Zeit sind beispielsweise in Merching, Inning und Polling nachgewiesen.

Wie bereits erwähnt, bildete die Landwirtschaft die wirtschaftliche Grundlage dieser Siedlungen. Der Anbau von Feldfrüchten und die Tierhaltung waren in den meisten Feuchtbodensiedlungen die wichtigste Nahrungsgrundlage. Ab ca. 3000 v. Chr. dürfen wir mit dem Einsatz des von Rindern gezogenen Hakenpfluges rechnen. Diese Rationalisierung ermöglichte den Umbruch größerer Flächen, zusätzlich wurde die Bearbeitungstiefe des Bodens erhöht. Damit einher gingen vermutlich ein verstärkter Bodenabtrag und damit auch ein erhöhter Eintrag in die Gewässer, vgl. dazu *Limmer* (2009), *Limmer* (2014), *Schlichtherle* (1997, S. 10) und *UNESCO Welterbe*.

In der Bronze- und frühen Eisenzeit wurden die Täler entlang von Donau, Lech, Wertach und Iller endgültig durchgehend mit agrarisch ausgerichteten Kleinsiedlungen besiedelt. Davon zeugen u. a. die zahlreichen keltischen Viereckschanzen, *Kießling* (2013, S. 14). Mit einer sich verdichtenden Bevölkerung wurden zunehmend auch von Hochwasser bedrohte Lagen auf der Niederterrasse genutzt. Siedlungsplätze der Bronzezeit mit Gold- und Silberfunden in einem ca. 3000 Jahre alten, bronzezeitlichen Gräberfeld bei Bobingen belegen ein weit verzweigtes Handelsnetz mit gesamteuropäischen Verbindungen, *Kluger* (2011, S. 54).

Der Besiedlungsgang des Lechfeldes seit der Jungsteinzeit ist exemplarisch im Archäologischen Museum in Königsbrunn dargestellt. Nach Werkzeugfunden aus der Jungsteinzeit ca. 4000 v. Chr. können wir aus Bestattungen der Glockenbecherkultur etwa 2300 v. Chr. und besonders aus der Bronzezeit mit bis jetzt sieben bekannten Nekropolen – die zwischen 1900 bis 1100 v. Chr. datiert werden – auf eine immer dichter werdende Besiedlung schließen. Die wirtschaftliche Grundlage lieferten die Land- und Viehwirtschaft, die vermittels Rodungen und Ackerbau in den Wasserhaushalt eingriffen. Aus der späten Hallstattzeit (etwa 500 bis 400 v. Chr.) wurde bei Königsbrunn z. B. eine größere Siedlung mit ca. 50 Gebäuden am Lech ausgegraben *(Wikipedia)*.

Auch weiter flussabwärts wurde in Blankenburg im nahen, zum Lech parallelen Schmuttertal ein Siedlungsplatz mit einer 7000-jährigen Geschichte lokalisiert und untersucht. Die Siedlungsreste wurden ca. 50 m über dem Lech- bzw. Schmutterniveau auf Lösslehm gefunden. Der älteste Fund ist ein sog. Schuhleistenkeil der Linienbandkeramiker, der auf 5500 bis 5000 v. Chr. datiert wird. Die meisten Fundstücke stammen aus einer jungsteinzeitlichen Siedlung der Münchshöfener Kultur, die etwa um 4300 v. Chr. angesetzt wird. Aus der nachfolgenden Altheimer Kultur – ca. 3700 v. Chr., und der Glockenbecherkultur, ca. 2500 bis 2200 v. Chr. – sind

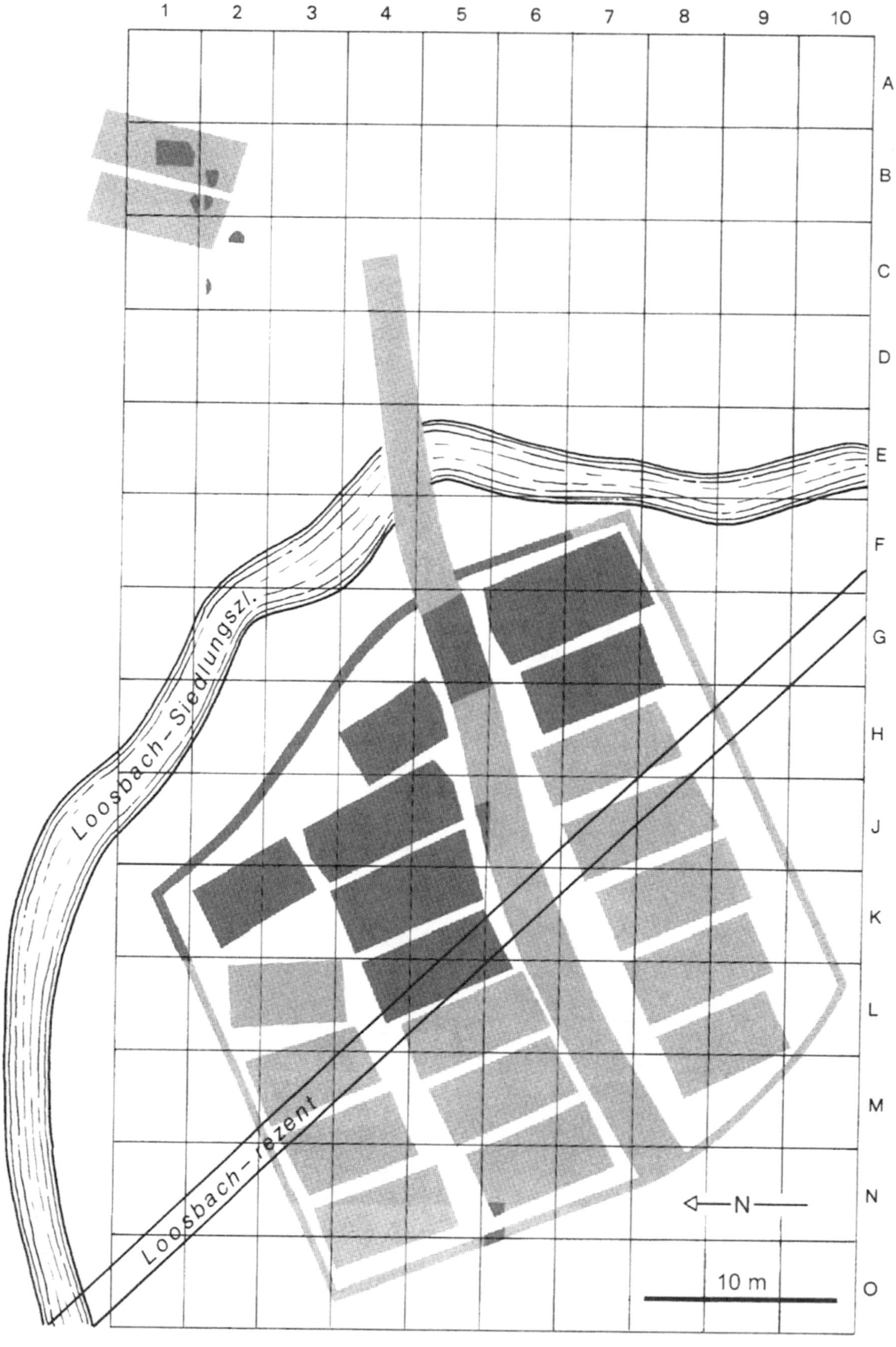

Abb. 12: Jungneolithische Siedlung Pestenacker. Hausstellen der Siedlung mit Bachbett des siedlungszeitlichen Loosbaches. Die ergrabenen Befunde sind dunkel gerastert, die vermuteten hell, Quelle: *Limmer* (2009, S. 95).

ebenfalls Fundstücke vorhanden. Hinzu kommt ein Friedhof der Bronzezeit, ca. 2000 v. Chr., und ein Grab der Latènezeit, ca. 300 v. Chr., vgl. dazu besonders *Mahnkopf* (2013) und *Meixner* (2013). Diese Fundreihe berechtigt zur Annahme einer mehr oder weniger 7000-jährigen Siedlungskontinuität, die sicherlich auch über Veränderungen der Vegetationsdecke und durch den Ackerbau zu Eingriffen in den Wasserhaushalt beitrug. Dies gilt in ähnlicher Weise für die meisten in Abb. 11 dargestellten Siedlungsplätze in der Nähe des Lechs.

Im 4. und 3. Jahrhundert v. Chr. lässt eine relative Fundarmut auf Unruhen und Bevölkerungsrückgang im Zusammenhang mit keltischen Wanderungen schließen. Im 1. und 2. Jahrhundert. v. Chr. kam es vermutlich durch den Übergang von der Tausch- zur Geldwirtschaft zu einer Intensivierung der wirtschaftlichen Tätigkeit und damit auch zu verstärkten Eingriffen in den Wasserhaushalt.

Mit Sicherheit intensiviert wurden die Eingriffe in den Landschaftswasserhaushalt mit dem Eintreffen der römischen Zivilisation. Vor den Römern war das Lechgebiet Siedlungsraum der keltischen Vindeliker, vgl. dazu *Trier* (2002, S. 205 f.). Im Jahr 15 v. Chr. eroberten römische Truppen das gesamte Lechgebiet. Bereits für die Jahre 7 und 8 v. Chr. konnte in Augsburg Oberhausen ein römisches Militärlager nachgewiesen werden. Es handelt sich um die ältesten römischen Funde in der Stadt. Schon wenige Jahre nach der Zeitenwende entstand an der Spitze der Hochterrasse im Osten der heutigen Augsburger Altstadt ein wehrhaftes Kastell. Der römische Machtbereich dehnte sich bald bis zum Südufer der Donau aus, allerdings lief der Landesausbau im 1. Jahrhundert noch recht schleppend.

Seit dem frühen 2. Jahrhundert wurde die Provinz von Trajan und Hadrian gefördert und der Siedlungsausbau erreichte folglich einen Höhepunkt um die Mitte des 2. Jahrhunderts. Damit wurden ein wirtschaftlicher Aufschwung und eine Verdichtung der Bevölkerung eingeleitet. Die Schwerpunkte der römischen Besiedlung lagen auf der Hochterrasse des Lechs, auf dem Lechfeld und dem Herbertshofener Feld und reichten bis zur Endmoräne an der Landsberger Platte, so Trier (2002, S. 206). Spätestens im 2. Jahrzehnt n. Chr. kam es auch an anderer Stelle in hochwasserfreien Lagen zu zivilen Stadtgründungen wie in Kempten (Cambodonum) und Füssen (Foetibus). Augsburg respektive Augusta Vindelicorum bzw. Vindelicum, synonym dazu Aelium Augustum oder Aelia Augusta entwickelte sich schnell zur größten Siedlung im nördlichen Alpenvorland und wurde Provinzhauptstadt von Raetien.

In der Blütezeit im 2. und 3. Jahrhundert n. Chr. hatte Augsburg, das seit 121 n. Chr. mit römischem Stadtrecht ausgestattet war, eine Siedlungsfläche von ca. 65 ha und ca. 10 000 bis 12 000 Einwohner, die überwiegend von Handel und Gewerbe lebten. Im Umfeld der Stadt gab es zahlreiche kleinere, vornehmlich gewerbliche Siedlungen, die sogenannten vici. Das waren oft Dörfer mit einer gewissen zentralörtlichen Funktion entlang einer Straße, in denen Gewerbe zur Versorgung der römischen Truppen betrieben wurde. Als Beispiel sei das heutige Schwabmünchen, das römische Rapae genannt, wo sich die bedeutendste Töpfersiedlung Raetiens befand. Tonwaren aus diesem vicus, in dem schätzungsweise mehr als 2/3 der Bewohner Töpfer waren, wurden im gesamten Donauraum gehandelt. Solche vici bildeten das wirtschaftliche Rückgrat der Provinz, vgl. dazu besonders *Trier* (2002).

Spätestens seit dem frühen 2. Jahrhundert existierte in Raetien ein ausgebautes römisches Straßennetz, *Trier* (2002, S. 207). Es ermöglichte einen regen Handel mit Gallien, Italien und in den gesamten Donauraum. Das Dorf Epfach am Lech war Kreuzungspunkt von zwei römischen Hauptverkehrsstraßen, der Via Claudia Augusta, die die Provinzhauptstadt Augsburg mit Italien verband, und der Via Raetia, die von Salzburg über Gauting, Abodiacum – so der röm. Name Epfachs – und Kempten bis nach Bregenz am Bodensee führte. Bereits um 50 n. Chr. gab es bei Epfach im Bereich der heutigen Staustufe eine Holzbrücke über den Lech, um 290/300 n. Chr. ist eine zusätzliche Lechbrücke weiter flussabwärts im Bereich des Flurnamens „In der Au" nachweisbar, vgl. dazu *Werner* (1969, S. 278). Auch südöstlich von Augsburg gab es einen römischen Lechübergang. Diese Brückenbauwerke mit ihren relativ kleinen Spannweiten erforderten zahlreiche Brückenpfeiler und stellten somit einen erheblichen Eingriff in das Strömungsverhalten des Flusses dar. Der Lech wurde zudem auch als Transportweg für Flöße sehr stark genutzt. Insgesamt waren Wasserfahrzeuge wohl die wichtigsten Transportmittel der Zeit. Die im Maximiliansmuseum ausgestellten Relikte des Augsburger Flusshafen bezeugen dies eindrucksvoll.

Die Ansprüche der römischen Zivilisation ho-

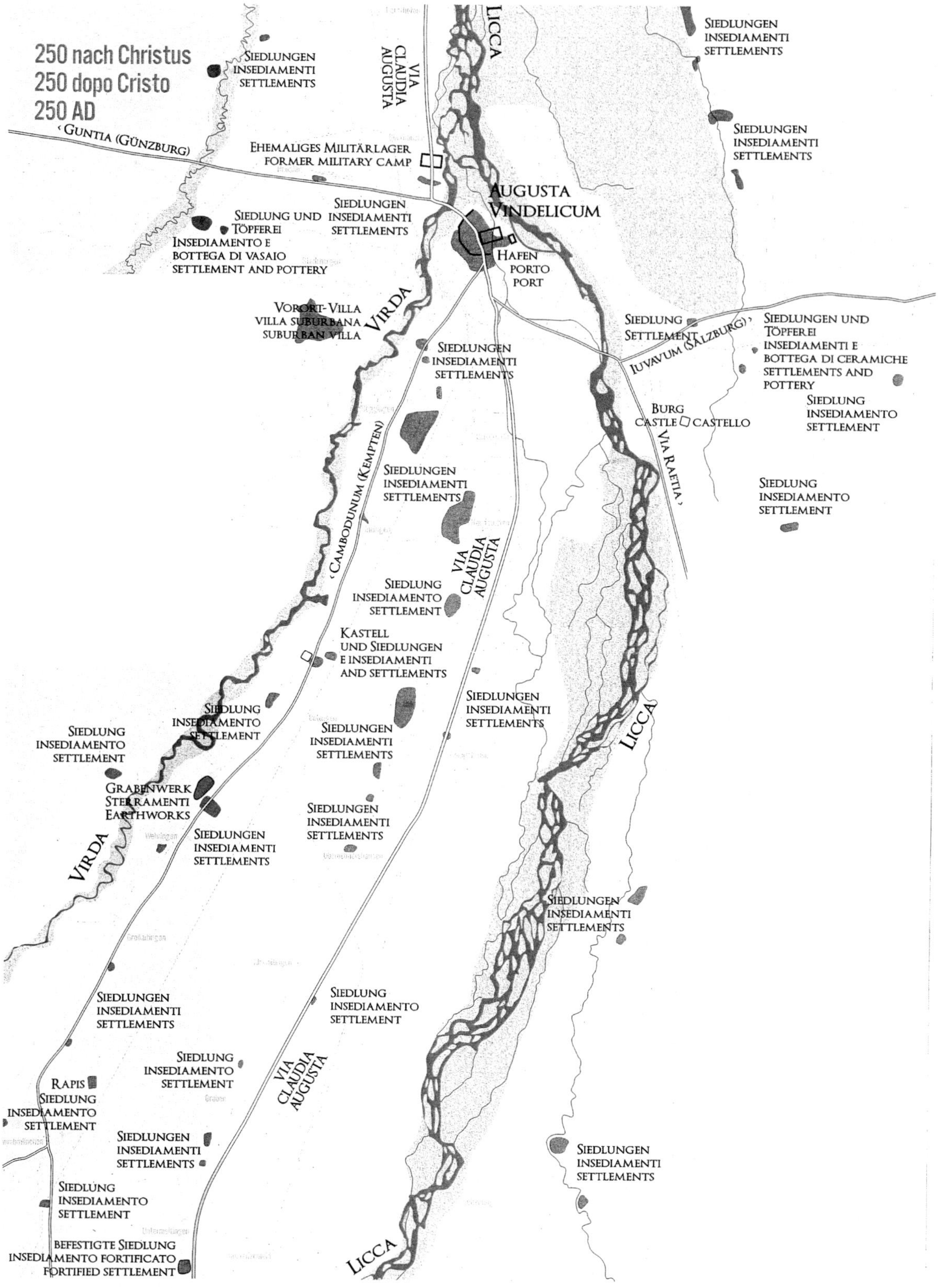

Abb. 13: Besiedlung und Straßenführung in der römischen Kaiserzeit um 250 n. Chr., Quelle: *EU-Internetportal.*

ben die Eingriffe in das naturräumliche Gefüge am Lech auf ein höheres Niveau. Der bauliche und gewerbliche Holzbedarf dezimierte die Weißtanne als wichtigstem Bauholzlieferanten und die Buche als Rohstofflieferant für die Köhlerei. Holzkohle wurde für das Schmelzen von Metall benötigt, vgl. dazu *Küster* (2001, S. 10 f.). Der renommierte Bodenkundler *Karl Brunnacker* ist auf Grund seiner Untersuchungen in Epfach der Meinung, dass die starke Eintiefung des Lechs in römischer Zeit mit Waldrodungen zur Holzversorgung der Provinzhauptstadt Augusta Vindelicum und einem dadurch veränderten Abflussregime und veränderter Geröllführung zuzuschreiben ist, *Brunnacker* (1964, S. 146 f.).

Die sich rasch entwickelnde Provinzhauptstadt Augusta Vindelicorum musste mit Wasser versorgt werden, allerdings lag die Siedlung auf der nördlichen Spitze der Riß-zeitlichen, lössbedeckten Terrasse ca. 20 m über dem Niveau von Lech und Wertach. Das Grundwasser steht erst mehr als 10 m unter Gelände an und Quellwasser war in der Nähe nicht in ausreichender Menge vorhanden. Deshalb wurden die Siedlung und das Militärlager über einen ca. 35 km langen Kanal mit Singoldwasser und mit Wasser aus Quellgebieten bei Igling und Nassenwang versorgt. Zur Entnahme des Flusswassers muss es einen Anstich in Verbindung mit einem Wehr oder zumindest mit einem Schöpfkopf gegeben haben. Der Anstich lag vermutlich bei Igling. Die entnommene Wassermenge wird auf 1000 l/sec geschätzt, der Kanal war bis zu 10 m breit und etwa 2,6 m tief, vgl. dazu *Gairhos* (2018), ebenfalls Kapitel 10.

Einen Überblick über die Agrarlandschaft im römischen Deutschland gibt *Haversath* (1984). Danach war die villa rustica die bevorzugte agrarische Siedlungsform der Römerzeit. Dabei handelte es sich um einen zusammenhängenden Komplex von Wohn- und Wirtschaftsgebäuden in ländlicher Umgebung. In einer villa rustica lebten Sklaven und Pächter in oft 10 und mehr Hof- und Wirtschaftsgebäuden. Dazu gehörten neben den Wohnhäusern Speicher, Scheunen, verschiedene Ställe und Keller. Vorherrschend waren Betriebsgrößen von 25 ha bis 125 ha, es gab jedoch auch größere Einheiten besonders in Stadtnähe. Die Lage der Villa rustica ist häufig eine Ökotopgrenzlage, also beispielsweise auf der Grenze zwischen höher gelegenem Ackerland und dem Weideland in einer Flussaue.

Auch die Nahrungsmittelproduktion musste den Versorgungsansprüchen der Provinzhauptstadt und der höheren Bevölkerungsdichte gerecht werden. Das führte im Vergleich mit keltischer Zeit zu einer beträchtlichen Ausweitung des Ackerlandes und damit zu verstärkter Bodenerosion. Bei der Bodennutzung dominierte die Zweifelderwirtschaft mit Getreidebau und Brache. Vieh wurde überwiegend auf der Waldweide gehalten. Nachgewiesen ist der Anbau von Dinkel, Gerste und Hafer, Obst und Gemüse. Der Fleischbedarf wurde durch Rinder und Ziegen gedeckt. Eiserne Pflüge ermöglichten eine umfassende Bodenbearbeitung – und erhöhten auf diese Weise die Erosionsgefährdung. Mühlen nutzten bereits die Wasserkraft und zogen damit Eingriffe in die Flussdynamik nach sich. Römische Mühlen wurden in Augsburg, Bobingen und Dasing nachgewiesen, *Gairhos* (2018, S. 44; *Czysz*, S. 103 f.) Es handelte sich vornehmlich um unterschlächtige Mühlen.

Die wichtigste Neuerung in der Landwirtschaft der Römer war der Aufbau einer vielfältigen Gartenwirtschaft mit zahlreichen neuen Pflanzen: Knoblauch, Mangold, Kohl, Senf, Fenchel, Gurke, Melone, Kürbis, Kresse, Majoran, Basilikum und Salbei sind ein Erbe aus römischer Zeit. Dazu kamen die Esskastanie und verschiedene Obstsorten wie Kirsche, Quitte, Feige, Walnuss, Pflaume, Zwetschge, Pfirsich und die Weinrebe. Zur Versorgung der Städte war bereits eine Überschussproduktion notwendig und möglich. Als neue Düngemaßnahme kam die Mergelung hinzu, *Rösch* (2011, S. 23).

Eine villa rustica konnte in Oberndorf am Lech komplett ausgegraben werden. Diese villa rustica wurde ca. 70 n. Chr. gegründet und erlebte ihre Hochphase um 250 n. Chr. In dieser Zeit gab es auf über 2 ha Fläche zahlreiche Stein- und Holzbauten, vgl. dazu *Picker* (2015).

Seit dem beginnenden 3. Jahrhundert bedrohten germanische Stämme die römische Zivilisation und lösten dadurch eine Landflucht aus. Viele wohlhabendere Bewohner ländlicher Siedlungen zogen das Leben in der sicheren Provinzhauptstadt Aelia Augusta dem Leben auf dem Land in den immer unsicherer werdenden villae rusticae vor und verlegten ihren Wohnsitz in die nahe Stadt.

Gegen Ende des 4. Jahrhunderts kam es im Gefolge des Niedergangs des römischen Reiches auch in der Kulturlandschaft zu Auflösungserscheinungen. Die landwirtschaftliche Nutzfläche schrumpfte derart, dass *Haversath* (1984, S. 50f.) im Zusammenhang mit den Siedlungen von Wüstungserscheinungen spricht. Damit wurden sicherlich auch die Eingriffe in den Landschaftswasserhaushalt rückläufig. Im letzten Drittel des fünften Jahrhunderts stießen dann Bajuwaren und Alamannen an den Lech vor. Sie weiteten den Ackerbau erneut aus. So wurde beispielsweise in Epfach ein alamannisches Reihengräberfeld aus dem 6. Jahrhundert ausgegraben. Bereits um 720–750 gab es in dem Ort eine Marienkirche mit einer bischöflichen Grablege, um 1000 existierten zwei Kirchen in Epfach, *Werner* (1969, S. 279).

Für Augsburg lässt sich Siedlungskontinuität seit der Römerzeit nachweisen. Die ältesten germanischen Funde stammen aus der Mitte des 6. Jahrhunderts. Während Urkunden aus der frühen Merowingerzeit als Quellen des Historikers fehlen, helfen archäologische Belege und die Namenskunde weiter. Reihengräberfelder als typische Begräbnisform germanischer Stämme sind vornehmlich auf fruchtbaren Böden auf der Hochterrasse des Lechs und auf hochwassersicheren nacheiszeitlichen Flussablagerungen des Westufers, auf Endmoränenzügen des östlichen Lechufers und die Randbereiche des Tertiärhügellandes beschränkt. Auch die gute Erschließbarkeit von Trinkwasser und das überkommene römische Straßennetz spielten bei der Wahl des Siedlungsplatzes eine wichtige Rolle. Die Siedlungen selbst waren oft Einzelhöfe oder sehr kleine Dörfer. Größere Siedlungen mit 10 oder mehr Höfen blieben die Ausnahme.

Um die Mitte des 7. Jahrhunderts wurde auch das bislang nur dünn besiedelte Ostufer des Lechs stärker einbezogen und die dortigen Funde häufen sich, möglicherweise als Folge einer gelenkten Besiedlung vgl. dazu besonders *Trier* (2002).

Zahlreiche -ingen und -heim Orte bezeugen z. B. auf dem Lechfeld das hohe Alter der erneuten Besiedlung. Alamannische Siedler sickerten bis ins 7. Jahrhundert vom Ries und der Donau kommend entlang von Lech, Iller und Wertach talaufwärts ein. In fränkischer Zeit fand dann eine erste Binnenkolonisation statt. Kennzeichnend hierfür sind Ortsnamen mit den Endungen -dorf, -hofen, -hausen, -heim, -stetten und -beuren. Charakteristisch für die fränkische Binnenkolonisation sind auch Ortsnamen in Verbindung mit Himmelsrichtungen wie Westheim, Sontheim, Nordheim und Namen mit dem Bestimmungswort Franken-, Friesen- oder Sachsen, vgl. dazu *Kießling* (2013, S. 24).

In karolingischer Zeit wuchs die Bevölkerung kräftig, der Nahrungsmittelbedarf stieg stark an und zwang dazu, die Brache zu verkürzen und die Anbaufläche auszuweiten. Die Dreifelderwirtschaft mit einem Brachejahr wurde eingeführt. Infolge des erhöhten Bedarfs wurden die Wälder über Gebühr genutzt und durch Waldweide, Streunutzung und Holzbedarf dezimiert. Die Böden waren weitgehend versauert und ausgelaugt und die Ernteerträge gingen zurück.

Ab dem 11. Jahrhundert wurden unter grundherrschaftlicher Verfassung weitere Wälder gerodet und Siedlungsräume mit weniger guten Böden wie z. B. auf Moränenzügen und in Zungenbecken bevölkert. Parallel dazu kam es zu einer Urbanisierungswelle, in der sich Schwaben zu einer gewerblich geprägten Städtelandschaft mit zahlreichen reichsfreien Städten entwickelte. Nach dem Bevölkerungsrückgang in Folge des Dreißigjährigen Krieges begann gegen Ende des 17. Jahrhunderts ein erneuter Landesausbau. Dabei wurde die Almende, die häufig als Waldweide in der Talaue bestand, aufgeteilt. Teilweise wurden die Auewälder auch in Wiesen und Weiden umgewandelt. Schließlich wurden auch sehr schlechte Standorte auf der Niederterrasse besiedelt. Ein Beispiel hierfür mag Königsbrunn sein, das bis zum Ende des Römischen Reiches bereits Siedlungsland war, danach jedoch wüst fiel und erst im 19. Jahrhundert neu gegründet wurde.

Exzessiver Holzeinschlag im Gebirge und die Verdrängung des Bergwaldes durch Bergmähder oder Mahdalmen destabilisierten die Steilhänge und machten sie anfälliger für Lawinen und Murenabgänge. Bei den Mahdalmen handelte es sich um Hänge, die für die Beweidung zu steil waren. Deshalb wurden sie lediglich zur Heuernte genutzt. Hinzu kam die beträchtliche Ausdehnung der Alpwirtschaft im späten Mittelalter und in der frühen Neuzeit. Auch hier wurde letztendlich Wald geopfert und dadurch die Erosionsgefahr und die Geschiebezufuhr zum Lech erhöht. Diese erhöhte Geröll- und Geschiebezufuhr änderte das Belastungsverhältnis des Lechs und führte zu der von v. Wiebeking beklagten Aufhöhung der Flussbetten, vgl. dazu Kapitel 6. Die Talböden und besonders die Flussaue, die lange Zeit nicht oder nur extensiv genutzt wurden und oft Almendland waren, gaben jetzt Viehweiden ab, der Auewald wurde gerodet und im 19. und 20. Jahrhundert drangen Siedlungs- und Gewerbeflächen in die Lechaue vor, so z. B. in Stanzach, vgl. *Haidvogel* und *Tasser* (2019).

Die obige Darstellung der Siedlungsgeschichte fußt neben den einzeln zitierten Quellen vornehmlich auf *Filipp* (1972), *Frei* (2016), *Haversath* (1984), *Kießling* (2013), *Raster* (1979), *Roeck* (2005), *Rösch* (2011) und *Trier* (2002).

Das Textilgewerbe prägte Augsburg und hat eine enge Verbindung zur Wasserwirtschaft, die sowohl Energie bereitstellt als auch Prozesswasser liefert. Mittelalterliche Textilverarbeitung kann bereits sehr früh nachgewiesen werden, *Wikipedia*. Besonders der Einfluss Norditaliens und der Bevölkerungsanstieg im Gefolge der Urbanisierung begünstigten die Ausbreitung des Textilgewerbes. Oberitalienische Notariatsregister weisen aus, dass bereits um 1200 schwäbisches Leinen als Exportware über Italien in den gesamten Mittelmeerraum bis zum Schwarzen Meer und nach Syrien gehandelt wurde, *Kießling* (2013, S. 51 ff.). Auch die Fugger begründeten im Mittelalter ihren späteren Aufstieg mit Textilverarbeitung. Beispielsweise wird ein Landweber Hans Fugger in einem Steuerbuch genannt, vgl. *Paulus* und *Fleischer* (2016, S. 92). Das Textilgewerbe legte den Grundstein für die spätere Textilindustrie, die ohne Nutzung der Wasserkräfte nicht denkbar ist. Das Textilgewerbe stellte auch eine der Wurzeln des späteren bedeutenden Maschinenbaus in Augsburg dar, der sich ebenfalls auf die Nutzung der Wasserkraft stützte. Die schwäbische Textilindustrie hat die mit den beiden Weltkriegen verbundenen wirtschaftlichen Turbulenzen relativ gut überstanden und erlebte nach 1945 einen erneuten, allerdings sehr kurzen Aufschwung. So waren noch 1970 in 20 Betrieben ca. 20 000 Arbeitskräfte beschäftigt, vgl. dazu *Paulus* und *Fleischer* (2016, S. 118).

Wie stark sich die vom Menschen durch Jagd veränderte Fauna auf die Hydrodynamik des Lechs ausgewirkt hat, kann nicht mehr nachgewiesen, aber am Beispiel des Bibers vermutet werden. Der Biber ist in der Lage, ein Fließgewässer durch Dammbauten aufzustauen und so zu verändern, dass es seinen Ansprüchen genügt. Die Donau und ihre Zuflüsse waren im Mittelalter und in der frühen Neuzeit einer der Verbreitungsschwerpunkte des Bibers. Hinweise darauf geben u. a. Ortsnamen wie z. B. Biberbach im Schmuttertal oder Biburg bei Diedorf. Bis ins 16. Jahrhundert waren Biber weit verbreitet. Im Jahr 1867 wurde jedoch in Bayern der letzte Biber nachgewiesen. Ausgerottet wurden diese Tiere nicht gezielt, allerdings wurden sie wegen ihres wertvollen Pelzes zu stark bejagt. Biberfleisch war eine gesuchte Fastenspeise und das Bibergeil galt als universelles Heilmittel gegen Fieber. Seit dem ausgehenden letzten Jahrhundert wurde der Biber wieder erfolgreich ausgewildert. Er ist heute z. B. wieder an der Wertach aktiv und staut Wasserläufe an, vgl. dazu *Zahner* (1997, S. 8 f.).

Vor allem der mit Waldrodungen verbundene Gang der Besiedlung, die beginnende agrarische Nutzung mit ihren Einwirkungen auf die Vegetationsdecke und neue Anbaumethoden wie Dreifelderwirtschaft oder der Einsatz des Pfluges können auch in den Auesedimenten am Lech verfolgt werden. Bodenabtrag in Form von Spüldenudation ist in den Mittelbreiten eng verknüpft mit der Dichte der Vegetationsdecke. Auf vom Menschen unbeeinflussten bewaldeten Hängen spielt Hangdenudation durch fließendes Wasser dagegen keine Rolle, *Zepp* (2011, S. 133 f.). Durch Waldrodung und Ackerbau wurde die Vegetationsdecke jedoch erheblich gestört und es kam zur Abspülung des Bodens und zum Eintrag in den nächsten Vorfluter. Wenn bei Hochwasser ein Fluss über seine Ufer tritt, strömt das Wasser auf den überfluteten Auebereichen wesentlich langsamer als im Flussbett. Die mitgeführte Fracht in Form der Bodenpartikel lagert sich deshalb als Auesediment ab, vgl. dazu *Mensching* (1976). Auf die Auesedimente auf jungholozänen Terrassen des Lechs haben *Schellmann* (1994), *Schellmann* (2016), *Gesslein* (2013) und *Schielein* (2012) vielfach hingewiesen. Gesslein (2013) stellt für den Lech zwischen Hohenfurch und Kissing dar, dass der Lech ein verzweigter Fluss war, dessen Terrassen mit Auewald bewachsen und durch ein engmaschiges Rinnensystem gezeichnet waren.

Im Hochglazial der Würmeiszeit war der Lech ein hochenergetischer, verwilderter Fluss (braided river), der stark aufschotterte. Zum Ende der Eiszeit kam es zu klimatischen Veränderungen, die die fluvialen Formungstendenzen hin zu einem verzweigten Gerinne (anabranching river) und zu stärkerer Mäanderbildung (anastomosing river) verschoben. Beide letztgenannten Grundrissformen sind mit dem verwilderten Fluss verwandt, unterscheiden sich jedoch durch höhere Langzeitstabilität und die größere Ausdehnung von Inseln. Im Holozän wurden weitere Terrassen gebildet, die Formungstendenzen schwankten zwischen sich verzweigendem und mäandrierenden Fluss. Für die drei jüngsten Lechterrassen, die nacheiszeitlich unterhalb der Niederterrasse entstanden, diagnostiziert *Gesslein* (2013, S. 130 ff.) einen auetypischen Charakter und er stellt jeweils mehrere Dezimeter Auesedimente fest. Diese dürfen als korrelate Sedimente zu den Vorgängen in der Agrarlandschaft gedeutet werden. Eine Datierung der ältesten dieser Terrassen in die Römerzeit ist durch archäologische Funde gesichert.

Seit dem frühen Subatlantikum wird nach *Schielein* (2012, S. 120) durch „... menschliche Einflüsse wie Uferbefestigungen und Mäanderdurchstiche aber auch großflächige Rodungen das fluviale Verhalten beeinflusst." Allerdings ist eine Trennung zwischen anthropogenen und klimatischen Einflüssen kaum möglich. *Schielein* (2012, S. 123) kann für den Lech unterhalb Augsburgs bis zu sechs Terrassen mit auflagernden Auesedimenten ausgliedern und zeitlich einordnen, vgl. dazu Tab. 3:

Bezeichnung der jungholozänen Terrasse	**Zeitstellung**
Ältere Auenterrasse 1, $qhjl_1$	Eisenzeit
Ältere Auenterrasse 2, $qhjl_2$	Römerzeit
Jüngere Auenterrasse 1, $qhj2_1$	Frühes Mittelalter bis Hochmittelalter
Jüngere Auenterrasse 2a, $qhj2_{2a}$	Spätmittelalter
Jüngere Auenterrasse 2b, $qhj2_{2b}$	Frühe Neuzeit
Jüngste Auenterrasse qhj3	Neuzeit

Tab. 3: Jungholozäne Terrassen am unteren Lech, Quelle: *Schielein* (2012, S. 123)

Gesslein (2013, S. 103 ff.) hat den Lech zwischen Hohenfurch und Kissing bearbeitet und gliedert eine jüngste, eine jüngere und eine ältere Auenstufe aus. Die am höchsten gelegene ältere Auenstufe ist römerzeitlich und liegt bei Epfach ca. 3 m über der rezenten Terrasse. Die jüngere Auenstufe entstand wohl im Mittelalter, während die jüngste Auenstufe schon in historischen, jedoch bereits exakt vermessenen Karten – den Uraufnahmen aus den Jahren 1808 bis 1819 – dargestellt wird.

Einzelne neolithische Funde auf Lechterrassen sind seit dem Atlantikum nachweisbar. Damit erscheint es als gesichert, dass der Mensch seit seiner Sesshaftwerdung ungewollt auch in fluviatile Prozesse eingegriffen hat, eine Quantifizierung ist beim gegenwärtigen Kenntnisstand jedoch nicht möglich. Wir können allerdings von einer zunehmend stärkeren, anthropogen verursachten Ondulation der natürlichen Schwankungen des Flussgeschehens ausgehen.

4 Gezielte Eingriffe in den Landschaftswasserhaushalt

Wir haben gesehen, dass der Alpenvorlandslech vor dem Eingriff des Menschen auf weiten Strecken ein verwilderter Fluss war, der in einem mehrere 100 Meter breiten, relativ seichten Bett mit jedem Hochwasser seinen Lauf verlegte. Dies ist heute nicht mehr der Fall, weil der Mensch den wildernden Fluss gebändigt und sein Umfeld verändert hat. Die Veränderungen sind eine Folge von gesellschaftlicher und räumlicher Entwicklung, die in einem engen Zusammenhang stehen und die der Mensch als Gestalter dieser Vorgänge steuert. Menschliches Handeln verändert die Erdoberfläche und den oberflächennahen Untergrund in erheblichem Maße durch seine Wirtschaftsweise und den Ge- und Verbrauch von Rohstoffen, zu denen auch das Wasser zählt. In Mitteleuropa prägt der Mensch weitestgehend seine Umwelt! Aus der ursprünglichen Naturlandschaft ist seit langem eine Kulturlandschaft geworden.

Unter natürlicher Umwelt wird hier vorrangig der Zustand verstanden, der vor den Eingriffen des Menschen existierte. Die natürliche Umwelt ist in unserem Fall eingeschränkt auf die hydrogeographischen Verhältnisse des Lechs, die im Kapitel 2 kursorisch dargestellt wurden. Synonym zum Begriff natürliche Umwelt wird auch der Terminus Naturlandschaft gebraucht. Jeder menschliche Eingriff in die Naturlandschaft vergrößert das Delta, das die aktuelle Kulturlandschaft von der ursprünglichen Naturlandschaft unterscheidet, vgl. dazu besonders *Jäger* (1994).

Die Umwelt kann sich nach *Jäger* (1994, S. 6 ff.) aus unterschiedlichen Gründen verändern:

- Durch Veränderungen im Gefolge natürlicher Prozesse ohne Zutun des Menschen. Zu nennen wären hier z. B. der natürliche Klimawandel, damit verbundene Veränderungen in der natürlichen Vegetation oder Verwitterungs- und Abtragungsvorgänge im Relief der Erde, durch die Gestein zerfällt und Täler gebildet werden
- durch direkte Eingriffe des Menschen, z. B. durch Waldrodung, die Einführung oder Ausrottung von Tier- und Pflanzenarten, den Bau von Infrastruktur etc.
- indirekte Eingriffe in die Naturlandschaft. Beispiele hierfür sind länger anhaltende Waldweiden, durch die ein dichter natürlicher Wald in eine Baumwiese oder am Ende in eine reine Weide verwandelt werden kann oder Hohlwege, die durch die ständige Umarbeitung und Lockerung des Bodens auf unbefestigten Fuhren in hängigem Gelände entstehen. Diese Wege werden bei starken Regengüssen zu Leitbahnen einer linienhaften Erosion. An dieser Stelle muss auch der anthropogen verursachte Klimawandel genannt werden. Durch die verstärkte Freisetzung von Klimagasen wie CO_2, Methan und anderen heizt sich die Erdatmosphäre durch den Glashauseffekt auf.

Weiter zu differenzieren bzw. zu ergänzen wäre *Jägers* Systematik noch durch das Kriterium des Kollateralschadens, der als Nebenwirkung eines direkten oder indirekten Eingriffs auftreten kann. Ein Kollateralschaden ist nicht beabsichtigt und entsteht, weil die kausalen Zusammenhänge, die ihn verursachen, nicht bekannt sind. Als Beispiel sei die schon erwähnte Waldrodung genannt, in deren Gefolge Bodenerosion und letztlich die Akkumulation von Auesediment auftreten können. Auch die genannte Waldweide ist ein Kollateralschaden, der erst nach länger anhaltender Beweidung auftritt und zunächst von den Menschen nicht erkannt werden konnte. Der anthropogen verursachte Klimawandel war zu Beginn der Industrialisierung ein Kollateralschaden, der niemandem bewusst war. Spätestens seit den Untersuchungen des schwedischen Physikers und Chemikers Svante Arrhenius (1859–1927) ist die Wirkung des Treibhauseffekts jedoch bekannt und seit den 1970er Jahren wird diese Problematik auch in der breiten Öffentlichkeit diskutiert. Damit wird die Freisetzung von Klimagasen zum bewussten Eingriff!

Die Schwere der menschlichen Eingriffe in die Naturlandschaft hat sich mit der Zeit stark verändert. *Müller* (2019, S. 30 f.), der wichtige Aufsätze des Nobelpreisträgers *Paul Crutzen* – der den Begriff des Anthropozäns geprägt hat – herausgegeben hat, referiert die Aussage von *Paul Crutzen, Will Steffen* und *John R. McNeill* und gliedert die

Eingriffe des Menschen in das System Erde in vier Phasen:

- In der ersten Phase wurde die „Grundlage für die Eroberung der Welt durch den Menschen geschaffen" und es wurden z.B. verschiedene Tierarten domestiziert, (*Müller* 2019, S. 30). Unsere Betrachtung der Veränderungen des Lechs beginnt bereits in dieser ersten Phase
- die zweite Phase beginnt mit der industriellen Revolution, seit der sich Wirtschaftskraft, Energieverbrauch und Bevölkerung vervielfacht haben
- die dritte Phase setzt nach *Müllers* Darstellung nach dem Zweiten Weltkrieg ein, als es zu einer großen Beschleunigung kam und die meisten menschlichen Aktivitäten, die unseren Planeten und unsere Beziehung zu ihm grundlegend veränderten, in ihren Dimensionen förmlich explodierten
- auch die letzte Phase, in der erkannt wird, dass es ein Weiterso nicht geben darf, lässt sich am Lech mit den Bemühungen um Renaturierung bereits zeigen.

Ehlers (2008) geht näher auf die geschichtliche Entwicklung ein und liefert in seinem grundlegenden Werk *Das Antrhropozän* eine Periodisierung der Eingriffe in das System Erde, das wir cum grano salis auf die hydrogeographischen Verhältnisse des Lechs übertragen können. Im Paläo- und Mesolithikum hat der Mensch „... keine bleibenden Einflüsse auf die Natur und schon gar nicht irreparable Schädigungen seiner Umwelt ..." verursacht, so *Ehlers* (2008, S. 34).

Die revolutionären Veränderungen im Zuge der Neolithisierung „... gehen einher mit der Entstehung erster permanenter Siedlungen, die naturgemäß Einfluss auf die Ökosysteme ihres Umfeldes haben mussten", *Ehlers* (2008, S. 37). Allerdings waren diese Einwirkungen noch mehr oder weniger unbeabsichtigte Kollateralschäden der Sesshaftwerdung. In römischer Zeit erfolgten dann bereits die ersten gezielten Eingriffe durch Kanalbauten, Brücken und Mühlen. Dies setzte sich in zunehmendem Maß im Mittelalter fort. „Ab dem hohen Mittelalter [begann] eine planmäßige Umgestaltung der Erde durch den Menschen ...", *Ehlers* (2008, S. 73). Er nennt speziell Rodungsaktivitäten und die Trockenlegung von Sümpfen, weist auf die besondere Rolle der Klöster hin und benennt als Ursachen das Bevölkerungswachstum und die damit zwangsläufig verbundene Intensivierung der Landwirtschaft z.B. in Form der zelgengebundenen Dreifelderwirtschaft. Die Entwicklung der Bevölkerungsdichte in Mitteleuropa ist in Tab. 4 dargestellt.

Zeit n. Chr. Geb.	500	1100	1300	1700	1800
Einwohner pro km²	2,4	3,5	17 bis 20	26 bis 28	40 bis 45

Tab. 4: Bevölkerungsentwicklung in Mitteleuropa, Quelle: W. Weischet, zitiert bei *Ehlers* (2008, S. 74).

Ab der Renaissance entstand ein vielfältiges neues, anwendungsorientiertes Wissen. Als Beispiel sei Agricola genannt, der mit seinen zwölf Büchern vom Berg- und Hüttenwesen die Nutzung der Wasserkraft im Dienste des Bergbaus darstellt und so ein Beispiel für die Mensch-Umweltbeziehung im 16. Jahrhundert liefert. Die Kraft des Wassers wird jetzt vielfältig genutzt für Hammerwerke, Mühlen jeglicher Art, für Gebläse und Göpelwerke. Bäche wurden umgeleitet, Mühl- und Stauteiche angelegt und vielfach Hochwasserschutzmaßnahmen durchgeführt, vgl. dazu *Schubert* (2012).

Die Wende vom 18. zum 19. Jahrhundert markiert den Wandel von einer Lebens- und Wirtschaftsweise, in der der Mensch die Natur nutzte, hin zu einer unternehmerisch geprägten Wirtschaft, die gekennzeichnet war durch enorme Bevölkerungszuwächse und immer knapper werdende natürliche Ressourcen. Deshalb mussten u.a. neue Energiequellen erschlossen werden. Dazu wurde die Natur umgestaltet, die Rahmenbedingungen der menschlichen Eingriffe in die Naturlandschaft hatten sich grundlegend verändert. Ab jetzt gewann das durch Rationalismus und Aufklärung geprägte zielgerichtete Denken und Handeln von gewinnorientierten Unternehmern die Oberhand. Wichtige Stichworte sind Kohle, Stahl, Dampfmaschine und Eisenbahn. Ab der Wende vom 18. zum 19. Jahrhundert kommt der verstärkte Einsatz elektrischer Energie hinzu, vgl. dazu *Ehlers* (2008, S. 138ff.).

Die menschlichen Eingriffe in die Naturlandschaft und ihr Umbau zur Kulturlandschaft erwuchsen aus dem Wunsch nach Befriedigung menschlicher Bedürfnisse, die in den sogenannten

Daseinsgrundfunktionen zum Ausdruck kommen, vgl. dazu *Maier* et al. (1977). Für die Flusslandschaft werden vornehmlich die Daseinsgrundfunktionen *Wohnen, Arbeiten, sich versorgen, am Verkehr teilnehmen* und *sich erholen* wichtig.

Hochwasser, das die menschlichen Wohnungen bedroht und schädigt und im Extremfall Todesopfer fordert, führte zu ersten flussbaulichen Maßnahmen, nachdem Siedlungen im Überflutungsbereich der Aue entstanden waren. Zunächst ging es dabei um rein lokale Schutzmaßnahmen zur Abwehr von Flutwellen in Form von Dämmen, Wuhren, Hunden oder Vorbauen. Als sich um 1850 staatliche Wasser- und Straßenbauverwaltungen etablierten, ging man gezielter vor und wollte die Hochwasserproblematik endgültig lösen. Es wurde für den gesamten Lech geplant, die Hochwasserwelle sollte schnellstmöglich abgeführt und dazu noch dem Lech landwirtschaftliches Nutzland abgerungen werden. Der Lech wurde deshalb begradigt und in ein enges, trapezförmiges Regelprofil gezwungen. Diese Vorgehensweise erhöhte jedoch die gefürchteten Hochwasserabflüsse und verschlimmerte die Situation. Allerdings dauerte es über 100 Jahre, bevor man die schweren Fehler erkannte und auf flussmorphologisch verträglichere Hochwasserschutzmaßnahmen umstieg. Mit der Daseinsgrundfunktion *Wohnen* ist auch die Flächenversiegelung verbunden. Sie erhöht nach Starkregen durch den schnellen Abfluss des Regenwassers durch die Kanalisation die Hochwasserspitzen. Auch die Gewässerverschmutzung durch Siedlungsabwässer ist mit der Wohnfunktion verbunden.

Die Daseinsgrundfunktionen *Arbeiten* und *sich versorgen* führen zu Bewässerungseinrichtungen, um agrarische Erträge zu erhöhen. Auch die Entnahme von Geröll aus dem Fluss lässt sich auf wirtschaftliche Belange und auf die Beschaffung von Arbeit zurückführen. Schließlich steht die Nutzung der Wasserkraft und am Ende die Produktion von Strom ebenfalls im Zusammenhang mit der Daseinsgrundfunktion *Arbeit.* Auch die Themen Gewässerverschmutzung und Flächenversiegelung müssen an dieser Stelle erneut genannt werden.

Der Transport von Gütern und die Fortbewegung von Personen erfordern Infrastruktur entweder direkt am oder im Fluss oder an den einen Flusslauf kreuzenden Straßen und Wegen in Form von Furten oder Brücken.

Die letztgenannte Daseinsgrundfunktion *sich erholen* zieht am Lech – abgesehen von der Kanustrecke am Eiskanal – nur relativ geringfügige Eingriffe in die Naturlandschaft nach sich.

Wegen der im Mittelalter einsetzenden wesentlich besseren Überlieferungslage wird es möglich, neben den eingangs kursorisch dargestellten, oft unbeabsichtigten Eingriffen in den Landschaftswasserhaushalt, die durch Besiedlungsgang und agrarische Nutzung initiiert wurden, die zahlreichen direkten Einflussnahmen aufzuzeigen. Die ökologisch schwerwiegendsten Eingriffe sollen in den folgenden Kapiteln untersucht werden.

5 Bewässerung

Traditionelle Bewässerung war Schwerkraftbewässerung, die ohne zusätzliche Energie und ohne Pumpeneinsatz allein die natürliche Fließbewegung des Wassers nutzte. Sie wurde schon sehr früh betrieben und wir können davon ausgehen, dass bald nach der Sesshaftwerdung des Menschen und der Umstellung der Wirtschaftsweise vom Jäger und Sammler hin zum Ackerbauern und Viehhalter auch bewässert wurde. Die Bewässerungslandwirtschaft erlebte in Form der Wiesenbewässerung im 13. und 14. Jahrhundert einen ersten Höhepunkt. Eine zweite Hochphase war im 18./19. Jahrhundert. Mit Einführung der künstlichen Düngung verfielen die meisten Bewässerungssysteme, vgl. dazu *Leibundgut* und *Vonderstrass* (2016, S. 26).

Während im Mittelmeerraum und in innermontanen Trockengebieten wie beispielsweise dem Vintschgau Wassermangel der begrenzende Faktor ist und ohne zusätzliches Wasser Landwirtschaft in der regionalen Ausprägung unmöglich wäre, hat die Bewässerung in den nördlichen Alpen und im Alpenvorland andere Gründe. Denn am Lech sind die Niederschläge während der Vegetationsperiode durchweg hoch. Hier geht es deshalb nicht um die Behebung eines klimabedingten Wassermangels, sondern um Ertragssteigerung vornehmlich durch Düngung, Bodenverbesserung, Kolmatierung und Bodenerwärmung:

- Bewässerungswasser führt organisches Material und gelöste Mineral- und Nährstoffe als Schweb mit sich und sorgte so vor der Einführung von Kunstdünger für eine natürliche Düngung. Zusätzlich wurde manchmal Gülle aus dem Stall über das Bewässerungswasser direkt auf die anliegenden Grundstücke verteilt
- die Kolmatierung – darunter verstehen wir die Auflandung von Feinsediment und Schwemmgut bei Hochwasser oder allgemein bei Überflutung – verbessert die Bodenbildung durch die Bildung von Schwemmland
- durch die Bewässerung werden im Boden fruchtbarkeitssteigernde chemische und mikrobielle Prozesse ausgelöst. Sie beschleunigen die Mineralisierung und den Abbau organischer Substanzen und sorgen für eine gute Durchwurzelung
- in der kalten Jahreszeit ist die Temperatur des Wassers meist höher als die von Luft und Boden. Durch die Wärmezufuhr aus dem Wasser beginnt deshalb die Vegetationsperiode auf bewässerten Wiesen früher und ermöglicht so eine zusätzliche Gras- bzw. Heuernte.

Weil in der traditionellen Dreifelderwirtschaft mit der Fruchtfolge Winter-, Sommergetreide und Brache der Düngermangel ein zentrales Problem darstellte, konnte durch die Wiesenbewässerung mehr Gras und Heu geerntet und so der Viehbesatz erhöht werden. Damit stand dann auch mehr Dünger für die Felder zur Verfügung und die Brache konnte durch eine weitere Frucht ersetzt werden, *Leibundgut* und *Vonderstrass* (2016, S. 95 ff.).

Bewässerungsanlagen haben fast immer Priorität vor Hochwasserschutz. Ob das darauf zurückzuführen ist, dass Bewässerung der Sicherung des Lebensunterhalts dient und die Erträge steigert und Hochwässer nicht regelmäßig auftretende Katastrophen darstellen oder ob ältere Siedlungen prinzipiell in hochwasserfreien Lagen gegründet wurden, lässt sich zum gegenwärtigen Zeitpunkt nicht sicher sagen, vgl. dazu *Schmid* und *Naef* (1994, S. 7).

C. Troll hat 1937 eine unveröffentlichte Karte zur Wiesenbewässerung in Mitteleuropa erarbeitet, die von *Böhm* (1990) publiziert wurde, vgl. Abb. 14. Daraus lassen sich die Bewässerungsflächen am Lech abschätzen. Im Vergleich mit anderen Regionen Mitteleuropas hat sich am Lech keine ausgeprägte Bewässerungslandschaft ausgebildet. Insgesamt wurden nach dieser Karte in den 30er Jahren des letzten Jahrhunderts an Lech und Wertach ca. 550 ha Land bewässert. Eine gewisse Schwerpunktbildung ist dabei um Augsburg zu erkennen, wo mehr als die Hälfte der Bewässerungsfläche liegt. Dabei dürften neben den traditionellen Wässerwiesen auch großstadtnahe Gartenbaubetriebe erfasst worden sein.

Um dem Lech Bewässerungswasser zu entnehmen, bedarf es entweder eines Wehres oder eines Schöpfkopfs. Beides sind Eingriffe in die Strö-

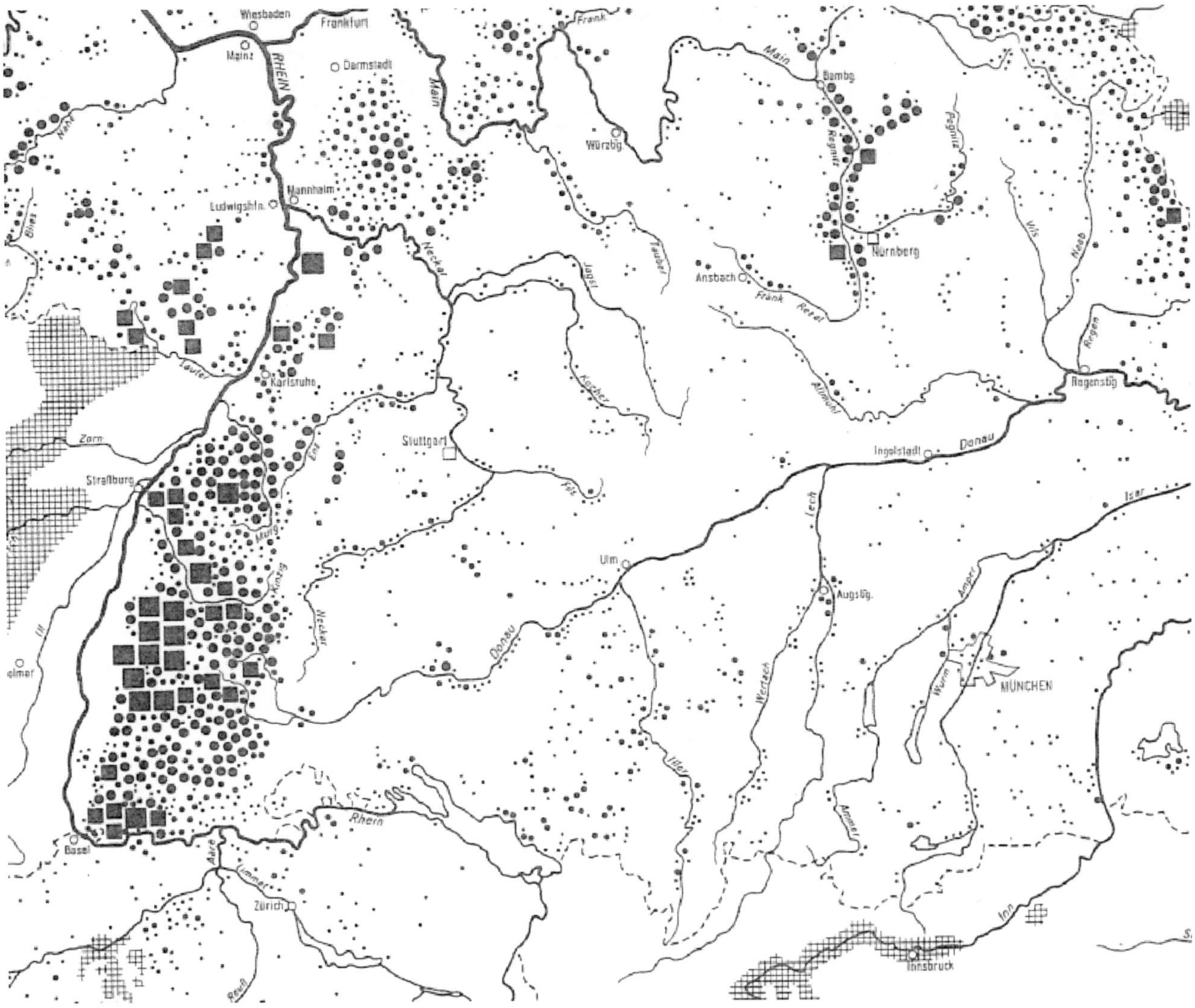

Abb. 14: Wiesenbewässerung. Rieselwiesen am Lech 1937 nach Kartierung von Carl Troll, aus *Böhm* (1990). Insgesamt war Bewässerung am Lech vergleichsweise unbedeutend. Lediglich in der Umgebung Augsburgs gab es eine leichte Konzentration von Wässerwiesen. Legende: 1 kleiner Punkt ≙ 10 ha, 1 großer Punkt ≙ 50 ha, Kreuzschraffur steht für andere Bewässerungsflächen.

mungsdynamik. Dem Fluss wird Bewässerungswasser entzogen und auf die Wiesen und Felder umgeleitet. Allerdings wird im Zuge der Bewässerung das Wasser „nach getaner Arbeit" teilweise über Versickerung wieder in den natürlichen Kreislauf eingegliedert, der andere Teil geht durch Evapotranspiration in die Atmosphäre über.

Insgesamt dürfte es für Bewässerungszwecke nur relativ wenige und unkritische Eingriffe in den Fluss gegeben haben. *Raster* (1979, S. 172 ff.) berichtet von einem Lechanstich bei Kleinaitingen und Graben, wo im frühen Mittelalter Flusswasser zur Einstaubewässerung in einen Hauptkanal auf der Niederterrasse über das Lechfeld geleitet wurde. Mit einem verzweigten Grabennetz wurde das Wasser verteilt. In den Wirren des Dreißigjährigen Krieges konnte das Grabensystem nicht mehr gepflegt werden und verfiel. Auch in Rain am Lech ist die Wiesenbewässerung im 18. Jahrhundert bekannt.

Ruhs (1986) berichtet von Bewässerungsanlagen am *Verlorenen Bach* im Landkreis Landsberg, wo das geringe Wasserhaltevermögen einer wenig mächtigen Lößauflage über den alluvialen Schottern immer wieder zu Trockenperioden führte. Dieser Bach, die Rorach, versickert in besonders niederschlagsarmen Jahren im Sommer als sog. „Hungerbach", bevor er den Lech erreicht. Durch zusätzlichen Wasserentzug für Bewässerungsmaßnahmen trocknete der Bach immer öfter aus. Deshalb erließ Herzog Wolfgang nach Streitigkeiten um das Wasser 1513 eine Wässerungsordnung für die Rorach. Darin billigt er den Bauern von Winkl, Prittriching,

Schmiechen, Bergen (Unterbergen) und Merching Bewässerungsrechte zu. Zur Bewässerung wurde das Überstauprinzip angewendet. Die Rorach wurde aufgestaut und ihr Wasser in die Bewässerungsgräben geleitet, die die anliegenden Wiesen durchzogen. An Grabenabzweigen wurden Schwallbretter eingesetzt, um einzelne Gräben zu fluten oder den Wasserzutritt zu verhindern. Nach Abschluss der zeitlich fixierten Wasserbezugsrechte wurde der Stau in der Rorach wieder aufgehoben. Wie stark diese Staumaßnahmen das Fließverhalten der Rorach beeinträchtigten, zeigen gerichtsnotorische Beschwerden von Mühlenbesitzern, denen das Wasser für ihre Mühlräder fehlte, *Ruhs* (1986, S. 81 ff.).

Ob es sich bei den Relikten auf dem Truppenübungsplatz zwischen Haunstetten und Kloster Lechfeld, über die 1904 vom ehemaligen Kommandanten E. Keim berichtet wurde, um Bewässerungsanlagen handelt, ist unsicher, *Ruhs* (1986, S. 90 f.).

Vorrangig Wiesen-, möglicherweise auch Feldbewässerung haben am Lech wohl eine untergeordnete Rolle gespielt. Dies gilt umso mehr, wenn man den Durchfluss des Lechs mit dem vermuteten Wasserbedarf für Bewässerung in Beziehung setzt. Deshalb dürften die durch Bewässerungsmaßnahmen verursachten Eingriffe in den Fluss gering gewesen sein.

6 Hochwasserschutz – Wildbachverbauung und Lechkorrektur

Während am Lech durch Bewässerungsmaßnahmen keine allzu schwerwiegenden ökologischen Eingriffe in den Landschaftswasserhaushalt erfolgten, hat der Hochwasserschutz einen wesentlich gewichtigeren ökologischen Schaden angerichtet. Denn zum Schutz gegen die sommerlichen Überschwemmungen wurden in großem Umfang flussbauliche Maßnahmen durchgeführt.

Der Abfluss des Lechs wird vornehmlich vom alpinen Oberlauf des Flusses gesteuert. Die höchsten Tagesniederschläge treten im Gebirge bei langanhaltendem Nordstau im Sommerhalbjahr auf. Sie sind zusammen mit der gleichzeitig stattfindenden Schneeschmelze besonders nach einem schneereichen Winter die Ursache für extreme Hochwässer. In Prozessakten des 16. Jahrhunderts wird diese Hochwasserproblematik trefflich dargestellt. Weil der wildernde Fluss besonders bei Hochwässern seinen Lauf verlegte und Ufer unterspülte, sagte man: „… der Lech geb und nem …" von Ufergrundstücken, denn er sei ein Fluss, der „… sich täglich verändere … ein seer streng laufend und reysend wasser (bevorab so er mit dem Regen- und Schneewasser gereicht) … desshalb er derselbige den Nachpern, so daran mit irenn guttern stossen, merklichen schaden zufiege …" (*BayHStA, Reichskammergericht 228 I, II* 1551 ff.).

Gegen Hochwasser und seine Folgen hat sich der Mensch frühzeitig gewehrt und dazu auch mit wasserbaulichen Maßnahmen in die Flussdynamik eingegriffen. Jedoch ist über Hochwasserschutzmaßnahmen vor dem Auftreten der Römer bislang nichts bekannt, sie können nur vermutet werden. Auch über römerzeitliche Eingriffe in den Fluss wissen wir mit Ausnahme von Brücken- und Hafenbauten relativ wenig. Als im Jahr 16 n. Chr. ein Hochwasser der Wertach das Römerlager in Augsburg Oberhausen überflutete und es unter einer Kiesschüttung begrub, erkannte man die falsche Standortwahl, verließ den Gefahrenbereich und zog mit dem Lager auf die Hochterrasse um, anstatt wasserbauliche Maßnahmen zur Abwehr eines erneuten Hochwassers zu ergreifen, vgl. dazu *Bayerisches Staatsministerium für Umwelt und Verbraucherschutz* (2021, S. 8). *Haidvogel* und *Tasser* (2019, S. 230) berichten, dass im Alpenraum ab dem 11. Jahrhundert einzelne Hochwasserschutzmaßnahmen durchgeführt wurden. Erste Entwässerungsprojekte von vernässten Niederungen wurden im 13. Jahrhundert nachgewiesen.

1867 wurden vom sich im Gefolge flussbaulicher Maßnahmen einschneidenden Lech unterhalb des Augsburger Hochablasses und der Friedberger Brücke ca. 5 m unter dem Pegelnull des Lechhauser Pegels Flussverbauungen aus gezimmerten Föhrenstämmen freigelegt. *Raster* (1979, S. 71) vermutet, dass es sich dabei um Flusseinbauten aus der Zeit um 800 n. Chr. handele.

Als wasserbauliche Maßnahmen Gegenstand von gerichtlichen Auseinandersetzungen wurden, wird die Überlieferung wesentlich besser und es gibt sowohl Bilder als auch frühe kartographische Dokumentationen und gerichtsnotorische Beschreibungen der Tatbestände. Als Beispiel sei eine kartographisch gut dokumentierte Auseinandersetzung vor dem Reichskammergericht in Speyer genannt. (Vgl. dazu Abb. 15, alle im Folgenden genannten kursiv gedruckten Doppelbuchstaben beziehen sich auf diese Abbildung). Der Streit zwischen Hans von Baumgarten, dem Freiherrn zu Hohenschwangau und Erbach, und dem Hochstift Augsburg mit seiner Stadt Füssen wurde ab 1546 vor dem Reichskammergericht ausgetragen. Der Lech markierte die Grenze zwischen beiden Territorien. Die Stadt Füssen hatte mit einer mehrere 100 m langen Arche zwischen *EE* und *KK* einen bereits Jahre vorher entstandenen Mäanderbogen des Lechs abgeschnitten und damit die Strömung auf das hohenschwangauische Gegenufer geleitet. Deshalb kam es 1547 zu einem Vergleich zwischen den beiden Parteien. Ihnen wurde darin untersagt, Buhnen schräg in den Fluss zu bauen und so die Strömung zu lenken. Das Hochwasser im Jahr 1548 durchbrach jedoch erneut die „Gebäude" der Füssener. Der Lech kehrte in sein altes Bett hinter der Arche zwischen *EE* und *KK* zurück. Der Durchbruch ist bei *OO* deutlich sichtbar. Dagegen wehrte sich die Stadt erneut und ließ einen Entlastungsgraben bauen.

Abb. 15: Frühneuzeitlicher Hochwasserschutz. Die dammartige Arche zwischen den Buchstaben *EE* und *KK* wurde zwischen *GG* und *HH* vom Fluss durchbrochen. Vor der Arche graben vier Personen ein neues Flussbett. Die mit Faschinen umflochtene Pfahlreihe bei *FF* gründet auf einer Kiesbank und wird erst bei Hochwasser aktiv, um das Wasser auf das gegenseitige Ufer zu lenken. Diese Pfahlreihe wird als Hund bezeichnet.
Quelle: Vogelschau des Malers *Amberger* (1553), BayHStA Plansammlung 2601.

Abb. 16: Hochwassereinbruch bei Augsburg. Handgezeichnete Karte „Einbruch des Lechflusses bey den Drey Kreuzen oberhalb dem Stadt Augsburgischen Wehre“ aus dem Jahr 1816. Die bewaldeten Inseln im Fluss waren über lange Zeit stabil, hingegen sind vegetationslose Inseln wohl das Ergebnis aktueller Umlagerungen. Quelle: STAA Augsburg, Karten- und Plansammlung 04: *Staatsarchiv Augsburg*.

In dem Bild sind bei *PP* vier Männer mit Hacken und Schaufeln zu sehen. Aus diesen Flussbaumaßnahmen erwuchs eine neuerliche mehrjährige gerichtliche Auseinandersetzung, vgl. dazu *Amberger* (1553), *Lori* (1764, S. 319ff.) und *BayHStA, Reichskammergericht 228 I, II* (S. 1551ff.). Uns zeigt die Auseinandersetzung, in welchem Ausmaß in der frühen Neuzeit bereits in das Strömungsverhalten von Flüssen eingegriffen wurde.

Bei den gebräuchlichen Wasserbaumaßnahmen der damaligen Zeit – vgl. dazu *Amberger* (1553) und *Leidel, Gerhard* (1998, S. 316ff.) – müssen wir unterscheiden zwischen:

- buhnenartigen Verbauungen zur Wasserabweisung, die schräg oder senkrecht zum Stromstrich lagen und in der Regel aus Pfählen mit einem Flechtwerk aus Faschinen bestanden. Wenn aus Brettern kastenförmige Bauten errichtet wurden, werden diese oft als Arche oder Archgebäu bezeichnet. Wenn sie besonders stabil mit Pfählen im Ufer verankert waren, sprechen Urkunden oft von Schlacht, Beschlacht oder Schlechtlin
- buhnenartige Verbauungen mit dem Zweck, das Wasser verbotenerweise auf das andere Ufer zu leiten, werden oft als Hund bezeichnet
- Schutzmaßnahmen zur Fundamentsicherung von Gebäuden und zum Schutz gegen Unterwaschung sind Vorwerke und Vorbauten
- uferparallelen Dämmen. Das waren häufig kürzere Pfahlreihen mit Faschinengeflecht, aber auch Steinschüttungen oder aus Brettern gezimmerte, mit Steinen gefüllte Kästen, die als Wuhren oder Kastenwuhren bezeichnet wurden, auch der Begriff Arche wurde dafür gebraucht. Längere Dammschüttungen waren sehr selten. Z.B. gab es so einen Damm in Augsburg im 16. Jahrhundert oberhalb des Hochablasses. 1709 erfahren wir von einem ca. 150 m langen Damm gegenüber der Wertachmündung, der dem Hochwasserschutz diente, *Raster* (1979, S. 180)
- Einbauten quer zum Fluss, die das Wasser stauen sollten, werden ebenfalls als Wehr oder Wuhr oder hohe Wuhr bezeichnet.

Die genannten Maßnahmen sollten Siedlungen und landwirtschaftliche Nutzfläche schützen und der Seitenerosion Einhalt gebieten. Kennzeichnend für derartige, anlassbezogene Einzelmaßnahmen war, dass der Mensch zwar mit den regional eng begrenzten Uferschutzmaßnahmen in das Strömungsverhalten und damit in die Erosions-, Transport- und Sedimentationsraten des Flusses eingriff und auf diese Weise eine Kettenreaktion auslöste, sich jedoch nicht um die Folgen dieser flussabwärts auftretenden Kettenreaktionen kümmerte. Sie traten mehr oder weniger regelmäßig bei Hochwässern auf. *Schiechtl* (1981, S. 128) nennt ab 1346 bis zum 20. Jahrhundert weit mehr als 30 sehr große Hochwässer des Lechs, die schwerste Schäden an Wald, Flur und Siedlungen angerichtet haben. In den Berichten wird immer wieder die Gefährlichkeit und die wilde Kraft des Flusses beschrieben, die Spätfolgen werden in Karten wie in Abb. 15 festgehalten.

Die Erkenntnis, dass wirksamer Schutz vor Hochwasser nicht von einzelnen bewältigt werden kann, setzte sich jedoch erst im 19. Jahrhundert durch. Neben den bekannten Flusskorrekturen an großen, schiffbaren Strömen, die z.B. am Rhein durch Tulla und Nobiling ab 1817 durchgeführt wurden, entstand auch im Königreich Bayern im Zentralbüro für den Straßen- und Wasserbau ab 1805 eine ganzheitliche, auf den gesamten Fluss bezogene Planung. Besonders die geschiebeführenden Voralpenflüsse Südbayerns rückten ins Blickfeld des 1805 ernannten Wasserbauingenieurs C. F. v. Wiebeking. In seinem theoretischen Werk sieht v. Wiebeking den Wasserbau als „... die Wissenschaft, welche die Flüsse wohlthätig für ihre Anwohner leitet, die Hochgewässer in feste[n] Bahnen hält, ... Moräste und Seen in fruchtbares Land verwandelt, und öde Sandfelder und Heyden in lachende Gefilde umschafft." Den aktuellen Zustand der südbayerischen Flüsse beschreibt der Leiter des Zentralbüros folgendermaßen: „... Inn, Lech, die Isar ... haben ihre Betten dergestalt erhöht, daß die ihnen nahe gelegenen Moräste, wovon große Bezirke ehemals urbares Land waren, jetzt das Wasser nicht los werden können, ohne lange Entwässerungscanäle zu ziehen. Sie laufen wild dahin, und sind in ihrem jetzigen Zustande mehr eine Geißel als eine Wohlthat des Landes ...", v. Wiebeking, zitiert bei *Scheurmann* (1981, S. 108). Damit war der Hochwasserschutz als staatliche Aufgabe prinzipiell erkannt, jedoch nicht unter ökologischen Prämissen, sondern im Gefolge von Meliorationsmaßnahmen und mit dem Ziel, die landwirtschaftliche Nutzfläche zu schützen und auszudehnen. Wenn Hochwässer auftraten – diese konnte man nicht beeinflussen – dann sollte das Wasser wenigstens schneller ab-

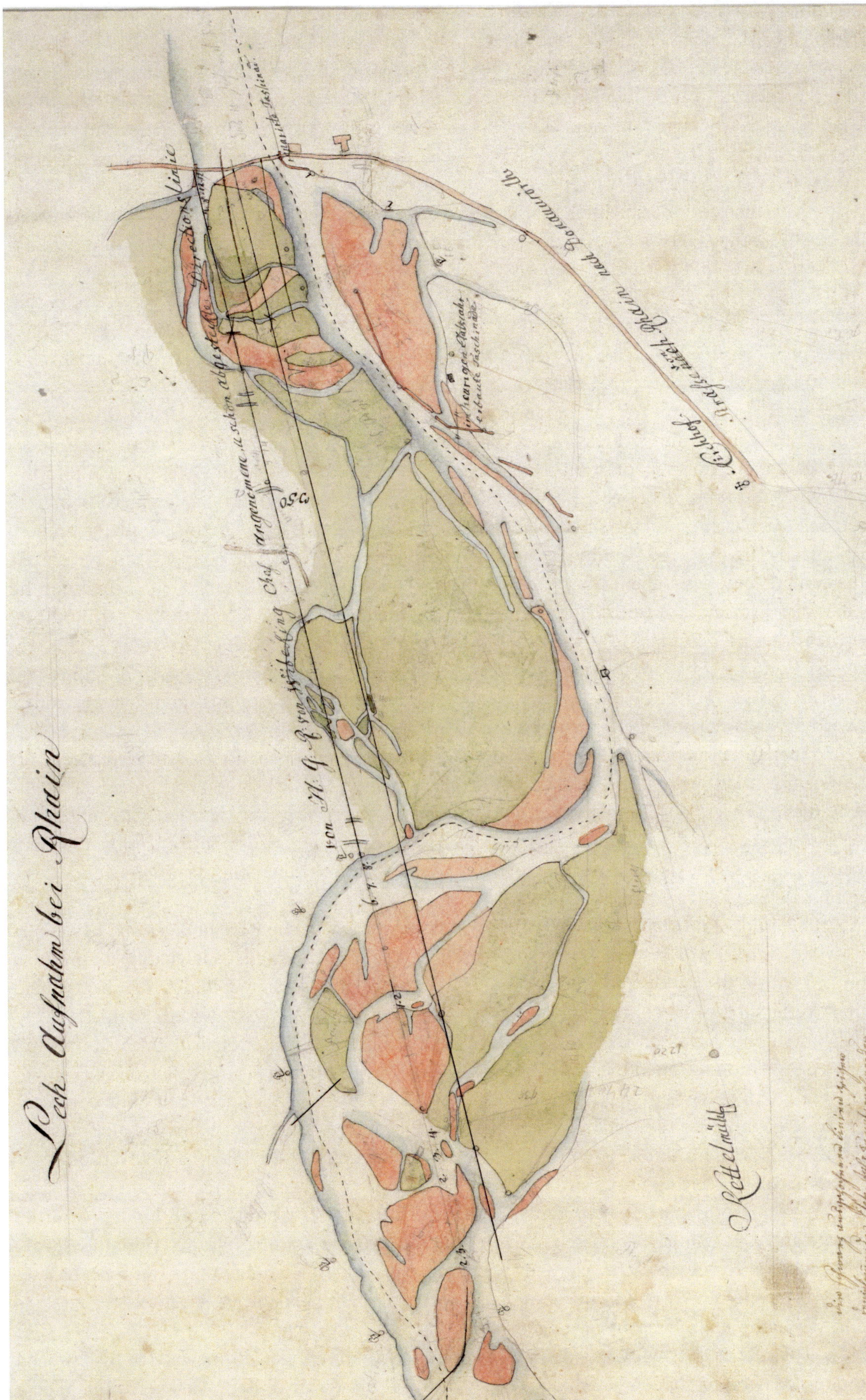

Abb. 17: Frühe Planungen zur Lechkorrektur. Die Lage der Stadt Rain ist in der Karte nur durch die Eintragung „Kirchhof“ und „Straße von Rhain nach Donauwörth“ unten rechts gekennzeichnet. Die in der Karte dargestellte Directionslinie ist eine der zahlreichen Maßnahmen, um die Bedrohung der Stadt durch Hochwässer des Lechs zu beenden, Quelle: (BayHStA Plansammlung 1582).

fließen, um auf diese Weise die Schäden klein zu halten. So jedenfalls die damalige Hoffnung. Flusskorrektion war primär eine Flussbegradigung. Durch die „Längskorrektion" wurde der Fluss verkürzt und in ein schmales Bett gezwungen. Diese Maßnahmen verstärkten die Tiefenerosion, vgl. dazu *Schiechtl* (1981, S. 127 f.). Und das war zur damaligen Zeit durchaus gewollt! Beispielhaft seien die Untersuchungen Zallingers, eines Südtiroler Jesuiten und Physikers (1743–1828), genannt. *Zallinger zum Thurn, Franz Seraph* (1779) befasste sich u.a. mit Wasserbau und analysierte die Hochwassersituation in Tirol. Er stellte fest, dass die Zahl der Überschwemmungen im 18. Jahrhundert stark angestiegen sei. Den Grund vermutete er in den durch Geschiebe mächtig aufgehöhten Flusssohlen. Und er erkannte, dass die Erhöhung auf verstärkte Geröll- und Geschiebeführung der Gebirgsbäche zurückzuführen sei. Dies wiederum sei eine Folge vermehrter Abholzung im Gebirge. Zallinger erfasste die Zusammenhänge zwischen Last und Schleppkraft, die über Erosion, Transport oder Sedimentation entscheiden und empfahl, die schädliche Aufhöhung der Gewässersohle durch Änderung des Belastungsverhältnisses vom Fluss abtragen zu lassen. „Man wird also niemals die Better unserer Flüsse vertiefen können, oder die fernere Erhöhung verhindern … [wenn es nicht gelingt] … daß entweder die Bäche nicht so viel Sand, und Steine in die Strombetter einführen, oder die Flüsse mit größerer Geschwindigkeit versehen werden, womit sie selbst vermögend sind jene Materien aus ihren Bettern weiter fortzuliefern." *Zallinger zum Thurn, Franz Seraph* (1779, S. 74 f.). Mit seinen Analysen und Empfehlungen wurde der Jesuit und Physiker zu einem frühen Verfechter von Wildbachverbauung und Flussbegradigung, vgl. zur Entwicklung flussmorphologischer Kenntnisse auch die ausführliche Darstellung bei *Lindl* (2014). Im beginnenden 19. Jahrhundert verfolgte man für Gebirgsflüsse wie den Lech folgendes Hochwasserschutzkonzept:

- Reduktion der Geröllzulieferung durch die Gebirgsbäche. Dazu schreibt der bereits erwähnte Hofrat v. Wiebeking: „… Wildbäche müssen daher an Geschwindigkeit geschwächt werden, welches durch Thalsperren, d.i. Zudämmung des Bettes in der Nähe ihres Ursprungs … geschieht. Diese Thalsperren bestehen aus Steindämmen von Felsmassen, Verhauen, Faschinenwerken, … oder aus Balkenwänden und Holzbaukästen …" v. Wieneking, zitiert in *Pröbstle* et al. (1981, S. 12)
- Einengung und seitliche Begrenzung der Flussaue, um das weitere Aufschottern und damit die Vernichtung von Siedlungsfläche und Kulturland zu vermeiden (vgl. dazu die nachfolgenden Vorschläge von *Krapf* (1910)
- Beschleunigung des Abflusses zum Abtransport der Geschiebe durch Flussbegradigung (vgl. dazu Abb. 17).

Krapf (1910, S. 8 f.), ein führender österreichischer Wasserbauer, beschrieb die Situation am Oberlauf des Lechs zum Anfang des letzten Jahrhunderts folgendermaßen: „… war die Talsohle … der schrankenlosen Willkür eines mit Geschiebe überladenen Gebirgsflusses preisgegeben, der denn auch rücksichtslos seine Herrschaft ausübte und hin und hin den Talboden zur Ablagerung des Gerölls in Anspruch nahm. Die bis zu einem Kilometer breiten, endlosen Schotterflächen bieten ein trostloses Bild …". Als Gegenmaßnahmen zur Eindämmung der Geschiebe- und Geröllzufuhr nennt *Krapf* (1910, S. 14 ff.) folgende Möglichkeiten:

- das bloße „Aussteinen", also die Entnahme von Geröll und Geschiebe aus dem Wildbach über mehrere Jahre hinweg
- Wolf'sche Gehängebauten, das waren uferparallele Pfahlreihen, die mit Faschinen oder Stangenhölzern verbunden wurden. Sie sollten bei Hochwasser den Sedimenttransport über den Gehängebau hinaus in die angrenzende Aue verhindern
- Entfernung jeglichen Treibholzes, das besonders im Wald zum Verkeilen neigt und dann einen temporären Wasserstau bildet, der bei seinem Durchbruch große Schadwirkung entfaltet
- auch die schädliche Holzdrift im Verbund mit Klausenbetrieb sollte unterbleiben. Bei dieser Art des Holztransports wird mit Hilfe von Stauweihern eine künstliche Flutwelle ausgelöst, in der Baumstämme zu Tale getriftet werden
- Verhinderung der Geschiebebildung bzw. Zurückhaltung des Gerölls durch Eindämmen der Lateralerosion und Schutz des Hangfußes, z.B. durch Gehölzpflanzungen und durch Entwässerungsgräben, falls am Hangfuß Wasser zu Tage tritt
- Konsolidierungssperren bzw. Grundschwellen zur Verhinderung der Tiefenerosion. Diese Sperren sind niedrige Querbauten, die das Bach-

bett verbreitern, jedoch nicht allzu viel über den natürlichen Wasserspiegel hinausragen

- Stausperren, bei denen eine höhere Staumauer das Geröll zurückhält. Ihr Stauraum wird im Lauf der Zeit mit Geschiebe zusedimentiert
- durch die Kombination verschiedener Querbauten entlang des Wildbachs entstehen Staffelsperren.

Um das Wildern des Flusses zu verhindern, empfiehlt *Krapf* (1910, S. 23 ff.)

- „unüberströmbare Bühnen", das sind meist steinerne, buhnenartige Querwerke auf einem oder auf beiden Ufern des Flusses im Abstand von 80 bis 100 m
- Parallelbauwerke, also Dämme, die als eine Art Leitwerk den Fluss im vorbestimmten Bett halten sollen; diese Dämme können auch als Wolf'sche Pfahlbauten ausgeführt werden
- Kombination von beiden vorgenannten Maßnahmen.

Die Probleme bei der Lechregulierung sind nach Aussage *Krapfs* (1910, S. 25) die „… außerordentlich große Geschiebeführung, … das rasche An- und Abschwellen bei Hochwasser … [deshalb] … wird es beim Lech nötig sein, die geschiebereichen Wildbäche zu verbauen."

Bereits 1811 schlug v. Wiebeking die in Grundsätzen noch heute gängigen Wildbachverbauungen vor: „Die, in dem größten Theil des Jahres wenig Wasser führenden, Wildbäche müssen daher an Geschwindigkeit geschwächt werden, welches durch Thalsperren, d. i. Zudämmung des Bettes in der Nähe ihres Ursprungs, so wie der Bergschluchten, die ihr Geschiebe und Gerölle darin herabrollen, geschieht. Diese Thalsperren bestehen aus Steindämmen von Felsmassen, Verhauen, Faschinenwerken … oder aus Balkenwänden oder Holzbaukästen, die man mit großen Steinen auszufüllen hat", v. Wiebeking, zitiert in *Pröbstle* et al. (1981, S. 12). Durchgeführt wurde die erste Wildbachverbauung in Bayern allerdings erst 1877 bis 1880 an der Iller. Dem vorausgegangen waren Überschwemmungskatastrophen in den Jahren 1873 und 1878. Ältere Wildbachverbauungen dienten nicht dem Hochwasserschutz, sondern als Triftklausen der Bereitstellung von Triftwasser für die Flößerei. Am Lech begann man 1894 mit der Wildbachverbauung zum Schutz vor Hochwasser u. a. mit einer 11 m hohen Sperre am Schmiedgraben bei Hohenschwangau, *Pröbstle* et al. (1981, S. 13 ff.). Ab 1902 wurde die Wildbachverbauung im gesamten bayerischen Alpenraum auf der Grundlage einer „königlich allerhöchsten Verordnung" verstärkt und 1907 die Finanzierung durch ein neues Wassergesetz gesichert, vgl. *Loipersberger* (2002, S. 26 f.). Die Wildbachverbauung war und ist vornehmlich ein Eingriff in den Geschiebehaushalt des Lechs, da sie die Zulieferung von Geröll unterbindet.

Vor dem Hintergrund der Erkenntnisse des *Zallinger zum Thurn, Franz Seraph* (1779) u. a. sind die weitreichenden Planungen zur Lechkorrektur zu sehen, die ab 1850 von der obersten Baubehörde mit Nachdruck vorangetrieben wurden. Diese Planungen knüpften an die älteren Überlegungen an. Bereits 1805 verkündete der neu ernannte Chef des Centralen Wasser- und Straßenbaubureaus C. F. v. Wiebeking, dass „dem ganzen Lech eine neuere Richtung und ein anderer Uferbau bevorstehen", v. Wiebeking, zitiert bei *Leidel, Gerhard* (1998, S. 169). Ein Lech, der immer wieder seinen Lauf verlegte und Nutzland raubte, sollte nicht mehr geduldet werden, vgl. Abb. 16. Bei einer Bereisung des Flusses ein Jahr später wurde die Grundlage für die Lechkorrektur in Form einer Directionslinie geschaffen, vgl. Abb. 17. Sie wurde zur Grundlage der späteren Detailplanung. Wenige Jahre später war aus der „Directionslinie" eine konkretere Planung in Form einer „Projectirte[n] Flußcorections-Linie" geworden. Die Karte vom Zusammenfluss von Wertach und Lech aus dem Jahr 1811 zeigt, wie rigoros man damals den Fluss verändern wollte und später auch verändert hat, vgl. Abb. 18. Freilich dauerte es noch bis in die 50er Jahre des vorletzten Jahrhunderts, bis die Wasserbaubehörde die vielen älteren, lokal begrenzten Baumaßnahmen durch ein ganzheitliches Konzept für den gesamten Fluss ersetzt hatte und die Bauarbeiten beginnen konnten. Seit 1852 regelte zudem das Gesetz über den Uferschutz und den Schutz gegen Überschwemmungen den Hochwasserschutz am Lech, vgl. dazu *Raster* (1979, S. 75). Im Jahr 1907 wurde schließlich die Instandhaltung der Gewässer zu einer staatlichen Verpflichtung, vorher war dies Aufgabe der Uferanlieger, vgl. dazu *Pröbstle* et al. (1981, S. 36). Zum vorgenannten Gesetz von 1852 wurden von der Königlichen Obersten Baubehörde im Staatsministerium des Innern 1856 die „Technischen Vorschriften für den Flussbau in Bayern" herausgegeben. Sie enthielten im Hinblick auf Schiff- und Floßfahrt und Hochwasserschutz den Grundsatz der stark gestreckten Linienführung

Abb. 18: Projektierung der Lechkorrektion. Einbrüche des Lechs ober- und unterhalb Gersthofens 1811. Die von Inspektor Kramer handgezeichneten Karte zeigt die Einmündung der Wertach in den Lech. Die nur schwach zu sehende „Projectirte Flußcorections-Linie" ist bereits in dieser Karte von 1811 eingezeichnet, die bauliche Umsetzung erfolgte jedoch erst nach 1850. Staatsarchiv Augsburg: Karten- und Plansammlung, M 75 (1811).

eines Flusses mit einem kanalartigen, trapezförmigen Flussquerschnitt, *Schiechtl* (1981, S. 129).

Dieser Grundsatz führte letztendlich zu einer Kette von Fehlentwicklungen, bei der die Schäden, die ein erster Eingriff verursachte, zu weiteren Eingriffen zwang, die ihrerseits zu neuen Schadensbildern führten. Die Flussbegradigung und Verkürzung seiner Laufstrecke erhöhte zwangsläufig das Sohlgefälle und damit die Fließgeschwindigkeit. Da gleichzeitig das Flussbett mit seinem unregelmäßigen Querschnitt, mit Kolken, Kiesbänken, Prall- und Gleithängen, mit Stillwasserzonen und Fließstrecken mit laminarem Strömen bis hin zu Abschnitten mit schießendem Abfluss in ein trapezförmiges, glattes Regelprofil verwandelt wurde, in dem das Wasser geradeaus schoss, wurde die Strömungsdynamik einschneidend verändert. Hinzu kam, dass durch das neue, künstliche Gerinne auch die Rauhigkeit des Bettes und sein Strömungswiderstand verringert wurden, was eine weitere Erhöhung der Fließgeschwindigkeit zur Folge hatte. Das Resultat waren rasch fortschreitende Tiefenerosion und ein schneller auflaufendes Hochwasser, dessen Scheitel durch die zeitliche Verkürzung aufgehöht wurde. Da ein größerer Wasserandrang bei Hochwasser ebenfalls die Fließgeschwindigkeit erhöht, verstärkt sich die Erosions- und Transportkraft und damit die Schadwirkung weiter. Um das Siedlungsland, das inzwischen weit in die Aue eingedrungen war, vor solchen Hochwässern zu schützen, wurden schließlich Deiche gebaut. Sie trennten die Flussaue, die eine Art Zwischenspeicher für die Hochwasserwelle war und die Scheitelhöhe erniedrigte, vom Fluss ab. Alles Wasser, das von oben kam, konnte sich nicht mehr in der Aue verlaufen, sondern musste schnellstmöglich zu Tal. Eine weitere Erhöhung des Hochwasserscheitels war die unausweichliche Folge.

Weitere, nicht als Verbesserungsmaßnahme geplante Eingriffe in den Lech haben die Situation noch weiter verschärft. Sie betreffen den Geschiebehaushalt und damit das Belastungsverhältnis des Flusses. Die in Kapitel 9 beschriebene und seit Jahrhunderten betriebene Entnahme von Kies und Flussgeröll hat das Belastungsverhältnis zu Gunsten einer gesteigerten Erosionskraft verändert. Und der Einbau von der Stromerzeugung dienenden Staumauern hat den Gerölltransport mehr oder weniger komplett unterbunden. Zwar reduzieren die Staumauern auch die Fließgeschwindigkeit bei normaler Wasserführung und damit die Kraft zur Erosion. Aber bei Hochwasser, wenn alle Schleusen geöffnet werden müssen und trotz Stau hohe Fließgeschwindigkeiten auftreten, wirkt sich die fehlende Belastung durch Geschiebe verheerend aus und verstärkt die Tiefenerosion.

Der schnell voranschreitenden Tiefenerosion begegnete man u. a. durch den Einbau von Grundschwellen. Allerdings bilden sich unterhalb von solchen Grundschwellen Kolke, die die Standfestigkeit der Schwelle gefährden. Insgesamt muss der Wasserbau der damaligen Zeit als Fehlentwicklung und ökologische Katastrophe bezeichnet werden. Eine Änderung dieser Entwicklung wurde erst mit ökologisch zukunftsweisenden Projekten wie *Wertach vital* und *Licca liber* eingeleitet, vgl. dazu Kapitel 16. Die im vorletzten Jahrhundert durch die ganzheitliche Planung für den Lech motivierte Flusskorrektur missachtete die strömungsdynamischen Gegebenheiten. Man war damals noch nicht in der Lage, die komplexen Zusammenhänge und die Tragweite der einzelnen Eingriffe zu überschauen. Deshalb wurde mit der Absicht, die Verhältnisse zu verbessern, 1852 am Lech mit Wasserbaumaßnahmen begonnen. Diese wurden bis 1940 fortgeführt. Die Baumaßnahmen zwangen 1863 beispielsweise bei Prittriching und Scheuring den dort gut 1 km breiten Lech in ein 65 m breites Regelprofil mit durch Steindecken geschützten Ufern, *Schiechtl* (1981, S. 130 f.). Die deichartigen Längsbauten trennten den Fluss von seiner angestammten Aue und erhöhten durch Begradigung und Einengung des Flussquerschnitts und Laufverkürzung die Strömungsgeschwindigkeit und damit die Tiefenerosion in erheblichem Ausmaß. Das trapezförmige, gestreckte Regelprofil des Flusses war bis zum Zweiten Weltkrieg das Leitbild der Flusskorrektur.

Die Tab. 5 erfasst nur die im Zuge der planmäßigen Rektifizierung ab 1860 durchgeführten Baumaßnahmen. Frühere Eingriffe wie z. B. der Bau des Hochablasses in Augsburg oder des Karolinenwehres in Landsberg wurden nicht berücksichtigt. Insgesamt zeigt sich, dass nach Flussbegradigungen weitere Korrekturen in Form von Stützwehren und -schwellen zur Schadensbehebung notwendig wurden. Die Flusseinbauten mussten nach Hochwässern mit großem Aufwand regelmäßig repariert werden. Im Einzelnen wurden im Zuge der planmäßigen Rektifizierung folgende Lechabschnitte „korrigiert“:

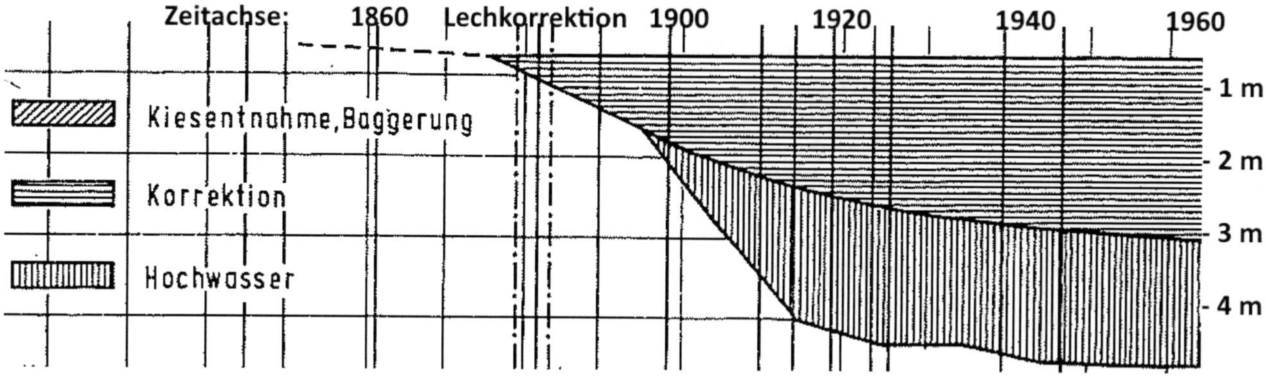

Abb. 19: Tiefenerosion im Gefolge der Flusskorrektur. Die Eintiefung des Jahresmittelwasserstandes am Pegel Landsberg begann mit der Flusskorrektion um 1880. Es kam zu einer Überlagerung von unmittelbaren Folgen der Korrektion – durch die die Fließgeschwindigkeit erhöht wurde – und den durch die Begradigung bedingten höher auflaufenden Hochwässern, nach Bauer, verändert (1979, S. 23).

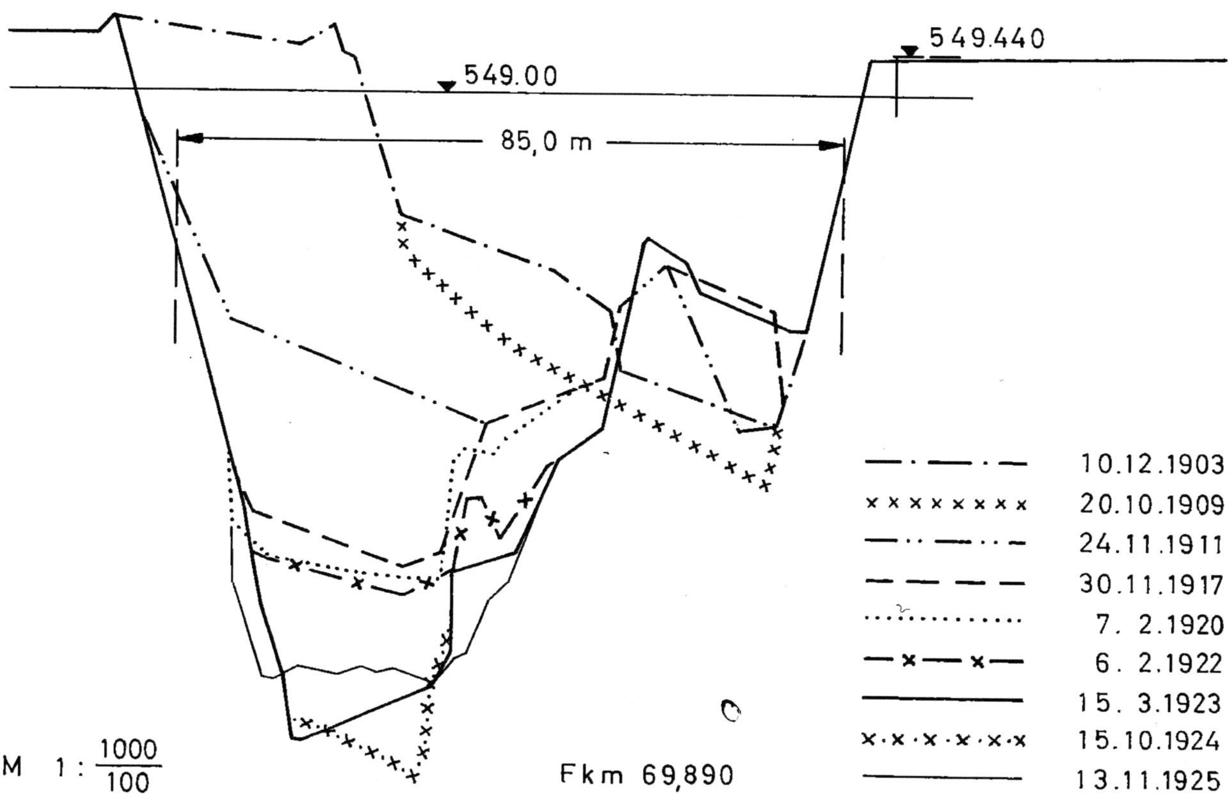

Abb. 20: Tiefenerosion und Querschnittsveränderung nach der Lechkorrektur. Die Querprofilaufnahmen bei Scheuring zeigen die rasch voranschreitende Tiefenerosion im Flinz nach der Korrektion, Quelle: *Bayerisches Landesamt für Wasserwirtschaft* 1984, S. 20.

Flussabschnitt	Bauzeit
Lech zwischen Wehr in Schongau bis zur Finsterau	1860 bis 1913
Lech zwischen Pitzling und Kaufering	1863 bis 1910
Lückenschluss von 2 km zwischen Landsberg und Kaufering	1910 bis 1921
Lech zwischen Mangwehr bis zur Roßhauptener Enge	1910 bis 1930
Lech zwischen Prem und Illachmündung	1910 bis 1933
Stützwehr bei Unterbergen	1919
Stützwehre Schwabstadl, Scheuring, Arnoldwehr, Pittriching	1921 bis 1929
Lech zwischen Hurlach und Schwabstadl	1925 bis 1937
Lech im Augsburger Stadtwald	1925 bis 1928
8 Stützschwellen zwischen Flusskilometer 57,4 und 50,4	1933 bis 1940
Kauferinger Wehr	1938
Sandauer Schwelle (Munawehr)	1940

Tab. 5: Korrektionsmaßnahmen am Lech, Quellen: *Schiechtl* (1981), *Müller et al.* (1992)

Die zwangsläufige Folge solcher Baumaßnahmen waren massive Veränderungen im Auslastungsverhältnis und damit bei Erosionskraft und Transportvermögen des Lechs. Es kam zu einer raschen Tieferlegung des Flussbetts und zu Grundwasserabsenkungen im Auebereich und darüber hinaus. Besonders betroffen waren Flussstrecken, in denen sich die Flusssohle bereits in weicheren Gesteinen des Tertiärs, im Flinz, befanden. Beim Pegel Schwabstadl grub sich der Lech innerhalb von 40 Jahren um 4,4 m in die Tiefe. Eine derartige Veränderung der Gefällsverhältnisse löste Kettenreaktionen in flussaufwärts gelegenen Abschnitten aus, wo es durch die erhöhte Fließgeschwindigkeit ebenfalls zu Tiefenerosion kam. Als Gegenmaßnahmen wurden nicht die Fehler der Vergangenheit zurückgebaut, sondern es wurden weitere Baumaßnahmen in Form von Sohlestützen eingebracht. Dies geschah bereits 1919. Wegen der Kolkbildung an diesen Querbauten wurden ständige Ausbesserungsarbeiten notwendig.

Neben den Korrektionsmaßnahmen entstanden besonders bei Hochwässern Uferabbrüche und neue, ebenfalls unerwünschte Kiesbänke. *Bauer* (1979) hat umfangreiche Untersuchungen zum Belastungsverhältnis und zur Sohleneintiefung des Lechs vorgelegt und die Eintiefungsraten über der Zeit ermittelt. Die Abb. 19 lässt im Gefolge der Flussbegradigung eine Eintiefung von mehr als 4 m innerhalb von etwa 30 Jahren bis zur Einleitung von Gegenmaßnahmen erkennen. Dieser Befund wird bestätigt von Flussprofilaufnahmen bei Scheuring, die die Entwicklung des Strömungsquerschnitts zwischen 1903 und 1925 zeigen, vgl. Abb. 20. Zwischen 1879 und 1920 wurden in diesem Bereich die Korrektionsmaßnahmen zur Flussbegradigung und Einengung auf das Regelprofil von 65 m Breite durchgeführt. Da in diesem Flussabschnitt der morphologisch weiche Flinz ansteht, schritt die Tiefenerosion wegen der veränderten Strömungsverhältnisse rasch voran und man sah sich genötigt, Kontrollmessungen durchzuführen. In den leider nicht mit einem Maßstab versehenen Profilen kann man eine Eintiefung um weit mehr als 3,2 m errechnen. Die einzelnen Querschnitte zeigen eine Abfolge von Eintiefung, Durchgangsaufschüttung und erneuter Erosion, vgl. dazu *Bayerisches Landesamt für Wasserwirtschaft* (1984, S. 19 ff). *Hiemeyer* (1991, S. 60) berichtet, dass in Augsburg ehemals flache Lechufer durch die rasche Tiefenerosion zu terrassenartigen Geländestufen mit bis zu 8 m Höhendifferenz wurden.

Erstmals wurden die Folgen der Korrektionsmaßnahmen im Raum Augsburg 1862 bei einem Hochwasser mit Q = 500 m^3/sec beobachtet, als die widerständige, den morphologisch weicheren Flinz überdeckende Schotterschicht bis auf eine Mächtigkeit von 1 m erodiert wurde. Zum Durchschlag kam es dann bereits 1875. In den folgenden zehn Jahren wurde die Flusssohle durch die Tiefenerosion um 2,71 m abgesenkt. Deshalb wurde eine erste Sohlenstütze in Form eines Querbauwerks eingebaut. Durch natürliche Geschiebezufuhr aus dem Oberlauf stabilisierte sich die Situation bis zum Katastrophenhochwasser im Jahre 1910, vgl. Abb. 22. Der Scheitelabfluss dieses bislang verheerendsten Hochwassers von mind. 1045 m^3/sec im Juni 1910 zerstörte die gesamte Lechkorrektion unterhalb des Hochablasses und auch das Wehr selbst. Die enorme Erosionsenergie führte zu weiteren dramatischen Eintiefungen der Flusssohle in der Korrektionsstrecke. An deren Ende, wo die Fließgeschwindigkeit wieder abnahm, kam es zur Sedimentation eines mächtigen Schwemmfächers. Bei der Instandsetzung versuchte man durch eine Aufweitung des Lechprofils auf 80 m bis 85 m die Fehler der Ver-

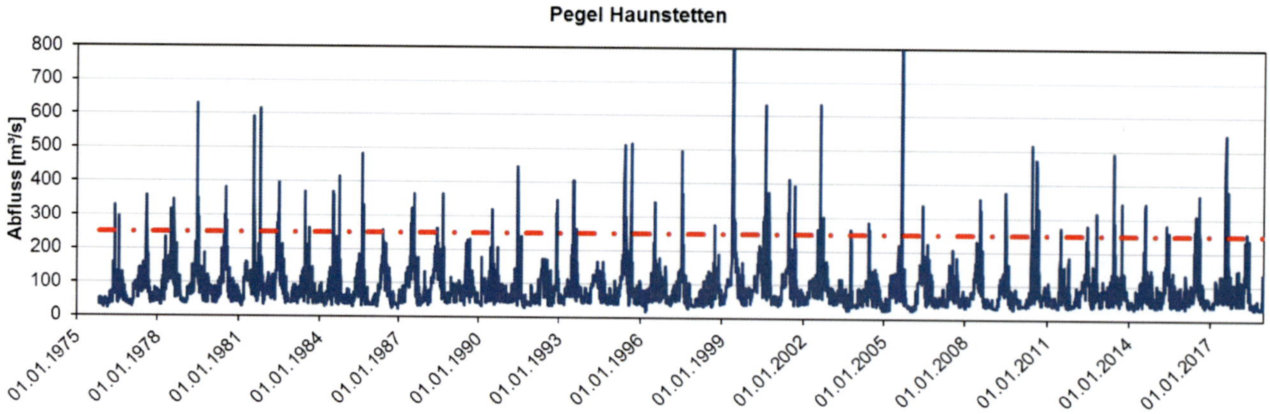

Abb. 21: Abflusshöhe und Geschiebetransport. Geschiebetransport (1975–2018) erfolgt im Lech ab einem Abfluss von ca. 250 m³/sec. Der Abfluss am Pegel Haunstetten zeigt, dass die morphologische Wirksamkeit auf wenige Abflussspitzen (über roter Strichelung) konzentriert ist, Quelle: *Wasserwirtschaftsamt Donauwörth* (18. Juli 2019).

gangenheit zu beheben. Zusätzlich wurden weitere Sohlstützschwellen eingebaut. *Bayerisches Landesamt für Wasserwirtschaft* (1984, S. 19 ff.). Wie bereits dargestellt, sind diese Sohlstützen nicht unproblematisch, denn sie führen zum Wasserüberfall und damit zur Kolkbildung unterhalb des Staus. Die Kolke wiederum bedrohen die Standfestigkeit des Bauwerks. Am Hochablass bei Augsburg schritt die Tiefenerosion auch in den Folgejahren derart dramatisch voran, dass zwischen 1933 und 1940 die Zahl der Stützschwellen auf acht erhöht werden musste und zusätzlich Längsverbauungen zwischen Flusskilometer 50,4 und 57,4 notwendig wurden. Heute wissen wir, dass die damaligen Maßnahmen die Probleme nicht beheben konnten.

Spätestens mit dem Bau von Staustufe 15 bei Landsberg im Jahr 1942 wurde die Geschiebezufuhr für den Lechunterlauf komplett unterbunden. Dazu kamen regelmäßige Kiesentnahmen von ca. 45 000 m³ pro Jahr. Die Tiefenerosion musste sich bei diesen Randbedingungen wieder beschleunigen, *Englisch* (1997, S. 6 ff.).

Um die morphologischen Schäden, die durch die sog. Flusskorrektion ab Mitte des vorletzten Jahrhunderts gesetzt wurden, richtig zu verstehen, müssen wir uns den Ablauf eines Hochwasserereignisses vor und nach den Baumaßnahmen anschauen. Bei Niedrigwasser im Winterhalbjahr ist die Abflussmenge relativ klein. Zusätzlich nimmt die Fließgeschwindigkeit mit kleiner werdender Wassertiefe wegen der Reibung ab. Der Fluss strömt in seinem breit verästelten, mehrere 100 m breiten Bett in den zahlreichen kleinen Gerinnen, der Wasserstand ist niedrig. Geschiebe wird mehr sedimentiert als abgetragen (vgl. dazu Abb. 10). Der Fluss ist morphologisch kaum aktiv (vgl. dazu Abb. 21).

Kommt eine Hochwasserwelle, so steht dem Fluss zunächst sein mehrere 100 m breites Bett mit zahlreichen Sand- und Kiesbänken, die jetzt überflutet werden, zur Verfügung. Steigt das Wasser weiter, tritt der Fluss über die Ufer und nimmt die gesamte Breite der Talaue ein.

In der überfluteten Aue sind Wasserstand und Strömungsgeschwindigkeit relativ niedrig. Zusätzlich bremst die Vegetation der Aue das Wasser. Auf höheren, weniger oft überfluteten Kiesbänken stehen Tamarisken und Weiden, in tieferen Lagen der Aue sind es das Riedgras und Schilf und möglicherweise ein Auewald auf sehr selten überfluteten Arealen.

Insgesamt ist in einem naturbelassenen Flussbett beim Hochwasser zwar das Belastungsverhältnis BV im Bereich des Stromstrichs deutlich < 1 und es wird erodiert und transportiert, aber die Wassermassen fließen auf breiter, mehrere 100 m breiter Front zu Tal. In der überfluteten Aue ist die Wassertiefe trotz Hochwasser vergleichsweise gering, die Reibung relativ groß und die Zerstörungskraft wesentlich kleiner als bei einem konzentrierten Abfluss in einem kanalartigen Gerinne. In der Aue wird trotz Hochwasser eher sedimentiert.

Wenn eine identische Hochwasserwelle in einem trapezförmigen, auf 65 m Breite reduzierten, kanalartigen Regelprofil zu Tal schießt, ist die Wassertiefe per se schon größer und steigt bis zum bordvollen Abfluss noch weiter an. Tritt dann der

Abb. 22: Lechhochwasser 1910. Das bis dato schwerste Lechhochwasser überschwemmte 1910 viele Siedlungen und verursachte von Tirol bis zur Mündung in die Donau umfangreiche Schäden, Quelle: *(Wasserwirtschaftsamt Donauwörth).*

Fluss über die Ufer, kann er nicht in die Breite, sondern muss innerhalb der eng den Flusslauf begleitenden Deiche die Wassermassen konzentriert abführen. Die Strömungsgeschwindigkeit ist in diesem Fall wesentlich höher als beim natürlichen Flussquerschnitt und das Belastungsverhältnis BV << 1. Wir haben es mit einem reißenden Strom mit ungebändigter Erosions- und Transportkapazität zu tun, der sich rasch in den Untergrund frisst. Erst wenn der Wasserstand die Deichkrone übersteigt, wird das Umland überflutet.

Durch die Flussbegradigung und Kanalisation wurde der Lech verkürzt. Dadurch hat sich das Gefälle versteilt und energiezehrende Flussbiegungen sind weggefallen. Dadurch wurde die Strömungsgeschwindigkeit derart erhöht, dass es bei jedem größeren Hochwasser zu einer starken Tiefenerosion kam. Der Fluss hat die Tendenz, sein Belastungsverhältnis um den Wert 1 zu halten. Führt er bei gegebener Wassermenge und Geschwindigkeit zu wenig Geschiebe mit sich, reißt er Kies und Geschiebe aus der Flusssohle und vom Ufer und führt es mit sich fort. Nehmen Wassermenge und Fließgeschwindigkeit wieder ab, sedimentiert er die Geschiebelast, die er nicht mehr schleppen kann.

Bis 1876 hatte sich der Lech beim Augsburger Hochablass sehr stark eingetieft. Dabei kamen 7 m bis 8 m unter der damaligen Flusssohle alte hölzerne Uferbefestigungen zu Tage. Leider wurden sie nicht dendrochronologisch datiert, es wird jedoch karolingisches Alter angenommen. Dieser Fund ist ein Beweis für die spätere Sedimentation und danach eine erneute Tiefenerosion des Flusses, *Schiechtl* (1981, S. 128).

Durch die Flusskorrektionen wurden am Lech bis 1933 fast 88 km² Land gewonnen, *Schiechtl* (1981, S. 132 f.). Dieses Neuland war vorher Teil der Flussaue und damit wertvoller Retentionsraum, in dem eine Hochwasserwelle verlangsamt wurde.

Der durch die Flusseintiefung abgesenkte

Grundwasserspiegel in der Aue und im gesamten flussnahen Bereich wirkte sich negativ auf die Wasserversorgung von Augsburg, Lagerlechfeld und weiteren Ortschaften aus. Der Auewald bei Haunstetten verwandelte sich zu einer Trockenaue mit Heidecharakter, *Raster* (1979, S. 57 f.). Auch die Auswirkungen auf die Landwirtschaft waren beträchtlich. Deshalb mussten entlang der gesamten begradigten Flussstrecke Gegenmaßnahmen eingeleitet werden. Ab 1879 wurden neben den Sohlestützungen weitere Sicherungsarbeiten durchgeführt. Im Einzelnen waren das die Herstellung von Längsbauten und Traversen unter Verwendung von Faschinen, die Einbringung von Packwerk und eine Steinberollung der Ufer. Durch die Einengung des Flusses und den Bau von Längswerken und flussbegleitenden Dämmen wurde der Retentionsraum für Hochwasser weiter dramatisch verkleinert. Dies wiederum erhöhte den Spitzenabfluss und damit die Hochwasserschäden. Die Flusskorrektionen am Lech, die die Tiefenerosion stark beschleunigten, wurden bis in die 30er Jahre des letzten Jahrhunderts fortgeführt. Erst mit dem Rückgang von Schiff- und Floßfahrt wurde das Prinzip der gestreckten Linienführung revidiert, *Schiechtl* (1981, S. 129).

Einen sehr starken Eingriff in das Ökosystem eines Gebirgsflusses stellen die Staumauern der Kraftwerkstreppe dar. Da sie vorrangig der Stromversorgung dienen, war ihr Beitrag zum Hochwasserschutz bis vor wenigen Jahren sehr beschränkt. Besonders der Forggensee, der als Kopfspeicher alle flussabwärts gelegenen Kraftwerke mit Turbinenwasser versorgen soll, hat zwar mit 15 Mio. m^3 ein sehr großes Speichervolumen, allerdings ist dieses in der Zeit, in der die meisten Hochwässer abkommen, nicht nutzbar, weil der Speicherraum bereits wieder mit Wasser für das abflussarme Winterhalbjahr gefüllt ist. Der Forggensee wird in den niederschlagsarmen Wintermonaten zur Stromerzeugung weitgehend abgelassen. Zu diesem Zweck kann der Seespiegel um mehr als 15 m abgesenkt werden. Im Frühjahr hat der Lech durch Niederschläge und Schneeschmelze eine hohe Wasserführung und der Forggensee wird bis Ende Juni, wenn die Hochwässer kommen, wieder bis zum Normalstauziel gefüllt. Durch den Ausgleich dieses „Jahresspeichers" ist eine effektive Wasserkraftnutzung in der ganzen Kraftwerkskette möglich. Ähnlich verhält es sich mit einem weiteren großen Stauraum an der Talsperre Dornau, wo 3,6 Mio. m^3 gespeichertes Wasser zur Verfügung steht, vgl. dazu Abb. 23.

Die eingeschränkte Schutzfunktion zeigte sich in der zweiten Hälfte des letzten Jahrhunderts, als 1965, 1966, 1970 und 1972 schwere Hochwässer auftraten und große Zerstörung anrichteten. Das Pfingsthochwasser des Jahres 1999 (vgl. dazu Kapitel 7), bei dem das relativ kleine Stauvolumen bei weitem nicht ausreichte und der Forggensee zur Kappung der Hochwasserspitze überstaut wurde, gab schließlich den Anstoß für die Entwicklung einer verbesserten Speicherbewirtschaftung. Bei Hochwassergefahr kann das Wasserwirtschaftsamt Kempten jetzt eine Vorabsenkung des Wasserspiegels anordnen und auf diese Weise zusätzlichen Stauraum für die zu erwartende Hochwasserwelle schaffen. Damit in kurzer Zeit große Wassermassen aus dem See abgelassen werden können, musste auch die Hochwasserentlastungsanlage umgebaut werden. Zusätzlich zu diesen kurzfristigen Maßnahmen wurde der Spiegel des Stausees dauerhaft um 0,5 m abgesenkt. Auf diese Weise konnte ein zusätzlicher Hochwasserstauraum von 7 Mio. m^3 geschaffen werden. Im August 2005 hat sich dieses Konzept erstmals bewährt, vgl. Abb. 24. Die mit der roten Linie dargestellte Hochwasserwelle des Zuflusses konnte im Forggensee weitgehend aufgefangen werden und führte nur zu einem relativ moderaten Anstieg des mit einer grünen Linie dargestellten Hochwasserabflusses, nach Angaben von *Wasserwirtschaftsamt Kempten*.

Nachdem die verheerenden Hochwässer der 60er und 70er Jahre gezeigt hatten, dass der Forggensee in seiner vorrangig auf die Energieproduktion ausgerichteten Bewirtschaftung keinen ausreichenden Hochwasserschutz bieten konnte, wurden zusätzlich über 10 km neue Deiche als weitere Schutzmaßnahmen entlang des Lechs aufgeschüttet. Zwischen dem begradigten Fluss und den Dämmen ließ man wenige Meter freie Fläche, die mit Lechkies und einer dünnen Humusschicht versehen wurden. Dieses künstliche Substrat enthält wenig Nährstoffe und bietet somit gute Standortbedingungen für Magerrasen. Fast alle Tier- und Pflanzenarten des Trockenrasens sind heute an den Lechdämmen zu finden. Seit 1999 werden die Lechdämme nach Kriterien des Naturschutzes beweidet. Südlich von Augsburg bilden sie auf einer Fläche von etwa 30 Hektar einen Beweidungsschwerpunkt für Schafe, nach *Augsburgwiki – Lech*.

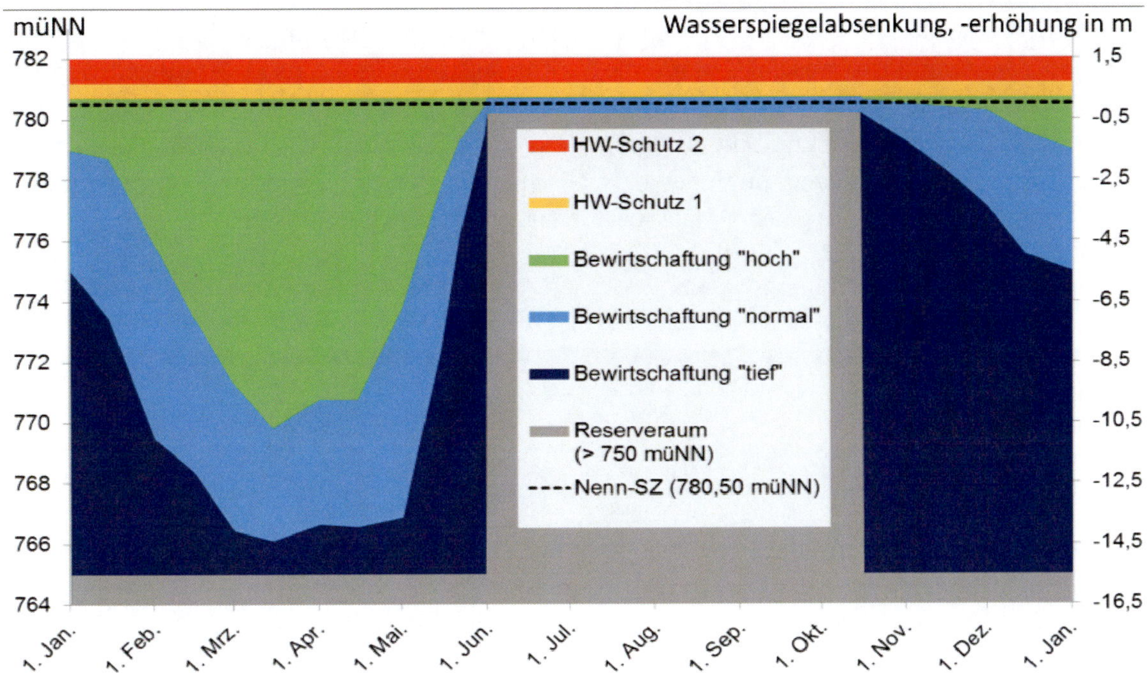

Abb. 23: Stauvolumen und Hochwasserschutz am Forggensee. Der Seespiegel wird am Forggensee so bewirtschaftet, dass einerseits gewisse Staureserven im hochwassergefährdeten Sommerhalbjahr vorhanden sind, andererseits jedoch für das abflussarme Winterhalbjahr genügend Wasser zur Stromerzeugung vorhanden ist. Für die Hochwasserreserve ist eine Spiegelerhöhung um ca. 2 m möglich. Quelle: *Reumschüssel* (21. 03. 2018).

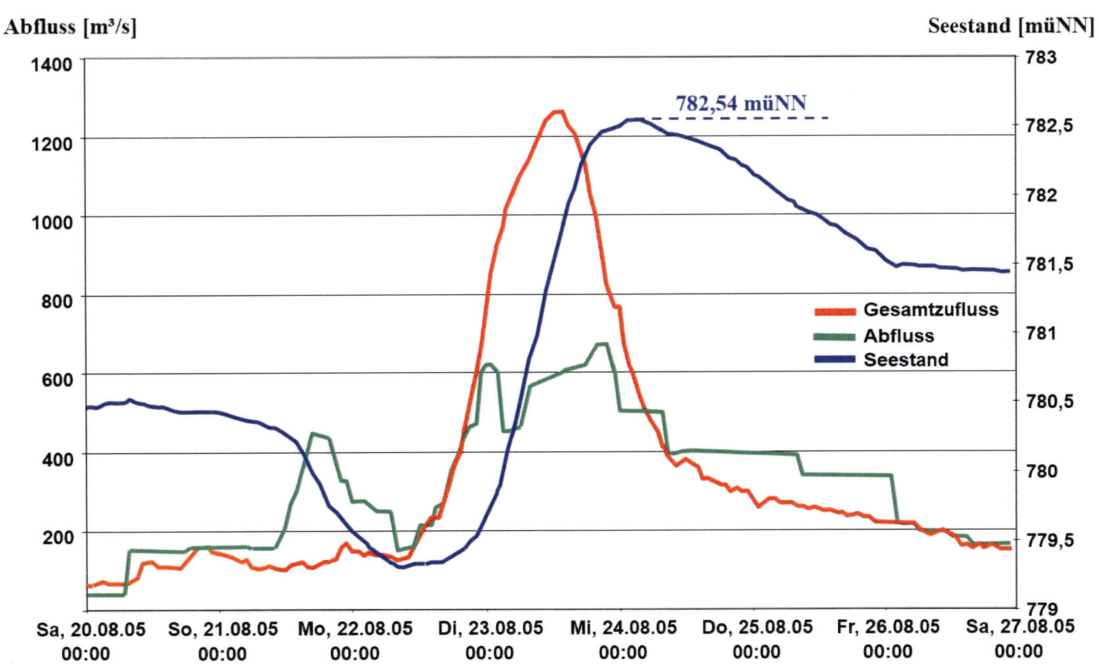

Abb. 24: Hochwasserschutzfunktion des Forggensees mit der neuen Speicherbewirtschaftung. Nach der Hochwasserwarnung wurde im August 2005 der Seespiegel zur Aufnahme der Hochwasserwelle um über 1 m abgesenkt. Quelle: *Wasserwirtschaftsamt Kempten*, Veröffentlichung mit Genehmigung des Wasserwirtschaftsamtes.

Ein Hochwasserschutz mit Deichen widerspricht dem modernen, landschaftsökologischen Ansatz, der die Flussaue als natürlichen Retentionsraum für Hochwasserabflüsse ansieht. Wenn die Hochwasserwelle die Aue flutet, wird dadurch die Abflussgeschwindigkeit verringert und die Abflussmenge wird kleiner. Weil das Wasser durch den vergrößerten Strömungsquerschnitt mehr Platz bekommt und Wasser zurückgehalten wird, flacht die Hochwasserwelle insgesamt ab. Aber diese Art der Hochwasserbekämpfung ist durch die gegenwärtige Konstellation des Lechs als Kraftwerkstreppe nahezu ausgeschlossen. In der Zukunft wird man bei der Nutzung flussnaher Grundstücke die Flussaue konsequenter von Bebauung und wasserempfindlicher Nutzung freihalten müssen.

7 Die Okkupation der Flussaue

Ganz bewusst wurde in der Überschrift nicht von land- und forstwirtschaftlicher Nutzung oder der Anlage von Siedlungen in der Flussaue, sondern von Okkupation als einem Begriff im militärischen Kontext gesprochen. Die Flussaue ist integraler Bestandteil des Flussbettes, und der Mensch hat dieses amphibische Land einfach erobert und besetzt. Deshalb entstehen bei Hochwasser zahlreiche Konflikte zwischen den natürlichen Wasserstandsschwankungen und Überschwemmungen einerseits und den flussnahen menschlichen Siedlungs-, Wirtschafts- und Verkehrsflächen andererseits.

Beeinflusst hat der Mensch die Flussaue schon lange bevor er mit Siedlungen oder wirtschaftlicher Nutzung in sie eindrang. Dies geschah vornehmlich durch Waldrodung und agrarische Nutzung im Einzugsbereich eines Flusses. Dadurch kam es zu Bodenerosion und der Bildung von Auesedimenten. Besonders jungholozäne Auensedimente lassen sich mit menschlichen Aktivitäten parallelisieren, während altholozäne Auesedimente eher auf klimatische Veränderungen zurückgehen. *Hahn* (1992) schätzt, dass bis zu 60 % der jungholozänen Auesedimentbildung auf agrarische Nutzung zurückzuführen sind, vgl. zum Auesediment u. a. auch *Mensching* (1976); *Schirmer* (1983a, b).

Alte Siedlungskerne von Dörfern und Städten an Flüssen liegen in der Regel außerhalb der Flussaue auf der hochwasserfreien Hochterrasse. Wenn Siedlungen heute im Überflutungsbereich liegen, ist das häufig eine Folge der Flussdynamik mit zugehöriger Auesedimentbildung und damit einer Aufhöhung des Reliefs. Wenn im Hochmittelalter Wirtschafts- und Siedlungsstätten nahe an einen Fluss und damit in den Überschwemmungsbereich seiner Aue gelegt wurden, dann geschah dies in der Regel in Kenntnis des Überflutungsrisikos, z. B. wegen der Nutzung der Wasserenergie mit Mühlen, *Schenk* (2001, S. 57 f.). Erst die jüngere Bebauung hat auf die Überschwemmungsgefahr keine Rücksicht genommen und ist in die Aue vorgestoßen. Die Folgen dieses Tuns waren Hochwasserkatastrophen, Flusskorrektionen und Maßnahmen zum Hochwasserschutz, die häufig die Abflussspitzen erhöhten und damit die Hochwassergefahr noch weiter vergrößert haben, weil sie den Fluss vollständig von seiner Aue als seinem natürlichen Retentionsraum getrennt haben. Die Besetzung der Flussaue setzte oft einen Teufelskreis in Bewegung, bei dem ein Eingriff nach der unerwarteten Reaktion des Flusses weitere Eingriffe erforderte, die die Hochwasserproblematik wiederum verschärften. Bis zur Erkenntnis, dass der Fluss für die Hochwasserwelle Retentionsraum benötigt und dadurch die Abflussspitzen gekappt werden können, war es ein langer Weg. Erst in den letzten Jahrzehnten hat sich diese Erkenntnis auch in der Änderung der Hochwasserschutzmaßnahmen niedergeschlagen. Inzwischen werden im Rahmen der Raumplanung auch Karten publiziert, in denen ein hundertjähriges Hochwasser HQ_{100} dargestellt wird. Die Flächen, die von einem solchen Hochwasserereignis bedroht sind, sollten nicht bebaut werden. Ob dieses „Bemessungshochwasser" allerdings ausreicht, darf mit Blick auf alte Hochwassermarken, wie sie beispielsweise *Glaser* und *Hagedorn* (1990) und *Glaser* (2001) ausgewertet haben, bezweifelt werden.

Durch Flussbegradigung, Laufverkürzung und Abschneiden des Flusses von seiner Aue entstehen immer häufiger katastrophale Hochwässer. So wurde das 100-jährige Hochwasser HQ_{100}, das in Augsburg mit 1350 m³/sec angesetzt ist, seit 1960 dreimal erreicht bzw. überschritten, vgl. dazu Tab. 6.

Jahr des HQ_{100}-Hochwassers	Abfluss Q in m³/sec
1970	1350 m³/sec
1999	1500 m³/sec
2005	1540 m³/sec

Tab. 6: Jahrhunderthochwasser des Lechs in Augsburg zwischen 1960 und 2020, Quelle: Bayerisches Staatsministerium für Umwelt und Verbraucherschutz (2021, S. 17).

Derartige Ereignisse sind in der Regel das Resultat des Zusammentreffens von mehreren Ursachen. Dem Hochwasser von 1999 voraus ging beispielsweise eine niederschlagsreiche Vorperiode und eine kräftig ausgefallene Schneeschmelze. Dadurch waren die Pegelstände von Lech und Wertach bereits auf einem hohen Niveau. Die Wasseraufnahmekapazität der Böden war durch den langen Regen erschöpft und die zusätzlichen Rekordniederschläge an Pfingsten flossen fast komplett oberflächlich ab. Deshalb entwickelten sich sehr schnell mächtige Hochwasserwellen. Der 21. Mai 1999 lieferte schließlich an vielen bayerischen Wetterstationen bisher nie erreichte Höchstwerte des Niederschlags. Insgesamt wurden an Lech und Wertach vom 20. bis 22. Mai im Alpenbereich Niederschlagssummen zwischen 200 mm bis 260 mm innerhalb von 48 Stunden gemessen. In normalen Jahren fallen im Einzugsgebiet des Alpenvorlandslech im gesamten Monat Mai nur 80 mm bis 90 mm Niederschlag. Die innerhalb eines Tages anschwellende Hochwasserwelle stieg an den Lechdeichen im Raum Augsburg bis zur Deichkrone, an verschiedenen Stellen ging das Wasser darüber weg, so z. B. in Meitingen, *Bayerisches Landesamt für Wasserwirtschaft* (2003).

Beim Hochwasser 2005 wurden im August an Lech und Wertach noch höhere Wasserstände als beim Pfingsthochwasser 1999 gemessen, allerdings konnte der Forggensee die Hochwasserwelle etwas abmildern, vgl. dazu Abb. 24.

Um die Größe des Schadens, der durch die Abtrennung der Aue entstanden ist, zu ermessen, sei ein kleines Rechenbeispiel erlaubt. Bis 1933 wurden ca. 88 km^2 Flussaue dem Lech entzogen bzw. größtenteils in LNF, Verkehrs- oder Siedlungsflächen umgewandelt, *Schiechtl* (1981, S. 128). Große Teile davon wurden durch Deiche vollständig vom Fluss getrennt. Würde auf diese Fläche von 88 km^2 ein Hochwasser mit einem Wasserstand von nur 25 cm auflaufen, entspräche das einem Wasservolumen von 22 Mio. m^3. Das ist ungefähr das 4,5-fache Wasservolumen des Mandichosees! Dieses Wasser in der ungenutzten ursprünglichen Flussaue hätte keinen Schaden angerichtet, denn es wäre im „Hoheitsgebiet" des Lechs geblieben. Dagegen verursacht dieses Wasser in der okkupierten Aue, die jetzt Nutzland ist, eine Katastrophe! Wir müssen uns immer wieder klarmachen, dass allein die Lage von Siedlung und Infrastruktur im mehr oder weniger amphibischen Bereich der Aue ihre Verwundbarkeit bei Hochwasser definiert!

Auf den Punkt bringt *Loipersberger* (2002, S. 50 ff.) die Hochwasserproblematik mit seiner Feststellung über Wildbäche, die sich jedoch auf alle Flussauen übertragen lässt: „Der beste Schutz vor Naturgefahren ist immer noch, gefährdete Bereiche frei zu halten, das heißt dort weder Straßen noch andere Infrastruktur oder Siedlungen zu errichten. Wo Menschen und Güter nicht gefährdet sind, bleiben Hochwasser, Muren und Rutschungen das, was sie im Grunde sind: Ganz natürliche Erscheinungen … erst die Schäden machen aus natürlichen Prozessen Katastrophen". Deshalb müssen wir endlich Hochwasser als natürlichen Prozess begreifen und nach Möglichkeit Nutzungen aus der Flussaue herausnehmen und für Hochwasser wieder Retentionsräume schaffen. Da dies leider nicht immer und überall möglich ist, sind Renaturierungskonzepte notwendig, die einerseits dem Fluss mit seiner Aue wieder mehr Raum geben und andererseits wichtige Nutzungsansprüche des wirtschaftenden Menschen berücksichtigen, vgl. dazu Kapitel 16.

Im Gefolge unseres Jahreszeitenklimas sind Abflussschwankungen, Hoch-, Niedrigwasser und Überschwemmungen ein Charakteristikum mitteleuropäischer Flüsse. Und der Lech mit seinem sehr akzentuierten Abflussgeschehen und den ausgeprägten sommerlichen Spitzenabflüssen ist dafür ein extremes Beispiel. Während sich der nicht vom Menschen überprägte Fluss bei Niedrigwasser auf sein Gerinnebett konzentriert, tritt er bei Hochwasser über seine Ufer und nutzt auch seine Aue für den Abfluss. Das Gerinne bzw. der Fluss bilden zusammen mit dem Überflutungsbereich – der Flussaue im engeren Sinn – eine Einheit. Das hygrische Regime der gesamten Aue wird von den Schwankungen des Abflusses mit seinen Auswirkungen auf Wasser- und Grundwasserstand geprägt.

Die Flussaue, die auch das Gerinnebett mit beinhaltet, besteht also aus einem aquatischen Bereich, dem ständig durchflossenen Flussbett, und einem amphibischen Bereich, der Aue, in der bei Hochwasser ebenfalls Abfluss stattfindet. Der nach außen sich anschließende terrestrische Saum der Aue wird nur noch selten bei extremem Hochwasser überflutet, allenfalls in diesem Bereich sind Kompromisse zu Gunsten der menschlichen Nutzung denkbar.

Der Grundwasserstand ist in der Aue hoch, denn Fluss und Aue werden von einem Aquifer begleitet. In ihm findet der Grundwasserabstrom statt. Je nach Abflusshöhe und Grundwasserstand wird Grundwasser neu gebildet oder der Fluss wird bei Trockenwetterabfluss aus dem Grundwasser gespeist. Typisch sind in der Aue kleine Sickerquellen, gelegentlich auch kleine Tümpel, Sümpfe oder kleine Moore. Besonders sandig-kiesige Uferböden werden von Qualm- oder Drängewasser bei Hochwasser geflutet, vgl. dazu *Cyffka* et al. (2018), *Meyer* (2017).

Die Uferlandschaft der Flussaue ist in Mitteleuropa in der Regel ins Schotterbett der aus der Würmeiszeit stammenden, mehrfach gegliederten Niederterrasse leicht eingesenkt. *Schirmer* (2019, S. 131 ff.) charakterisiert die geomorphologische Situation so prägnant, dass sie hier wörtlich zitiert wird: „Die Entstehung einer Flussterrasse beginnt mit der Aufschüttung einer Flussebene. Deren hintere Begrenzung ist der Hang, der das Flusstal begleitet. Die vordere Begrenzung entsteht dann, wenn der Fluss sich in seine Flussebene einschneidet, um eine neue, tieferliegende anzulegen." Terrassen sind also morphologisch gut abgrenzbare Verebnungen entlang von Flüssen. Mehrere Verebnungen mit unterschiedlichen Verebnungsniveaus bilden eine Terrassentreppe. Diese Terrassen sind vorrangig ein Relikt der verschiedenen Eiszeiten. Auch nach der Eiszeit wurden im Holozän noch Auenterrassen gebildet, die *Schirmer* (1983a) wegen ihres relativ einheitlichen Niveaus als Reihenterrassen bezeichnet. Sie werden von extremen Hochfluten noch erreicht.

Auf den Schotterkörpern der Terrassen, die *Schirmer* (2019, S. 132) als Flument bezeichnet, ist aus Hochwasserablagerungen das Auesediment entstanden (im älteren Schrifttum etwas irreführend als Auelehm bezeichnet). Dieses Auesediment ist oft ein Indiz für menschliche Eingriffe in den Wasserhaushalt. Beim Auesediment handelt es sich um einen Grundwasserboden, bei dem das Bodenwasser die ausschlaggebende Rolle spielt. Durch den geringen Höhenunterschied zum Wasserspiegel des Flusses ist der Grundwasserstand in der Aue generell recht hoch, sein Spiegel folgt den Wasserstandsschwankungen des Flusses. Zwischen dem Fluss und dem Grundwasserkörper der Aue kommt es je nachdem, ob der Abfluss Q steigt oder fällt und der Grundwasserstand hoch oder niedrig ist, zu einem Wasseraustausch vom Fluss ins Grundwasser oder – bei Niedrigwasser – in die Gegenrichtung.

Durch die jährlich ein- oder mehrmals auftretenden Überschwemmung des Auebereichs entsteht die für Aueböden charakteristische Wechselfolge von fluviatilen Sedimenten unterschiedlicher Zusammensetzung in Form von Schluff, Ton, Sand und gegebenenfalls auch Kies und der biogenen Torfauflage. Mit der Zeit kommt es durch die Sedimentation zu einer Aufhöhung der Aue.

Weil Deiche in den alten Denk- und Handlungsschemen der Wasserbauer den besten Hochwasserschutz bieten sollten, wurde die Lechaue ab Staustufe 21 bei Prittriching durch Dämme vom Fluss getrennt. Die ehemalige, dem Fluss genommene Aue wird jetzt überwiegend landwirtschaftlich genutzt, ist Siedlungsland und Verkehrs- und Versorgungsinfrastruktur verlaufen in diesem Bereich.

8 Flößerei, Schifffahrt und Verkehr

Wenn Flüsse als Verkehrswege genutzt werden, müssen sie oft für die Fahrzeuge – also Boote, Flöße und Schiffe – passend gemacht werden. Es müssen Häfen und Länden angelegt werden und manchmal muss im Fluss wegen des Tiefgangs eines Schiffs eine Fahrrinne ausgebaggert werden. Sehr lange Wasserfahrzeuge wie Flöße erfordern Korrekturen von Flussbiegungen und für die Holztrift sind oft künstliche Flutwellen notwendig, zu deren Erzeugung Stauteiche angelegt werden. Besonders die Langholzflößerei führt wegen der eingeschränkten Steuermöglichkeiten der Flöße oft zu Beschädigungen der Ufer. Aber auch durch den Landverkehr werden Flüsse verändert. Kreuzungen von Straße und Fluss sind stets Ansatzpunkte für Eingriffe in das Strömungsverhalten eines Flusses. Bei Furten versuchte man dafür zu sorgen, dass der Wasserlauf immer durchwat- und durchfahrbar war. So gab es bereits in vorchristlicher Zeit bei Reutte in Tirol eine Furt durch den Lech. Aus römischer Zeit sind Furten bei Weißhaus und bei Füssen nachgewiesen, ebenso bei Landsberg und Kaufering.

Seit der Latènezeit sind in Mitteleuropa Brücken bekannt und relativ weit verbreitet. Diese Brücken ruhten auf hölzernen Pfeilern, die wegen der geringen Spannweite der Trägerhölzer in kurzen Abständen in das Flussbett gerammt wurden. Derart zahlreiche, dicht beieinanderstehende Pfähle haben den Strömungsquerschnitt des Flusses erheblich verändert. Beispielsweise sind von einer über 26 m langen und fast 5 m breiten hölzernen Brücke bei Marburg 63 Pfähle und 59 Pfahllöcher gefunden worden. Da es sich bei den Pfählen um Baumstämme handelte, war der Eingriff in den Strömungsquerschnitt erheblich, vgl. dazu *Lehnemann* und *Meiborg* (2018) und Abb. 25. Auch die beidseitigen Auffahrtrampen zu einer Brücke behinderten die Strömung und an Pfeilern kommt es im Kehrwasser zu Auskolkungen. Bei Eisgang sind Pfeiler oft Verursacher von Eisstau und damit einhergehenden Überschwemmungen. Ähnliches kann mit Treibholz bei den Sommerhochwässern geschehen. Ob in der Latènezeit am Lech schon Brücken existierten, wissen wir jedoch nicht. Angesichts der zahlreichen keltischen Viereckschanzen, vgl. dazu *Kießling* (2013, S. 14), besteht allerdings eine gewisse Wahrscheinlichkeit. Gesichert sind Brücken für die römische Zeit z. B. in Epfach, vgl. dazu *Walke* (1964, S. 3) und Kapitel 3, Füssen, vgl. *Thalmair* (2015), Augsburg Lechhausen, vgl. *Mariani* (2007, S. 5) und Rain *Schiechtl* (1981, S. 124).

Nach dem Zerfall des Römischen Reiches ging die Zahl der Brücken wieder zurück, weil die vorhandenen nicht gepflegt wurden. In der Merowingerzeit im späten 6. und 7. Jahrhundert sind Brücken in Schwabstadl und Kaufering bezeugt, *Leiter* (2016, S. 88). Erst in der Ausbauzeit zwischen 1100 und 1250 wurden wieder verstärkt neue Brücken gebaut. Beispielhaft sei die Lechbrücke in Landsberg genannt. Der urkundlich erstmalig 1158 fassbare Lechübergang wurde zur Kontrolle des Salzhandels vom Welfenherzog Heinrich dem Löwen errichtet, *Leiter* (2016, S. 90). Weitere Brücken entstanden in Lechbruck, Schongau, Kaufering, Schwabstadl, Augsburg und Rain. Mit dem Ausbau der Verkehrswege um die Mitte des 19. Jahrhunderts kamen weitere Brücken hinzu, vgl. dazu besonders *Raster* (1979, S. 91 ff.). Allerdings wurden erst mit dem Bau der Reichsstraßen in der Mitte des 19. Jahrhunderts die Holzbrücken mit ihren kurzen Spannweiten von steinernen Brücken abgelöst. Heute überspannen über 100 Brücken den Lech, *Leiter* (2016, S. 89).

Wo Brückenbauten nicht möglich waren, wurden häufig Fähren eingesetzt. Sie benötigen an beiden Ufern des Flusses eine Lände, die wiederum das Ufer befestigte und die Strömungsdynamik durch Flussvertiefungen veränderte. Am Lech haben vermutlich wegen der starken Strömung sog. Gierfähren vorgeherrscht. Sie verlangen zusätzlich ein Seil, das das Abtreiben der Fähre verhindert. Mit Hilfe des Rückhalts durch das Seil kann die Gierfähre die Strömungsenergie des Wassers für den Vortrieb nutzen, sie giert. *Raster* (1979, 84–86b) konnte Fähren u. a. für folgende Orte nachweisen (die Jahreszahl verweist auf den ersten Nachweis): Helmenstein (1635), Lechbruck (1574), Illachmündung (1435), Schongau (1651), Kinsau-Apfeldorf (1662), Klaftmühle-Apfeldorf (1667), Epfach (1552), Erchmühle (1667), Augsburg, Friedberg (1338), Augs-

Abb. 25: Latènezeitliche Brücke. Eng stehende eichene Pfeiler einer 26 m langen, mittellatènezeitlichen Brücke bei Marburg. Mit Hilfe der dendrochronologischen Altersbestimmung konnte der Brückenbau im Jahr 211 v. Chr. belegt werden. Quelle: *Meiborg* et al. (2016).

Abb. 26: Flutwelle an der Kinzig in Schiltach, ausgelöst durch Öffnen der Schwallung, Foto: Friedmann.

burg-Lechhausen (1338), Ellgau (1646) und Oberndorf (1646).

Selbstverständlich wurde der Lech auch als Wasserstraße zunächst für die Flößerei genutzt. Ihre einfachste Form ist die Scheitholz- und Blocktrift, bei der einzelne, entastete Scheite oder Blöcke vom fließenden Wasser flussabwärts geschwemmt werden. Die Scheite waren ca. 1,2 bis 1,7 Meter lang, die Blöcke hatten eine Länge von 3,5 bis 5 Metern, vgl. dazu *Ellmers* (1985, S. 14) und *Gunzelmann und Dorn,* (2006, S. 85 ff.). Diese Technik wurde bereits von den Kelten angewendet, *Schilling* (2014, S. 38 f.). Mit Hilfe von Querbauwerken, den Rechen, die den Strömungsraum verändern und einen Holzstau verursachen können, werden die triftenden Stämme am Bestimmungsort wieder eingesammelt.

Da die Flößerei bereits am Oberlauf eines Baches mit wenig Wasserführung und kleinem Querschnitt beginnt, ist die Bereitstellung des Floßwassers, mit dem die Wassertiefe erhöht und die Aue des Baches kurzfristig überflutet werden kann, notwendig. Weil auch die überflutete Aue zur Floßbahn wird, muss der Floßbach frei von Ufergebüsch sein, er muss jährlich „geräumt“ werden. Die dazu notwendigen erheblichen Eingriffe in den Wasserhaushalt sind sowohl bei der oben dargestellten Trift, die als ungebundene Flößerei bezeichnet wird, als auch bei der gebundenen Flößerei, die im Folgenden skizziert wird, notwendig. Bei der gebundenen Flößerei werden Baumstämme zunächst zu kleinen Flößen mit 4 m bis 6 m Breite und einer Länge von ca. 30 m zu einer Grundkuppel oder einem Boden bzw. Gestör zusammengebunden. Diese Böden werden wiederum miteinander verkoppelt, bis Flöße mit 20 bis 50 Gestören oder Böden und mehreren hundert Metern Länge entstehen. So wurden in einer Floßordnung aus dem Jahr 1853 für die Kinzig, einem relativ kleinen Bach mit wenigen Metern Breite als maximale Abmessungen eines Floßes für die Breite 20 Fuß (6,09 m) und für die Länge 2000 Fuß (609 m) festgelegt, *Konold* et al. (2021, S. 146). Das notwendige Floßwasser kommt aus Stauweihern im Bergland, den sog. Klausen, Floßweihern oder Schwallungen. Mit ihrer Hilfe kann eine künstliche Flutwelle ausgelöst werden, die das zu triftende Holz und die Flöße auch in kleineren Zuflüssen und Bergbächen zum Vorfluter

Lech mitnimmt. Die Flutwelle wird durch schnelles Öffnen der Stauhaltung ausgelöst und dauert je nach Volumen des gestauten Wassers und der Größe der Öffnung oft 15 bis 20 Minuten. Auf dieser Flutwelle „reiten" sowohl Trifthölzer als auch sehr große Flöße, die aus zahlreichen kürzeren Stücken bestehen, ins Tal.

Diese Flutwellen (vgl. Abb. 26) waren auch geomorphologisch sehr wirksam und veränderten häufig das Aussehen des Flusses, denn das Klausenschlagen verursachte eine stoßweise Wasserführung. Dabei wird nicht nur das Holz transportiert, vielmehr wird durch das künstliche Hochwasser auch eine erhebliche Geschiebefracht mit ins Tal gerissen und die Erosion verändert das Gerinnebett. So beschwerte sich beispielsweise 1563 die Gemeinde Aschau, weil durch das Klausenschlagen viel Sand und Geröll transportiert und der Lechlauf verlegt wurde, *Raster* (1979, S. 122). Vielfach wurden Mühlen, Brücken und Kanäle durch die triftenden Baumstämme geschädigt. Auch die Fischerei wurde durch das Triften beeinträchtigt. Aus den Beschwerden der Fischer erfahren wir viel über die durch die Trift induzierten Eingriffe in das fluviale System des Lechs. So gibt es Beschwerden über versandete Laichplätze und erhöhte Geschiebeführung, vgl. dazu *Raster* (1979, S. 124 f.).

Trotz der genannten Schäden, für die die Verursacher der Trift aufkommen mussten, wurden in dieser Form beispielsweise im 16. Jahrhundert enorme Mengen an Holz auf dem Lech transportiert. Die Stadt Augsburg veranstaltete jährlich große Triften, bei denen z. B. 1563 ca. 250 000 Trifthölzer über 175 Flusskilometer von Stanzach nach Augsburg geschwemmt wurden, *Schilling* (2014, S. 39).

Bereits die Römer flößten Holz und Baumaterial, z. B. die in Augsburg vielfach verbauten Kalktuffe aus der Hurlacher Tuffschwelle, allerdings gibt es dafür fast nur indirekte Belege in Form von verbauten Tuffen in datierbaren Gebäuderelikten. *Raster* (1979, S. 69 f.) berichtet von 13 Tuffquadern, die 1913 bei Kanalisationsarbeiten gefunden wurden. Diese Quader belegen eine Flusssohlentiefe, die erst durch die rasche Eintiefung des Lechs nach den Korrektionsmaßnahmen im 19. Jahrhundert wieder erreicht wurde. Vor einigen Jahren gelang ein direkter Nachweis, denn es konnte in Augsburg eine römische Hafenanlage mit Floßländen ergraben werden, vgl. dazu die Ausstellung im Maximiliansmuseum 2019 und *Kießling* (2013, S. 17). Sie bezeugt eindeutig die Bedeutung der Flößerei und vermittelt uns mit den recht massiven Hölzern einen Eindruck vom Eingriff in den Strömungsraum.

Die ältesten urkundlichen Nachweise, die die Flößerei auf dem Lech belegen, stammen aus dem Jahr 1280. Floßländen waren meist gleichzeitig Warenumschlagsplatz und verursachten allein schon wegen der notwendigen Kaimauer größere Eingriffe in den Fluss. Nach *Raster* (1979, S. 102) gab es seit dem Mittelalter bis ins 19. Jahrhundert Floßländen in Füssen, bei Dietringen, Lechbruck, Schongau, Lechmühlen, Landsberg, Scheuring, in Augsburg beim Hochablass und in Lechhausen, Gersthofen, Meitingen und Rain. Transportiert wurden u. a. Seidenwaren, Tuche, Samt, Gold, Silber, Zucker, Gewürze, Seife, Gips, Kalk und andere Steine, Wein, Öl, Galmei (Zinkerz), Rausch (Metalldraht), Vieh, Käse, Fische und natürlich das Holz der Flöße selbst. Im Jahr 1575 wurden an der Augsburger Lände 2362 Flöße registriert, bis 1600 steigerte sich die Zahl auf 3868, nach *Raster* (1979, S. 106 ff.).

Im 15. Jahrhundert gruben die Augsburger für die Handelswaren aus Italien, die auf Flößen herantransportiert wurde, einen eigenen Kanal in die Stadt: „1494 um sant Michels tag hat ain rat den Lech von Haustetten bei sant Servaci und sant Niclaus hereingraben, zů dem ersten mit den pflůgen aus dem spital, darnach durch taglöner, damit man das gůt, das man von Venedig pringt, auf dem Lech von Haustetten gen Augspurg fier auff den flessen." Chronik des Clemens Sender, zitiert bei *Löser* (2014, S. 25). Um 1600 waren der Holzbedarf Augsburgs und die Handelsaktivitäten der Fugger und Welser so groß, dass jährlich bis zu 4000 Flöße den Lech befuhren. Beispielsweise kaufte das Augsburger Proviantamt im Außerfern, dem Gebiet diesseits des Fernpasses, ganze Wälder auf und ließ das Holz in die Stadt flößen und triften, *Filser* (2016, S. 23).

Die Lechflößerei hatte ihre Blütezeit im 18. und 19. Jahrhundert. Im Jahr 1843 wurden 4772 Flöße gezählt, die die Floßgasse des Hochablasses in Augsburg passierten. Sie transportierten zusätzlich zu den tragenden Baumstämmen auch Decklasten, das waren Baustoffe, aber auch Handelswaren, die z. B. aus Venedig kamen, *Kluger* (2013a, S. 56).

Mit der Entwicklung des Eisenbahnnetzes erwuchs der Schifffahrt und besonders der Flößerei eine preiswerte und schnelle Konkurrenz, die letztendlich die Rolle des Lechs als Verkehrsachse beendete, vgl. dazu *Paulus* und *Fleischer* (2016, S. 111). Hinzu kamen Behinderungen der Flößerei durch Wehre und Kanäle, die besonders im Raum Augsburg für die aufkommende Industrie benötigt wurden. Nach der Hochwasserkatastrophe des Jahres 1910, bei der auch der Hochablass in Augsburg zerstört wurde, kam die Holzflößerei auf dem Lech völlig zum Erliegen, *Schilling* (2014, S. 45).

Nur am Rande seien Pläne zur Schiffbarmachung des Lechs erwähnt. Sie blieben in der Planungsphase stecken, lieferten jedoch den Anstoß für den späteren Lechseitenkanal. Dieser wurde ursprünglich gebaut, damit später einmal Schiffe die Staustufe des ersten Kraftwerks in Gersthofen mit Hilfe einer Schleuse umfahren konnten, vgl. dazu *Kluger* (2013a, S. 113 ff.).

9 Entnahme von Geschiebe und Geröll

Die Entnahme von Kies und Geschiebe aus dem Gerinnebett verändert das Belastungsverhältnis eines Flusses, er kann weniger Geröll aufnehmen und muss weniger Last schleppen. Dadurch wird Energie, die vorher beim Geschiebetransport verbraucht wurde, frei und es kommt zur Tiefen- oder Seitenerosion und damit zu einer Veränderung des Flussbetts. Die fluvioglazialen Schotter und Geschiebe des Lechs wurden und werden auch aus flussnahen Kiesgruben im Hochwasserbett und zum Teil direkt aus dem Fluss gewonnen. Die Entnahme von Geröll verändert somit neben dem Belastungsverhältnis auch den Strömungsraum und damit die Strömungsgeschwindigkeit.

Die wohl ältesten nachweisbaren Massenentnahmen aus dem Uferbereich des Lechs bzw. aus seiner Aue geschahen in römischer Zeit. Und zwar wurden aus der Hurlacher Tuffschwelle Mauerquader gewonnen. Die Steine wurden vermutlich per Floß nach Augsburg transportiert. Dieser Tuff ist eine letztinterglaziale Bildung und kann noch heute in Augsburg in den Fundamenten aller romanischen Kirchenbauten, wo die römischen Werksteine wiederverwendet wurden, gefunden werden, vgl. dazu *Raster* (1979, S. 127), *Gesslein* und *Schellmann* (2016, S. 210 ff.).

Zu Beginn der frühen Neuzeit wurden in Augsburg die Straßen und Gassen gepflastert. Viele arme Leute ernährten sich vom Pflastersteinmachen. Dazu fischten sie Geröll aus dem Lech, brachten es in die gewünschte Form und versuchten, mit dem Verkauf der Pflastersteine ihren Lebensunterhalt zu sichern, *Löser* (2014, S. 25).

Die Entnahme von Kalkstein u. a. zur Kalkbrennerei war im Mittelalter bis zur Industrialisierung viel geübte Praxis. So wurde in Augsburg Hochzoll ein Kalkofen bis 1910 für die Kalkbrennerei auf der Grundlage von Lechgeröll betrieben. Die zahlreichen Flur- und Straßennamen in der Nähe des Lechs zeigen uns heute noch, wie verbreitet die Geröllentnahme und die darauf fußende Kalkbrennerei war. *Raster* (1979, S. 128 f.) bringt Nachweise aus Hohenschwangau, Weißenbach, Füssen, Hirschau, Epfachmühle, Mundraching, Rauhenlechsberg, Scheuring, Schongau und Augsburg.

Groß angelegte Baggerungen von Kies begannen spätestens 1910, vgl. Abb. 27. *Bauer* (1979, S. 26) geht jedoch davon aus, dass auch schon in den Jahrzehnten vor 1910 kleinere Mengen an Kies entnommen wurden. In diesem Jahr wurden dem Lech 73 000 m³ Kies zwischen Hochablass und Donaumündung entzogen. Die Entnahmemenge steigerte sich bis zum Beginn der 20er Jahre des letzten Jahrhunderts auf 260 000 m³ jährlich. Ähnliche Werte wurden noch einmal in den 70er Jahren des letzten Jahrhunderts erreicht.

Einen Geschiebeentzug ganz besonderer Art stellen die Staustufen der Lechkraftwerke dar. Denn jede Staustufe ist ein Querbauwerk, vor dem das Transportgut des Flusses sedimentiert wird. Der Geschiebeentzug beginnt am Forggensee, der in der Landesplanung als Vorranggebiet für Kiesabbau ausgewiesen ist. Aus dem Stausee werden seit seinem Bau jährlich jeweils im Winter bei niedrigem Wasserstand 20 000 m³ bis 40 000 m³ Geröll und Kies gebaggert. Das ist ein Teil jener 110 000 m³ Gerölls, das der Lech jedes Jahr anliefert, *Bauer* (1979, S. 13). Der Stausee hat damit die Funktion einer ersten Sedimentfalle übernommen. Das ist aus technischen Gründen notwendig, denn bereits Sand und in noch stärkerem Maß Kies würden die Turbinen zerstören. Allein deshalb muss die Staustufenkette den Geschiebetransport vollständig unterbinden, vgl. dazu *Liepert* (2012, S. 5). Führt der Lech Hochwasser, ist das Belastungsverhältnis des Flusses < 1, es besteht somit ein Defizit an Geschiebe, durch dessen Transport Energie verbraucht würde. Aus diesem Grund sättigt der Lech sein Lastdefizit in den Flussstrecken zwischen den Staustufen durch lokale Erosion. Dazu lockert er Geröll aus dem Flussbett und transportiert es ab. Dies geschieht besonders in Kolken unterhalb von Sohlschwellen und durch Seitenerosion. Diese Erosion kann Bauwerke wie Brückenpfeiler und Sohlschwellen unterspülen und zum Einsturz bringen.

Bauer (1979, S. 26) schreibt dazu: „… die Baggerungen mögen … nach Hochwasserjahren notwendig gewesen sein, in den späteren Jahren haben jedoch alle über die halbe natürliche Geschiebezufuhr hinausgehenden Kiesentnahmen mit Sicher-

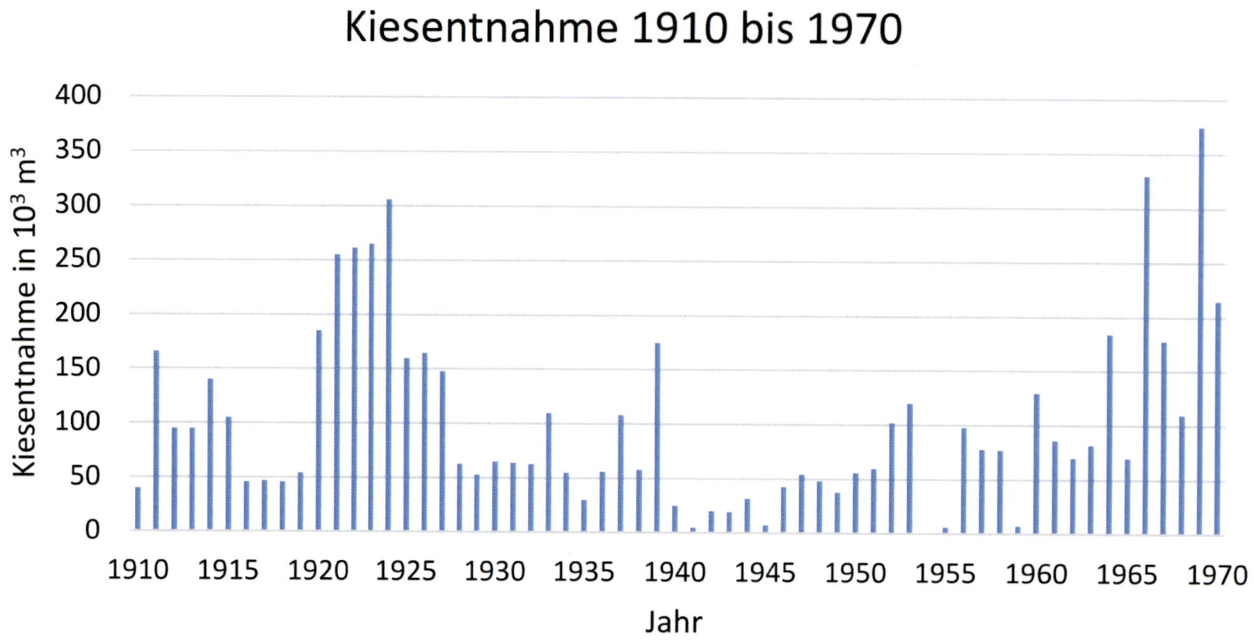

Abb. 27: Kiesentnahme aus dem Lech. Zwischen Augsburg und der Mündung des Lechs in die Donau wurden aus dem Lech jährlich große Mengen Kies gebaggert, nach *Bauer* (1979, S. 27), verändert.

heit zur Eintiefung des Lechs beigetragen.“ *Bauer* hat für die Jahre nach 1960 eine durchschnittliche Eintiefungsrate von bis zu 4,5 cm bis 6 cm pro Jahr errechnet.

Durch die Eintiefung des Lechs sinkt auch der Grundwasserspiegel der angrenzenden Flussaue und es besteht die Gefahr einer beschleunigten Tieferlegung, wenn die erosionsanfälligen Flinzschichten angeschnitten werden, vgl. dazu Kapitel 16 und besonders Abb. 53.

Erwähnt werden müssen auch die zahlreichen Kiesgruben und Baggerseen in der Flussaue am gesamten Lechlauf. Sie greifen zwar meist nicht unmittelbar in das Abflussgeschehen des Lechs ein, aber es sind Grundwasserblänken und der Grundwasserabstrom des Flusses füllt sie mit Wasser. Die offenen Wasserflächen erhöhen einerseits die Verdunstung, andererseits können über diese Grundwasseraufschlüsse auch Verunreinigungen leichter eindringen. Ein Beispiel für solch einen Baggersee ist der Weitmannsee bei Augsburg. Die Kiesgewinnung wurde längst eingestellt. Heute wird der Baggersee, der in der durch einen Deich abgetrennten Flussaue liegt, als Naherholungsgebiet touristisch genutzt.

Inzwischen versucht man, den Erosionsdrang des Lechs durch die gezielte Zugabe von Kies zu bremsen, vgl. dazu *Wasserwirtschaftsamt Donauwörth*, (18. Juli 2019). Da man diesen Kies dem Fluss an einer anderen Stelle entnehmen muss, besteht die Gefahr, an der Entnahmestelle erneut einen Teufelskreis in Gang zu setzen.

10 Wasserversorgung und Abwasser

In vielen Landschaften ist die Trinkwasserversorgung die Ursache für schwerwiegende Eingriffe in die Hydrosphäre. Sei es, dass durch die Gewinnung von Grundwasser Bäche zeitweise trockenfallen oder ganz verschwinden oder, dass durch Staumauern der Oberflächenabfluss stark verändert wird. Im Einzugsgebiet des Lechs treten diese Probleme weniger auf, denn das Wasserdargebot ist durch die durchweg hohen Niederschläge und die meist günstige hydrogeologische Situation überwiegend gut bis sehr gut, vgl. dazu Kapitel 2. Dadurch wird die Schwere des Eingriffs in den Wasserhaushalt, der durch Trinkwassergewinnung zweifellos vorhanden ist, unterhalb einer kritischen Grenze gehalten.

Die Trinkwassergewinnung in vorrömischer Zeit stützte sich auf Quellen, Zisternen und einzelne Schachtbrunnen, die das oberflächennahe Grundwasser erschlossen. Da zum Heben des Wassers menschliche oder tierische Arbeit notwendig war, kann man davon ausgehen, dass in der damals noch recht dünn besiedelten Landschaft keine größeren, dauerhaften Schäden gesetzt wurden. Das änderte sich erst mit dem Auftreten der Römer. Sie brachten mit ihrer hochstehenden Kultur auch eine gut organisierte Wasserwirtschaft mit. Ländliche Siedlungen, Städte und Kastelle wurden meist durch Brunnen und Quellfassungen mit Wasser versorgt. Auch Bäche wurden für die Wasserversorgung gestaut. Oft führten Deicheln, gemauerte Kanäle oder mit Ziegeln gedeckte Gräben das fließende Wasser von den Quellen und Wehren in diese Orte, zu denen in der Regel auch eine Therme gehörte. Sie bestand aus Kaltbad (frigidarium) mit Wasserbecken (piscina), lauwarmen Bad (tepidarium) und Heißwasserwanne (caldarium). Städte wie Augsburg besaßen mehrere Thermen. Allein durch diese Badekultur stieg der Wasserverbrauch beträchtlich an. Das wirkte sich natürlich auch auf die Entnahmemenge und damit auf die Schwere des Eingriffs in den Wasserhaushalt aus, vgl. dazu *Grewe* (2014).

In der Stadt Augsburg hat die Wasserversorgung eine über 2000-jährige Tradition. Sie ist Teil einer sehr umfassenden Wasserwirtschaft, die vornehmlich von Lech und Wertach geprägt ist und im Zuge der Anerkennung als UNESCO Weltkulturerbe hervorragend dokumentiert wurde. U. a. sind folgende Publikationen zu nennen: *Emmendörffer* und *Trepesch* (2018), *Häußler* (2010; 2015), *Kluger* (2013a; 2013b; 2015; 2018), *Liebig* (2017), *Otillinger* (2017), *Stadt Augsburg* (2017), *Stadtwerke Augsburg Wasser GmbH* (o. J.), *Voigt* (2018). Auf diese Literatur stützt sich die folgende Kurzdarstellung der Wassergewinnung.

Ein erster größerer Eingriff in den Wasserhaushalt erfolgte durch die Römer mit der Beileitung von Wasser aus der Singold. Die Entnahmestelle an diesem Bach liegt etwa 35 km von der Stadt entfernt. Der Singold wurden vermutlich über 1,1 m³/sec Wasser entnommen und in einem offenen Grabensystem, das an verschiedenen Stellen archäologisch untersucht wurde, in die römische Siedlung geleitet. Ob es sich beim Wasser aus der Singold nur um Brauchwasser handelte, wie die offene Zuleitung vermuten lässt, oder ob das Wasser auch als Trinkwasser genutzt wurde, muss vorerst unbeantwortet bleiben. Der Wasserverbrauch der Römer entspricht jedenfalls dem heutigen Wasserverbrauch in Augsburg!

Wie lange die Zuleitung von Singoldwasser in die Stadt funktionierte, ist nicht bekannt. Aber wir müssen davon ausgehen, dass sich die Trinkwasserversorgung im frühen Mittelalter vornehmlich auf Zisternen, Schacht- und Ziehbrunnen stützte.

Mit dem Aufstieg Augsburgs zu einer der bedeutendsten Städte des Heiligen Römischen Reiches Deutscher Nation, an dem Handelshäuser wie die der Fugger, Gossembrot, Höchstetter und Welser großen Anteil hatten – Papst Pius II. erachtete Augsburg gar als die reichste Stadt der Welt – kam der Wunsch nach einer guten Wasserversorgung mit springenden Brunnen auf, *Roeck* (2005, S. 91 ff.). Das war mit Schöpfbrunnen nicht möglich. Deshalb benötigte man unter Druck stehendes Wasser aus einer Wasserleitung. Im Jahr 1412 wurde ein erstes Pumpwerk beim Schwibbogentor gebaut. Es schöpfte das Wasser entweder aus einem Grundwasserbrunnen oder – wahrscheinlicher – aus dem Brunnenbach, der am Schwibbogentor in einem Aquädukt den Stadtgraben überquerte, und beförderte es in einen ersten hölzernen Wasserturm, der heute nicht mehr existiert. Schon nach kurzer Zeit wurde das wenig erfolgreiche erste Brunnenprojekt durch ein neues Wasserwerk mit dem 1416 fertiggestellten Großen Wasserturm ersetzt. Nun konnten sieben Brunnen in der Stadt zuverlässig mit springendem Wasser versorgt werden. Das Wasserwerk wurde bereits 1433 erweitert, sein Wasser stammte aus dem Brunnenbach, einem der zahlreichen Augsburger Stadtbäche. Zu diesem Zeitpunkt waren in der Stadt ca. 1,5 km hölzerne Deicheln verlegt. Der Große Wasserturm brannte ab, wurde umgebaut und erhöht und war bis 1879 in Betrieb. 1470 kam als weiterer der Kleine Wasserturm hinzu. Schließlich wurde eigens für die Versorgung der Augsburger Prachbrunnen 1599 der Kastenturm als dritter Hochspeicher im Wasserwerk am Roten Tor eingerichtet. Im Lauf der Zeit kamen weitere Wasserwerke mit weiteren Türmen hinzu, wie z. B. das Wasserwerk am Vogeltor mit eigenem Turm oder dem Jakober Wasserturm.

Im Jahr 1502 wurde dem Bischof erlaubt, seine Residenz an die Brunnenwasserleitung anzuschließen. Damit war eine neue Situation entstanden. Es war der erste Schritt zu unserer heutigen zentralen Wasserversorgung, bei der jedes Haus einen eigenen Wasseranschluss hat. Ab 1545 durften weitere reiche Bürger private Wasserleitungsanschlüsse einrichten. Bis zum Jahr 1753 konnten sich 637 Hausbesitzer fließendes Wasser leisten. Obwohl die Wasserversorgung mit den inzwischen fünf innerstädtischen Wasserwerken laufend ausgebaut wurde, kam man im Jahr 1865 lediglich auf eine Wasserförderung von ca. 70 l/sec. Im Vergleich mit der Wasserbeileitung der Römer war das gerade einmal ein Fünfzehntel für wesentlich mehr Einwohner. Vor Ausbruch des Dreißigjährigen Krieges lebten wohl ca. 50 000 Menschen in der Stadt. Allerdings halbierte sich diese Einwohnerzahl durch die Kriegsereignisse und stieg danach langsam wieder an.

In den Jahren 1832, 1854 und 1874 wütete die Cholera in Schwaben und besonders in Augsburg und forderte viele Todesopfer. 1877/78 erkrankten viele Menschen an Typhus. Zwar wurde kein eindeutiger Zusammenhang zwischen den Seuchen und verunreinigtem Trinkwasser hergestellt, aber trotzdem begann man mit der Suche nach gutem Trinkwasser und wurde in der Lechaue im Siebentischwald fündig. Ab 1877 wurden Wasserleitungen gebaut und Brunnen abgeteuft. Bis 1879 waren 54 km Leitungen verlegt und das neue Wasserwerk in der Nähe des Hochablasses, das dank der neuartigen Druckwindkessel ohne Wasserturm auskam, konnte in Betrieb gehen. Lieferte anfangs noch der Lech die nötige Energie zum Betrieb der Pumpen, so kamen ab 1885 die Dampfkraft und ab 1935 der Dieselmotor hinzu. Mit dem neuen Wasserwerk kam auch eine Anschlusspflicht an die Wasserleitung und es wurde möglich, alle Häuser im Stadtgebiet samt deren Obergeschossen mit gutem Trinkwasser zu versorgen. Die Bedingungen für die Trinkwasserversorgung sind in Augsburg insgesamt sehr günstig. In der Vergangenheit stützte sie sich auf folgende Ressourcen:

- Zisternen, die Wasser von Dachflächen sammelten, das sogenannte Spatzenschisswasser
- Flusswasser aus der Singold in römischer Zeit
- den obersten Grundwasserhorizont, der durch private und öffentliche Schacht- und Ziehbrunnen erschlossen wurde. Später kamen auch Pumpbrunnen dazu, letztere werden als Gumper bezeichnet. Sie waren vom frühen Mittelalter bis ins 19. Jahrhundert in Gebrauch
- Oberflächenwasser, das in kleinen Quellen, den Gießern, im Stadtwald und Siebentischwald südlich der Stadt in der Flussaue von Lech und Wertach zu Tage tritt und über die Stadtbäche nach Augsburg geleitet wird. Diese Stadtbäche, – sie werden meist als Brunnenbäche bezeichnet – sind nicht zu verwechseln mit den Lechen, die ihr Wasser durch Aufstau des Lechs erhalten und vornehmlich der Kraft- und Stromerzeugung dienen. Das Oberflächenwasser der Stadtbäche war in den Wasserwerken vom 13. Jahrhundert ab bis zur Inbetriebnahme der modernen Wasserleitung 1879 die tragende Säule der Trinkwasserversorgung.

Heute wird die Stadt Augsburg mit Grundwasser aus ca. 70 Brunnen in der Lechaue zwischen Augsburg Hochzoll bis etwa Königsbrunn und aus Leitershofen versorgt. Dieses Wasser, das heute die Stadtwerke nutzen, stammt

- zu etwa 2/3 aus Brunnenbohrungen, die aus den quartären Schottern das Wasser aus Tiefen zwischen 2 m bis 12 m pumpen
- zum restlichen Drittel aus dem zweiten Grundwasserstockwerk unter den quartären Schichten aus Tiefen zwischen 40 m bis 80 m
- bei Leitershofen wurden zwei weitere Brunnen ins Tertiär bis 240 m Tiefe abgeteuft. Ihr sauer-

stoffarmes und manganreiches Wasser wird nur relativ sparsam zugemischt.

Um die Frage nach der Schwere des Eingriffs in die Wasserkreisläufe zu beantworten, müssen wir versuchen, die einzelnen Gewinnungsarten zu bewerten. Die römische Wassergewinnung, von der wir wahrscheinlich nur die des Brauchwassers genauer kennen, griff relativ stark in das Oberflächengewässer Singold ein. Der langjährige mittlere Abfluss MQ der Singold beträgt am Pegel Langerringen – dieser Pegel liegt unterhalb der römischen Wasserentnahme bei Großkitzighofen – 2,06 m^3/sec, die mittlere Niedrigwasserführung MNQ liegt bei 1,64 m^3/sec, *Bayerisches Landesamt für Umwelt* (2014b). Damit wurde zumindest in abflussarmen Zeiten der Bach mehr oder weniger trockengelegt. Dies trifft natürlich nur zu, wenn der Abflussgang der Römerzeit dem heute gemessenen sehr ähnlich ist. Wie lange diese Wasserzuleitung nach dem Verfall des Römischen Reiches noch genutzt wurde, ist unbekannt. Wir wissen jedoch, dass sich die Trinkwasserversorgung im Mittelalter weitgehend auf Brunnenschächte und Zisternen stützte. Damit war die Wassergewinnung wieder wie in vorrömischer Zeit mit menschlicher Arbeit verbunden und somit begrenzt. Die Eingriffe in den Wasserhaushalt waren deshalb im Vergleich mit der römischen Wasserversorgung relativ geringfügig. Das gilt jedoch nicht für die Lechbäche, die an anderer Stelle behandelt wurden (vgl. Kapitel 11 und 12). Mit dem Bau des ersten Wasserwerks 1412 änderten sich die Verhältnisse. Aber da die Wassergewinnung größtenteils aus den Augsburger Brunnenbächen schöpfte, wurde lediglich dem Lech der Zustrom von geringen Mengen zusätzlichen Quellwassers entzogen. Angesichts der geförderten Wassermengen und der Tatsache, dass ein Großteil des Wassers wieder versickerte oder in Stadtbäche floss, kam keine nennenswerte neue Beeinträchtigung des Wasserhaushalts hinzu.

Das neue Wasserwerk aus dem Jahr 1879 stellt in Verbindung mit Anschlusszwang und der flächendeckenden Erschließung der Stadt zweifelsohne eine neue Dimension des Eingriffs in den Wasserhaushalt dar. Allerdings ist angesichts der günstigen Randbedingungen die Gewinnung von Trinkwasser durch die Stadtwerke Augsburg immer noch relativ nachhaltig. Das bedeutet, es wird wesentlich weniger Grundwasser gepumpt, als im Einzugsbereich der Brunnen durch Niederschlag entsteht, *Stadtwerke Augsburg Wasser GmbH* (o. J.). Somit entstehen keine größeren dauerhaften ökologischen Schäden durch die Eingriffe in den Grundwasserhaushalt.

Die Wassergewinnung litt jedoch erheblich unter den Korrektionsmaßnahmen an Lech und Wertach, in deren Folge es zu beträchtlichen Grundwasserabsenkungen kam. 1954 wird von einer Absenkung des Wasserspiegels im Grundwasserabstrom der Wertach von 12 m bei Schwabmünchen berichtet, (*Fendt* 2018, S. 164). Auch vom Lech sind Eintiefungsraten von 8 und mehr Metern bekannt. Diese durch Flussbaumaßnahmen verursachte Tiefenerosion gefährdete schließlich in erheblichem Maß die Trinkwassergewinnung. *Liebig* (2017, S. 177) zeigt, dass seit 1912 vier Quellbäche, nämlich Jägerbach, Ochsen- und Ziegelmoorbächlein und Blauer Gumper vollständig oder streckenweise ausgetrocknet sind. Das lieferte einerseits einen Anstoß zum Nachdenken über die Tauglichkeit der Flusskorrektion und führte andererseits dazu, dass ausgetrockneten Quellbächen und Gießern Lechwasser zugeführt wurde.

Die Kanalisation ist gewissermaßen die Fortsetzung der Wasserversorgung. Abwässer, meist in Form von Fäkalien, waren früher oft angereichert mit Tierkadavern, Schlachtabfällen und anderem Müll. Hinzu kommen Salze und toxische Stoffe und solche, die bei ihrem Abbau übermäßig Sauerstoff verzehren oder Nährstoffe, die das Algenwachstum fördern. Sie alle verschmutzen die Gewässer und schädigen Fauna und Flora. Im ungünstigsten Fall wurden sie über das Trinkwasser auch gefährlich für den Menschen.

Obwohl Augsburg seit der Zeitenwende als städtische Siedlung existiert und Abwasser in jeder Siedlung entsteht, ist über diese Thematik aus römischer Zeit nichts Gesichertes bekannt. Ein erster urkundlicher Beleg für eine frühe Kanalisation der Stadt stammt mit dem Mettlochkanal aus dem Jahr 1264. Die ersten baulichen Anfänge des Kanals reichen jedoch bis ins 10. Jahrhundert zurück. Dieser Kanal ist einer der ersten geplanten, unterirdisch verlaufenden Abwasserkanäle in Mitteleuropa überhaupt. Seine Aufgabe war allein der Abtransport von Fäkalien und sonstigem Unrat aus der Stadt vom Mettlochgässchen über die Annastraße, Steingasse und Karolinenstraße zum nächstgelegenen Vorfluter, dem Lech bzw. einem seiner Kanäle. Im 16. und 17. Jahrhundert war Augsburg eine der ganz wenigen Städte in Deutschland, die bereits ein umfangreiches Kanalnetz besaß.

Das Augsburger Stadtrechtsbuch aus dem Jahr 1276 ist eine der sehr frühen städtischen Rechtssammlungen und regelt mit mehreren Artikeln Abwasserfragen. So gab es bestimmte Stellen, an denen der Inhalt von „louben" oder „laeublin" – das war eine der gängigen Bezeichnungen für die damals üblichen Aborte – in den Lech gekippt werden durften. Wo immer möglich, wurden Fäkalien und die meisten anderen Abfälle und auch Tierkadaver direkt unterhalb der Siedlung in Lech und Wertach oder in einen der Lechkanäle geleitet bzw. gekippt, vgl. dazu *Kohl* (2010, S. 13 ff.).

Bis Mitte des 19. Jahrhunderts wurde zwar das Kanalnetz der Stadt ständig erweitert, aber aller Abfall und besonders die Abwässer aus Gewerbebetrieben und Fäkalien gelangten ungeklärt in den Lech und waren somit trotz Kanalisation eine ökologische Belastung des Flusswassers, die sich schädlich auf Flora und Fauna des Vorfluters auswirkte.

Dies änderte sich erst mit der Kloakenreform in den 1860er Jahren. Man entschied sich in Augsburg für das Trennsystem und damit für das Sammeln der Fäkalien in Tonnen und ihre Abfuhr aufs Land oder in eine „Fäkal-Extract-Fabrik". Düng- und Versitzgruben wurden ab da jeweils in der Nacht entleert und ihr Inhalt zumindest teilweise abtransportiert. Durch das Trennsystem kam es erstmals zu einer geringfügigen Entlastung des Flusses, denn der Düngewert der Fäkalien war erkannt worden, vgl. *Kohl* (2010, S. 55 ff.).

Um die vorletzte Jahrhundertwende herum war einerseits der Wunsch wohlhabender Bürger nach Wasserklosetts, die die Fäkalientonnen mit Spülwasser überlasteten, laut geworden, andererseits gab es eine Entscheidung der Regierung von Schwaben und Neuburg, nach der das unhygienische Tonnensystem nicht mehr geduldet wurde, so *Kohl* (2010, S. 79 ff.). Damit war der Startschuss für die Einrichtung einer neuen, jetzt die ganze Stadt erschließende Schwemmkanalisation gefallen. Ab 1910 wurden in den Straßen Kanalrohre für diese neue Infrastruktur verlegt. Freilich handelte es sich dabei immer noch lediglich um ein Kanalnetz, das als Mischkanalisation Niederschlags- und Schmutzwasser aufnahm und als Abwasser ungeklärt in den Vorfluter Lech entließ, *Fendt* (2018, S. 163). Eine Genehmigung der Einleitung machte die Regierung vom Verdünnungsgrad der Fäkalien abhängig. Dank der guten Wasserversorgung der Stadt konnte man einen Wasserverbrauch von ca. 250 l/Kopf/Tag nachweisen und kam so je nach anzusetzender Einwohnerzahl auf ein Verdünnungsverhältnis zwischen 1 zu 104 bis 1 zu 173, so *Kohl* (2010, S. 84). Ab 1908 wurde die wasserpolizeiliche Genehmigung der Abwassereinleitung in den Lech vom Bau mindestens einer mechanischen Kläranlage abhängig gemacht. Der Münchner Biologe und Leiter der Biologischen Versuchsstation, Prof. *Hofer*, beschreibt in einem Gutachten von 1909 die Wasserbelastung in Wertach und Lech, die beide Vorfluter für ungeklärte Abwässer Augsburgs waren: „Das ganze Bett [der Wertach] ist mit starkem stinkendem Schlamm durchsetzt, [an manchen Stellen mit] ausgedehnten Schlammbänken in hochgradiger Fäulnis …", Hofer, zitiert bei *Kohl* (2010, S. 90). Nach *Kohl* (2010) führt *Hofer* weiter aus, dass auf dem Wasser großflächig Öl und Schmiermaterialien schwimmen und Flora und Fauna stark geschädigt seien, deshalb sei eine mechanische Klärung der Abwässer vor ihrer Einleitung in den Lech unabdingbar. Zusätzlich müssten die Augsburger Fabrikabwässer auf chemische Verunreinigungen untersucht werden, gegebenenfalls müssten fabrikeigene Kläranlagen zusätzlich vorgeschaltet werden, nach *Kohl* (2010, S. 90 f.). 1916 werden die ersten Maßnahmen zur mechanischen Reinigung in Lechhausen für einen Teil des Augsburger Stadtgebiets in Betrieb genommen. Allerdings wurden von den Stabgittern dieser „Kläranlage" lediglich „die grobsinnlichen Stoffe" zurückgehalten, (*Fendt* 2018, S. 163). Bereits zwei Jahre früher wurden zwei Emscherbrunnen in Betrieb genommen. Dabei handelt es sich um zweikammerige mechanische Kläranlagen, in denen Absetz- und Faulprozess getrennt stattfinden und der Faulschlamm entnommen werden kann. Erst in den Jahren 1954 bis 56 wurde eine mechanische Sammelkläranlage für das gesamte Stadtgebiet an der Stadtgrenze zu Gersthofen gebaut, nachdem es ständig Beschwerden wegen der starken Fäkalverschmutzung des Lechs gegeben hatte. Steigende Einwohnerzahlen, industrielles Wachstum mit stärkerer Belastung des Abwassers und die Vergrößerung des Einzugsgebiets der Kanalisation führten dazu, dass die Wasserqualität im Lech unterhalb der Einleitung aus Augsburg auf die Güteklasse IV – das bedeutet „übermäßig stark verschmutzt" (schlechteste Qualitätsstufe!) – sank! Der Fischereiverband beschrieb den Zustand des Lechs und seiner Zuflüsse 1973 mit drastischen Worten: „… zu starke Belastung durch Abwässer, Vergiftung durch anorganische oder organische Abwässer, steril durch Versandung, aus dem Gleichgewicht gebracht durch erhebliche Erwärmung des Wassers, Wasserentnahme, Bau von Kraftwerken, Zerstückelung durch Wehrbauten … [das Flusswasser sei] getrübt, verschmutzt, verfärbt, Faulschlammbildung, Veralgung, Verkrautung, ohne Pflanzenbestand, schlammige Abwasserpilzmassen bedecken die Sohle oder füllen den ganzen Gewässerlauf aus, schwarze Sohlsteine, weißgefärbte Schlammkronen … verödete, tote Gewässerstrecken …“, *Wiesner* (1986, S. 67 f.). Wegen dieser enormen Gewässerverschmutzung wurde in Augsburg das mechanische Klärwerk mit Rechen, Vorklärung und Faulbehältern 1980 durch eine biologische Klärstufe mit Belebung und Nachklärung ergänzt. Nach weiteren Nachbesserungen wurde in den 90er Jahren des letzten Jahrhunderts wieder die Gewässergütestufe II, also „mäßig belastet“, erreicht, *Kohl* (2010, S. 103 ff.).

Die Häuser einer Stadt verhindern auf ihrer überbauten Fläche das Versickern des Niederschlags. Sie versiegeln durch ihr Dach die Bodenflächen, in die kein Wasser mehr in den Boden eindringen kann. Der Regen wird vom Dach über Dachrinnen direkt in die Kanalisation geleitet und verursacht dort je nach Dauer und Ergiebigkeit der Niederschläge eine kleinere oder größere Flutwelle, die die Kapazität der Klärbecken überlasten würde. Deshalb gibt es in einem Kanalisationssystem einen „kurz geschlossenen“ Regenauslass direkt in den Vorfluter. Als man begann, die städtischen Straßen zu pflastern, vergrößerte man die versiegelte Fläche. Als Pflaster durch wesentlich dichtere Teerbeläge ersetzt wurde, verschärfte sich das Problem der Flächenversiegelung erneut. Bis heute nimmt die Flächenversiegelung durch fortschreitende Überbauung stark zu und liefert so einen zusätzlichen gewichtigen Beitrag zu Hochwasserspitzen. Darüber hinaus stellt die Flächenversiegelung in trockneren Regionen ein Problem für die so reduzierte Grundwasserneubildung dar.

Ähnlich wie in Augsburg hat sich die „Abwasserentsorgung“ in allen Siedlungen am Lech entwickelt. Überall entwässerten die Kanäle in den Fluss. In den 60er und 70er Jahren des letzten Jahrhunderts war die Abwasserbelastung der Flüsse in Deutschland am höchsten. Obwohl keine systematische Beprobung des Lechs auf die zahllosen Gewässerschadstoffe bekannt ist, müssen wir davon ausgehen, dass alle Schadstoffklassen den Fluss belasteten, vgl. dazu *Dyck* und *Peschke* (1995, S. 41 ff.), das sind:

- Sauerstoff zehrende, leicht abbaubare fäulnisfähige Abfälle, deren biologischer und chemischer Abbau Sauerstoff benötigt
- leicht abbaubare Pflanzennährstoffe wie Stickstoff und Phosphor aus Abwässern und der Landwirtschaft
- in der Regel schwer abbaubare Chemikalien und Biozide aus Industrie, Haushalt und Landwirtschaft
- anorganische, nicht abbaubare Mineralien, z. B. Schwermineralien wie Cadmium, Quecksilber, Blei, Nickel, Chrom u. a., Salze und Radionukleide
- Krankheitserreger in Form von Bakterien, Viren, Wurmeiern etc.
- dazu kommt die thermische Belastung durch die Kühlwasserentnahme.

Die Belastung eines Gewässers mit sauerstoffzehrenden Verschmutzungen wird mit dem biochemischen Sauerstoffbedarf ermittelt. Meist in Form des BSB_5, das ist die Menge Sauerstoff, die in den ersten fünf Tagen nach Einleitung zum bakteriellen aeroben Abbau benötigt wird. Beispielsweise kam es unterhalb der Einleitungsstelle der Abwässer von Schongau und Landsberg bis 1983 – in diesem Jahr ging die biologische Klärstufe in Betrieb – zu deutlich erhöhten Werten von BSB_5, des Gesamtphosphatgehalts und von NH_4-N, das ist der Ammonium-Stickstoffgehalt. NH_4-N ist ebenfalls ein gängiger Indikator für die biologische Belastung eines Gewässers, vgl. dazu *Bayerisches Landesamt für Wasserwirtschaft* (1984, S. 35 ff.).

Erst im späten 19. und im 20. Jahrhundert wurden in den Siedlungen am Lech zunächst mechanische Kläranlagen gebaut, die später durch biologische und chemische Reinigungsstufen ergänzt wurden. Zusätzlich wurde mit gesetzlichen Maßnahmen wie z. B. dem Wasserhaushaltsgesetz, das auf Bundesebene den rechtlichen Rahmen vorgab, eine Besserung eingeleitet. Dazu gehören auch sehr spezielle Regelungen wie das Detergentien- und später das Waschmittelgesetz und die Phosphathöchstmengenverordnung, durch die eine Reduktion des Eintrags von Schadstoffen erreicht wurde, vgl. dazu u. a. *Pöpel* und *Lotz* (1992) und *Giwer* (1986).

Zu den Belastungen durch Siedlungsabwässer kamen auch Industrieabwässer. Das trifft besonders auf das hochindustrialisierte Augsburg zu. Aber auch kleine Städte wie z. B. Schongau, wo 1888 der Filialbetrieb der Haindl'schen Papierfabrik zunächst als Holzschleiferei und später auch als Papierfabrik gegründet wurde, leitete große Abwassermengen lange Zeit unzureichend geklärt in den Lech. Bei der Papierherstellung entsteht durch den Einsatz natürlicher und künstlicher Rohstoffe eine hohe Schadstoffbelastung im Vorfluter. Die Fortschritte in der Abwasserreinigungstechnik ermöglichten es dem Unternehmen im 20. Jahrhundert, mit einer ausgeklügelten und aufwändigen Klärtechnik mit mechanischer Klärung und biologischer Filtration der enormen Gewässerbelastung zu begegnen. Immerhin war das Unternehmen zeitweise größter deutscher Papierhersteller, vgl. dazu *Rüdiger* (o. J.) und *Wikipedia*.

Auch der Eintrag von Nitrat und anderen Düngemitteln in die Gewässer wurde gegen Ende des letzten Jahrhunderts durch gesetzliche Maßnahmen, Düngeberatung der Landwirte und eine auf Kosteneinsparung bedachte Wirtschaftsweise reduziert.

11 Wasserkraft

Die Nutzung der Wasserkraft ist eng an die Entwicklung technischer Möglichkeiten gebunden und erfolgte zunächst mit Mühlrädern, die später durch Turbinen ersetzt wurden und schließlich in Verbindung mit Generatoren der Stromerzeugung dienten. In allen diesen Fällen greift der wirtschaftende Mensch in das Strömungsverhalten und damit in das Ökosystem eines Flusses ein. Je effektiver die Technik die Energie des Wassers nutzbar machen kann, desto schwerwiegender werden auch die ökologischen Eingriffe.

Begonnen hat die Nutzung mit Mühlrädern. In den meisten Fällen kommt zum Mühlrad, das dem Wasser Strömungsenergie entzieht und in das Moment einer Drehbewegung umwandelt, eine Stauvorrichtung und ein Kanal zur Ausleitung von Flusswasser. Mühlen sind in unserem Raum seit der Zeitenwende bekannt, vgl. *Czysz* (2016b). Sie zwingen durch ihre spezielle Art der Energiegewinnung den Nutzer der Wasserkraft an den Fluss und werden somit zum Standortfaktor für einzelne Gewerbestätten aber auch für Städte wie Augsburg, Landsberg oder Füssen.

Wegen der starken Geröllführung des Lechs konnten vielfach Mühlräder nicht direkt am Fluss gebaut werden, vgl. dazu *Bayerisches Landesamt für Wasserwirtschaft* (1984, S. 56). Deshalb wurden sie gern an Zuflüssen zum Lech angelegt, da man dort das Mühlrad direkt am Bach positionieren konnte, vgl. dazu Abb. 28.

Am Lech wurden Mühlen vermutlich von den Römern eingeführt. Sie betrieben in Augsburg kurz nach der Stadtgründung bereits die erste Getreidemühle. Auch wurden ca. 1000 l/sec Wasser aus der Singold in einem Kanal in die Provinzhauptstadt Augusta Vindelicum geleitet. Ob dieses Wasser oder Lechwasser zum Antrieb der Mühle diente, ist nicht bekannt. Weitere Mühlen werden vermutet, allerdings ist es noch nicht möglich, das wasserwirtschaftliche System dieser Zeit detailliert zu rekonstruieren, vgl. dazu *Häußler* (2015, S. 11 ff.). Jedoch sind für die benachbarten Siedlungen Dasing und Bobingen römische Mühlen nachgewiesen, so *Czysz* (2016a), *Gairhos* (2018, S. 44). In nachrömischer Zeit werden Mühlen auch in Urkunden fassbar. Für das Jahr 744 nennt *Häußler* (2015, S. 13 ff.) eine Mahlmühle an der Paar bei Dasing. Im Jahr 1012 werden in Urkunden in Augsburg die Wolfsmühle und die Blankenmühle erwähnt. Seit 1220 ist eine Mühle in Altenstadt bei Schongau bekannt, *Raster* (1979, S. 162 f.).

Wurde Lechwasser direkt genutzt, musste das Triebwasser für die Räder durch einen Mühlkanal aus dem Fluss ausgeleitet werden. Dies geschah entweder mit einem Schöpfkopf, der Wasser sammelte, oder mit einem Wehr. In beiden Fällen gab es Konfliktpotential mit anderen Nutzungen wie der Fischerei und Flößerei und es kam zu erheblichen Eingriffen in das Strömungsverhalten des Flusses. In Augsburg wurde die Wasserausleitung mit einem Wehr am Hochablass und einem daran anschließenden Kanalnetz perfektioniert. Im Augsburger Stadtrechtsbuch von 1276 werden bereits 10 Getreidemühlen und vier Lechkanäle mit einer Breite von 12 bis 16 Schuh (3,5 m bis 4,7 m) genannt. Es handelt sich um den Luitpolds-Lech, den Lessinger-Lech, den Gaymüller-Lech und den Röttinger-Lech, *Häußler* (2015, S. 15).

Das Karolinenwehr in Landsberg staut den Lech urkundlich nachweisbar seit 1390, vermutlich aber bereits seit der Mitte des 12. Jahrhunderts, denn der Mühlbach wurde wahrscheinlich mit der ersten Ummauerung der Stadt angelegt, die älteste nachweisbare Mühle bestand bereits 1218, vgl. dazu *Raster* (1979, S. 164 f.). Auf einer Stadtansicht aus dem Jahr 1440 können wir sehen, dass das Wehr aus einem Holztraggerüst mit hölzerner Abdeckung bestand, eine respektable Fallhöhe hatte und deshalb Sturzböden benötigt wurden. Vor dem Wehr zweigten eine Floßgasse und der Mühlkanal ab. Wie die meisten Lechwehre wurde auch das Karolinenwehr mehrfach durch Hochwasser zerstört, so z. B. in den Jahren 1550, 1570 und 1638. Vermutlich wurde das jetzige Wehr 1728/29 durch die heute noch existierende steinerne Mauer ersetzt, so *Schiechtl* (1981, S. 143 f.).

Für die Nutzung der Wasserkraft des Lechs wurden noch zahlreiche weitere Wehre in den Fluss gebaut: das Lechwehr bei Schongau, urkundlich nachweisbar ebenfalls im Jahr 1390; der Hochablass

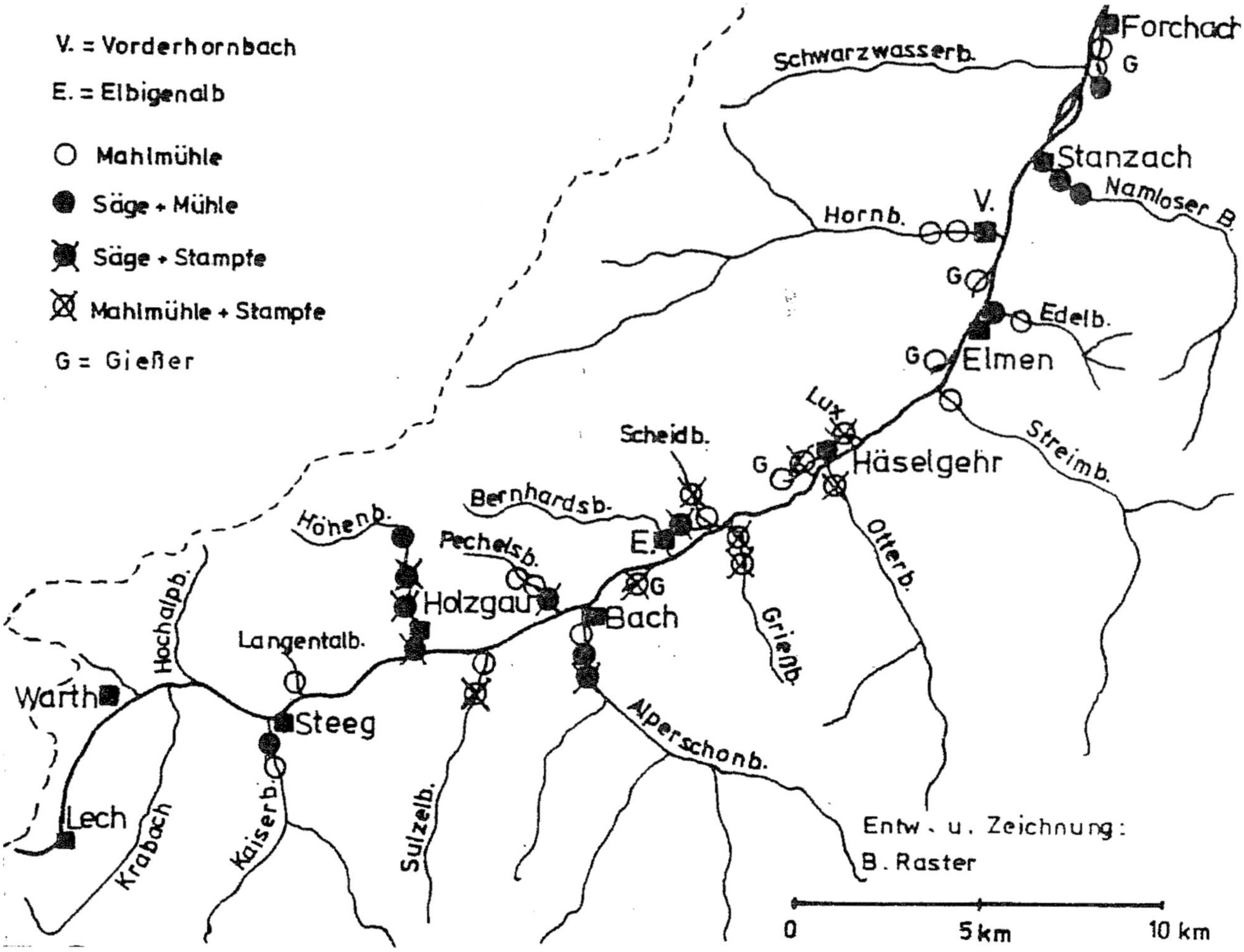

Abb. 28: Mühlstandorte an Seitenbächen des Lechs, Quelle: *Raster* (1979, S. 153).

bei Augsburg, der erstmals 1346 in Urkunden genannt wird, mit hoher Wahrscheinlichkeit aber wesentlich älter ist; in Füssen sind seit 1477 Mühlen nachgewiesen, ab 1782 wurde das gestaute Wasser durch einen Tunnel in die Mühlbäche abgeleitet; schließlich die seit 1559 existierende Lechableitung nebst Wehr in Aschau. Mit der Aschauer Lechableitung wurde etwa 1 m^3 Flusswasser pro Sekunde dem Lech entnommen und nach wenigen Kilometern wieder eingeleitet. An dem so mit Lechwasser versorgten Mühlkanal wurden bis zu sieben Mühlen betrieben: eine Schmiede mit einem Hammerwerk, vier Sägemühlen, eine Getreidemühle und eine Knochenstampfe. Die Reihe der Wehre setzt sich fort bis zum Beginn des Kraftwerksbaus. Das Schwarzenbachwehr bei Füssen wurde 1862 gebaut, das Lechbrucker Wehr 1889, schließlich das Lechwehr bei Gersthofen 1898 und das Kinsauer Wehr 1905. Noch 1939 wurde in Reutte in Tirol im Zuge der Lechregulierung ein alter Mühlkanal nebst Stau so erweitert, dass dem Fluss 36 m^3/sec Wasser entzogen wurde und er dadurch auf einer Länge von ca. 2 km bis zur Wiedereinleitung des Kanals für etwa drei Monate des Jahres trocken fiel. Die Stauhaltung hatte großen Einfluss auf die Geröllführung des Flusses und führte zur Akkumulation von Sand, Kies und Geröll oberhalb des Wehres. Wegen des geänderten Belastungsverhältnisses kam es zur verstärkten Erosion und Sohleneintiefung unterhalb des Staus, vgl. dazu Raster (1979, S. 156).

Entsprechend der Bedeutung der Wasserkraft wurde das Recht auf Wasserableitung aus dem Lech oft verbrieft. 1418 verlieh Kaiser Sigismund „… dieser Stadt [Augsburg] das Recht, den Lechfluß zu bauen, zu flößen, zu benützen, anzustechen, und allenfalsige Hindernisse mit Gewalt zu beseitigen.“ *Kluger* (2013a, S. 55). Kaiser Friedrich III. gestatte 1462, „… den Lech durch so viele Bäche als für nöthig erachtet, in die Stadt zu leiten.“ *Kluger* (2013a, S. 55). Insgesamt drei Verträge zwischen dem Herzog von Bayern und der Stadt Augsburg wurden in

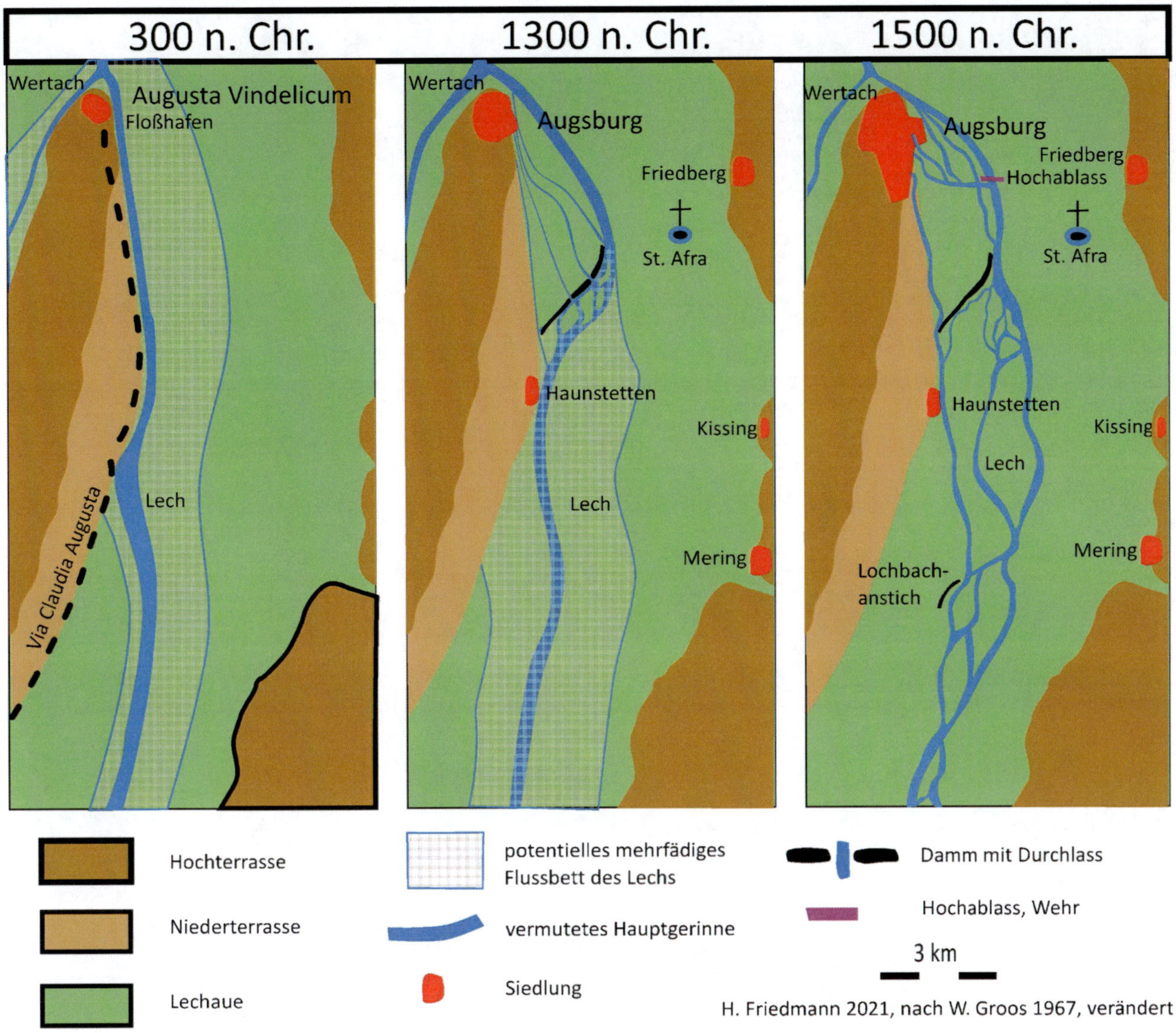

Abb. 29: Laufverlegung des Lechs seit 300 n. Chr. nach Osten, Quelle: *Walter Groos* (1967), verändert.

den Jahren 1470, 1558 und 1596 geschlossen, um der die Nutzung der Wasserkraft zu sichern, *Schiechtl* (1981, S. 142). Im Jahr 1552 erhielt Georg Fugger die Genehmigung von Herzog Albrecht von Bayern, oberhalb des Hochablasses weitere Wehre zu errichten. Vermutlich war das der Sebastiansanstich, vgl. dazu besonders *Raster* (1979, S. 155 ff.) und *Schiechtl* (1981, S. 135 ff.). Generell führte die Anzapfung bzw. der Teilstau des Lechs nach geomorphologischen Untersuchungen von *Groos* (1950; 1967) seit römischer Zeit zu einer Laufverlegung von der Kante der Niederterrasse im Westen zur Lage östlich von Haunstetten, vgl. Abb. 29. Ursächlich hierfür waren Dammbauten zur Sicherung des Lechanstichs. Die durch die Laufverlegung entstandenen Altwässer wurden später als Lechkanäle für die Versorgung von Mühlrädern genutzt.

Die Bedeutung der Wasserkraft für die Stadt Augsburg – die im Mittelalter und der frühen Neuzeit neben Köln und Nürnberg die bedeutendste Stadt im Heiligen Römischen Reich war – kommt auch in dem hohen Geldbetrag von 4000 Goldgulden zum Ausdruck, der für die Nutzungsrechte im Jahr 1470 an Herzog Albrecht IV v. Bayern gezahlt werden musste, nach *Häußler* (2015, S. 18).

Bis zum Vordringen der Wasserkraftturbinen, die ab 1839 am Lech installiert wurden, stützte sich die Wasserkraftnutzung der Augsburger Industrie allein auf Mühlräder unterschiedlicher Bauart. Mühlen verändern das Strömungsverhalten eines Flusses auf zweierlei Weise. Einerseits taucht die Mühlschaufel ins strömende Wasser und entzieht ihm Energie oder das Wasser wird bei oberschlächtigen Rädern über dieses geleitet, andererseits ist

Abb. 30: Lechkanäle in Augsburg um 1635. Der Stadtbaumeister Elias Holl zeichnete um 1635 eine Karte mit den damaligen Lechkanälen, Mühlen, Eisenhämmern u.a., Quelle: (*Stadtarchiv Augsburg KPS 01361 1635*).

Abb. 31: Hochablass in Augsburg. Die Wehranlage am Hochablass in Augsburg mit einer Stauhöhe von 6,3 m, an der bis zu 45 m³ pro Sekunde Wasser abgeleitet werden können. Das entspricht mehr als 2/3 des mittleren Abflusses MQ im Winterhalbjahr! Nach *Bayerisches Landesamt für Umwelt*, Foto: Friedmann.

zum ungestörten Betrieb des Wasserrades ein Mühlkanal notwendig. Zur Wasserversorgung der zahlreichen Mühlen wird Augsburg von einem ca. 135 km langen Kanalsystem durchzogen, das hauptsächlich von zwei Lechanstichen gespeist wird, vom Hochablass und vom Lochbachanstich. Ein weiterer Anstich war der Sebastiansanstich. Ein solcher Flussanstich ist in der Regel mit einem Wehr oder einer Staumauer verbunden, unterbricht also die Strömung, hält Geschiebe zurück und stört die longitudinale Durchgängigkeit des Flusses für Geschiebe, Flora und Fauna. Die Gewässerökologie wird damit grundlegend verändert. Von dem Renaissancebaumeister Elias Holl, der auch für die Stadtkanäle verantwortlich war, stammt eine frühe Karte der Lechkanäle in Augsburg, vgl. Abb. 30.

Zumindest der Augsburger Hochablass hat ein sehr hohes Alter, siehe Abb. 31. Seit 1346 ist das Wehr, das für die Speisung der Lechkanäle notwendig war, urkundlich gesichert. Bei einem verheerenden Hochwasser wurde es zerstört, *Kluger* (2013a, S. 54f.). Allerdings werden die Lechkanäle der Stadt, deren Voraussetzung ein Wehr oder ein Damm bzw. Schöpfkopf im Lech ist, bereits 1276 genannt. Und bereits 1012 sind Mühlen in der Stadt bezeugt. Auch in römischer Zeit gab es schon Mühlen in der Stadt. Auch für sie wurde Lechwasser genutzt. 1378 berichten Urkunden erstmal über den neu gestalteten Ablass, *Häußler* (2015, S. 15). Wir müssen also davon ausgehen, dass dem Lech im Umfeld des heutigen Hochablasses seit weit über 1000 Jahren Wasser entnommen wurde. Für die Darstellung des menschlichen Eingriffs in die Strömungsdynamik des Lechs ist es dabei unerheblich, wo genau das Wehr oder der Schöpfkopf lag und wie die Bezeichnung dafür lautete, vgl. dazu auch *Kluger* (2015, S. 111ff.). Wichtiger ist in unserem Zusammenhang die Frage, wie das Wasser entnommen wurde. Mit großer Wahrscheinlichkeit gab es eine Entwicklung von ursprünglichen Dämmen, die das Flusswasser konzentrierten und den Stadtbächen zuführten hin zu einem späteren Stauwehr, dem Hochablass. *Groos* (1967) hat dargelegt, dass der Lech in der Römerzeit nahe am östlichen Rand der Niederterrasse floss. Allerdings müssen wir davon ausgehen, dass es ein mehr oder weniger wildernder Fluss war, der zumindest bei den sommerlichen Hochwässern eine breitere Aue flutete und bei geringerem Abfluss mehrfädig in einem breiteren Bett floss. Längere Zeit vor 1276 muss zunächst ein Damm nahe der Niederterrasse in das breite Flussbett gebaut worden sein, um das Wasser zu konzentrieren. Dieser Damm wurde bis 1276 – in diesem Jahr wird der Lech im Augsburger Stadtbuch genau beschrieben – mehrfach verlängert. Zu diesem Zeitpunkt hatte er vier Durchlässe und leitete das Lechwasser so, dass es auf die Wasserläufe Schäfflerbach, Sparrenlech bzw. Unterer Floßbach, Schwallech bzw. Oberer Floßbach und Lochbach konzentriert wurde, vgl. dazu Karte 8 bei Groos (1967, S. 47) und Abbildung 29. Die Dämme bewirkten insgesamt eine Umlenkung des Flussbetts nach Nordosten, unterbrachen jedoch noch nicht die longitudinale Konnektivität. Spätestens 1346 oder früher wurde der mehr oder weniger durchlässige Damm durch das Wehr am Hochablass ersetzt. Damit wurde erstmals die longitudinale Konnektivität des Flusses unterbrochen, vgl. dazu Kapitel 14.

Heute sind die Eingriffe in das Strömungsverhalten des Lechs durch das Wehr am Hochablass beträchtlich. Bei einem mittleren Jahresabfluss von 82,7 m^3/sec können bis zu 46 m^3 Wasser pro Sekunde ausgeleitet werden, davon 36 m^3/sec zur Speisung der Augsburger Lechkanäle. Das entspricht mehr als 2/3 des mittleren Abflusses MQ im Winterhalbjahr am Pegel Haunstetten! *(Bayerisches Landesamt für Umwelt)* und *Mariani* (2007, S. 16). Um die ökologischen Schäden etwas zu begrenzen, ist der Hochablass heute mit einer Fischtreppe und einer Kiesschleuse ausgestattet.

Der Lochbachanstich existiert erst seit etwa 1610. Aus dem Lochbach bezieht der Vordere Lech sein Wasser. An diesem Kanal – in Augsburg werden die großen Kanäle als Leche bezeichnet – lag die Pfladermühle, die bereits 1276 urkundlich genannt ist. Ihr Mühlwasser kam ursprünglich auch aus dem Haunstetter Mühlbach, später aus dem Lech. Der Lochbachanstich wurde notwendig, weil immer mehr Mühlen angesiedelt wurden und das Quellwasser des Haunstetter Mühlbachs nicht mehr ausreichte, *Häußler* (2015, S. 144).

Die Höhendifferenz zwischen dem Lech an der oberen Stadtgrenze Augsburgs und der tiefsten Stelle, an der der Fluss das Stadtgebiet wieder verlässt, beträgt ca. 60 m. Diese potentielle Energie wurde und wird gut genutzt. Die Abhängigkeit der Augsburger Wirtschaft von der Wasserkraft aus dem Lech wird bereits in einem Bericht des Kaufmanns Philipp Hainhofer aus dem Jahr 1632 deutlich, er notiert alle von Wasserkraft abhängigen Berufe der Stadt: Mehl-, Sägemüller, Loh-, Gewürzstampfmüller, Garnsieder, Bleicher, Metzger, Kuttelwascher, Ledergerber, Pergamentmacher, Färber, Walker, Polierer, Schleifer, Diamant-, Steinschneider, Münzer, Pulvermacher, Bierbrauer, Eisen-, Stahl- und Kupferhammerschmiede, Bader, Nachtarbeiter (Entleerer von Fäkalgruben) und Wäscher, nach *Häußler* (2015, S. 21). Entsprechend zahlreich waren die Mühlräder und vor allem die Lechkanäle, die die Stadt durchzogen, vgl. dazu Abb. 30.

Für das Jahr 1761 bezeugt Caspar Walter, der Brunnenmeister Augsburgs, dass 78 Werke mit insgesamt 163 Wasserrädern in Privatbesitz in der Stadt angetrieben wurden, dazu kamen 17 Wasserräder der städtischen Brunnenwerke. Es gab elf Mahlmühlen, neun Silber-, Kupfer- und Eisenhämmer, acht Sägemühlen, sechs Tuchwalken, fünf Schleifmühlen, vier Tabak- und vier Gewürzmühlen, je drei Papier-, Polier- und Grätzmühlen, zwei Ölmühlen, je eine Diamantschneidemühle, Glasschleif-, Pulver-, Loh- und Gerstetrendelmühle, nach *Häußler* (2015, S. 27).

Mit der Industrialisierung, die in Augsburg nach 1830 einsetzte, konnte sich dank der Lechkanäle und der Wasserkraft die Massenproduktion rasch auf der Grundlage des Textilgewerbes durchsetzen. Mit der SWA, der Mechanischen Baumwoll-Spinnerei und Weberei Augsburg, entstand die größte Fabrik Bayerns, der schnell zahlreiche weitere Textilfabriken folgten, vgl. *Ganser* (2011), *Kießling* (2013), *Roeck* (2005). *Kluger* (2013a, S. 56 f.) stellt unter Bezugnahme auf eine industriegeschichtliche Abhandlung von Ruckdeschel fest, dass die Industrialisierung Augsburgs ohne den Hochablass in dieser Form nicht denkbar gewesen wäre.

Kurz vor dem Einsatz der ersten Turbine beschrieb der Augsburger Baurat Kollmann die „hydrotechnischen Anstalten der Stadt". Demnach war der wichtigste Energielieferant in Augsburg immer noch der am Hochablass gestaute Lech, von dem das Wasser in die Stadtbäche geleitet wurde. Es wurden 77 Werke mit 138 unterschlächtigen Wasserrädern betrieben. Dazu kamen weitere 49 Werke, die mit am Lochbachanstich abgezweigtem Lechwasser bzw. mit Wasser aus der Wertach betrieben wurden, vgl. dazu auch *Häußler* (2015). Die in Augsburg vorhandenen Wasserkräfte schufen ideale Standortbedingungen für die aufstrebende Industrie. So wurde 1836 eine Kamm-Woll-Garn-Spinnerei wegen der Wasserkräfte von Nürnberg nach Augsburg verlegt. Daraus wurde die Augsburger Kammgarn-Spinnerei AKS. An Schäffler-, Herren- und Proviantbach entstanden zahlreiche Fabriken und formten das Textilviertel. Neben der dominierenden Textilindustrie mit Appretierwerken, Bleichereien, Baumwollspinnereien, Hanfmühlen, Webereien und Zwirnereien gab es auch viel metallverarbeitendes Gewerbe wie Drahtzieher, Hammerwerke, Messingfabriken und mechanische Werkstätten. Daneben existierten zahlreiche weitere Gewerbe wie z.B. Säge- und Mehlmühlen, Öl- und Papiermühlen usw. Namentlich zu nennen sind die Vorläufer von MAN und die Papierfabrik Haindl, vgl. dazu *Häußler* (2015, S. 30ff.), *Kluger* (2013a, S. 118ff.).

Durch wasserbauliche Veränderungen – im damaligen Verständnis waren das immer Verbesserungen, weil man die ökologische Seite der Medaille noch nicht sah – konnten im 19. Jahrhundert die Fließgeschwindigkeit, die Fallhöhe und die Wassermenge erhöht werden. Hinzu kam der Austausch der nicht mehr konkurrenzfähigen Wasserräder gegen wesentlich effizientere Turbinen. Damit konnte das Energiedargebot wesentlich gesteigert werden. 1850 gab es in Augsburg 106 Kanäle, 32 Schleusen und 210 Brücken, die Mühlen und Turbinen leisteten zusammen 2557 dynamische Pferdestärken. Bereits 1865 war die Leistung der Turbinen mit 5200 PS mehr als verdoppelt. Im Jahr 2015 waren im Stadtgebiet Augsburg immer noch 41 Wasserkraftanlagen mit 52 Turbinen installiert, *Häußler* (2015, S. 35ff.). Allerdings wurde durch den Umstieg auf die neue Technik auch das Strömungsverhalten radikal verändert. Während beim Mühlrad der Fluss oder Kanal die Radschaufeln nur umspült, erfordert die Turbine die Durchleitung des gestauten Triebwassers durchs Gehäuse über die Turbinenschaufeln.

Beschwerden von Fischern über die negativen Folgen von Wasserbaumaßnahmen – meist im Zusammenhang mit Wehren oder Mühlkanälen – und die zugehörigen Rechtsstreitigkeiten liefern Hinweise auf Veränderungen im Fischbestand, der seinerseits ein Indikator für die hydrologische Konstitution eines Flusses ist. Beispielsweise beklagten Landsberger Fischer 1797 das durch die Erhöhung des Wehres verursachte Aussterben von Barben und Nasen und den starken Rückgang von Huchen, *Raster* (1979, S. 140). Diese Probleme haben sich nach dem Einsatz von Turbinen vervielfacht.

Im Vergleich zu den Beeinträchtigungen durch Turbinen sind die durch Mühlen bedingten Eingriffe in einen Fluss unter tier- und pflanzenökologischen Gesichtspunkten als noch tragbar anzusehen, so *Jungwirth* et al. (2006, S. 80).

12 Stromgewinnung

Auch bei der Stromgewinnung wird die Wasserkraft genutzt, allerdings haben wir es mit einer neuen Dimension des Eingriffs zu tun. Während zur direkten gewerblichen Nutzung der Wasserkraft in Augsburg der Lech „nur“ am Hochablass gestaut, ausgeleitet und nach getaner Arbeit zurück ins angestammte Bett geleitet wurde, verlangt die Stromgewinnung in der jetzigen Ausbaustufe, dass der Lech auf seiner gesamten Lauflänge vielfach gestaut wird. Ein Großteil seines Abflusses wird durch schnell rotierende Maschinen, die Turbinen, geleitet. Damit wird einerseits eine effektivere Nutzung der Wasserkraft möglich, andererseits ist die dazu notwendige Veränderung des Fließgewässers wesentlich schwerwiegender.

Die Umstellung der Wasserkraftnutzung vom Mühlrad auf leistungsfähige Turbinen hatte der sich rasant entwickelnden Industrie enormen Auftrieb gegeben. So wird 1894 in einer Abhandlung über die Entwicklung der Augsburger Gewerbebetriebe festgestellt, dass von „… ausschlaggebender Bedeutung für die Entstehung und Entwicklung der Augsburger Industrie … (die) großen Wasserkräfte (sind), welche zahlreiche Kanäle aus den beiden Gebirgsflüssen Lech und Wertach der Stadt zuführen“, *Häußler* (2015, S. 35). Mit dem industriellen Wachstum einher ging der ständig steigende Energiebedarf. Deshalb ist es nicht verwunderlich, dass bereits wenige Jahre nach der ersten Fernübertragung von Drehstrom von Laufen am Neckar nach Frankfurt/Main im Jahr 1891 die Augsburger Industrie die „weiße Kohle“, wie der Strom damals genannt wurde, nutzen wollte. So erbaute die Baumwollspinnerei bereits 1901/02 in der Wolfzahnau das erste Augsburger Wasserkraftwerk. Voraussetzung war ein neuer, ca. 1 km langer Kanal, der den Stadtbach und den Proviantbach vereinigte. Beide lieferten zusammen 36 000 Liter Wasser pro Sekunde bei einer Fallhöhe von 7,24 Metern. Dieses Kraftwerk wurde rasch weiter ausgebaut. Möglich wurde das nur, weil bereits 1851 der Lech zwischen Hochablass und Dornau korrigiert worden war und sich der nun kanalartige Fluss mit 44 m bis 52 m Breite in Folge der Begradigung und Kanalisation über 6 m eingetieft hatte. Das nun wesentlich größere Gefälle ermöglichte die energetische Nutzung, verursachte jedoch bezüglich Standfestigkeit von Brücken und flussnahen Gebäuden zahlreiche Probleme, *Häußler* (2015, S. 63).

Während für das oben dargestellte Kraftwerk in der Wolfzahnau kein neuer Eingriff im Lech, sondern „nur“ in den Augsburger Stadtbächen – also in künstlichen Gewässern, die ihr Wasser aus dem Lech bezogen – notwendig war, leiteten die ab 1893 verfolgten Pläne zur Stromgewinnung mit Hilfe von Flusskraftwerken die Umwandlung des Lechs in eine Kraftwerkstreppe ein und erreichten damit die eingangs erwähnte neue Dimension. Voraussetzung war ein neu zu grabender Lechseitenkanal bei Gersthofen. Er sollte der Stromversorgung dienen und gleichzeitig die damals geplante Schifffahrt auf dem Lech ermöglichen. Der Ansatzpunkt des Kanals hatte den Vorteil, dass Lech und Wertach bereits vereint waren und alle bei Augsburg abgeleiteten Stadtbäche wieder in den Fluss gemündet sind. Damit war ein hoher Durchfluss gewährleistet. Begonnen wurden die Arbeiten im Jahr 1899 mit dem Bau der Staustufe und dem Kraftwerk Gersthofen. Freilich lag damals noch keine Planung für die heutige Kraftwerkstreppe vor. Für das Kraftwerk wurden ein 80 m breites Stauwehr mit einem nutzbaren Gefälle von 10 m und für die Schiffe ein ca. 4 km langer Seitenkanal mit Schleuse zur Umfahrung des Wehres gebaut. Das Kraftwerk wurde zum Kristallisationskern für die späteren Industrieansiedlungen. Aus einer Fabrik zur Herstellung von Indigo wurde später ein großes Zweigwerk der Farbwerke Hoechst. Bereits 1905 wurde der Lechseitenkanal verlängert und eine zweite Staustufe für das Kraftwerk Langweid begonnen, vgl. Abb. 33. Gleichzeitig wurde die nie benutzte Schleusenanlage überbaut. 1922 ging das dritte Kraftwerk am Lechseitenkanal in Meitingen in Betrieb. Auch dieses Kraftwerk war standortbildend für energieintensive Industrie, nämlich für die spätere Graphitproduktion. Der heute 18 km lange Lechseitenkanal zweigt kurz nach der Einmündung der Wertach vor der Staustufe Gersthofen vom Hauptfluss ab, versorgt die Kraftwerke Gersthofen, Langweid und Meitingen mit Aufschlagswasser und mündet bei Ostendorf

Abb. 32: Staumauer des Forggensees im April 2019. Der Seespiegel ist im Frühjahr weit abgesenkt, weil das Speichervolumen einerseits für die winterliche Stromproduktion verbraucht wurde und andererseits wegen der Baumaßnahmen an der Hochwasserentlastungsanlage links hinten, Foto: Friedmann.

wieder in den Hauptfluss ein. Die Parallelität von Seitenkanal mit Kraftwerken und dem Flussbett eröffnet heute Möglichkeiten für die Renaturierung, vgl. Kapitel 16.

Die Veränderungen der Strömungsdynamik zeigen sich besonders gut an der Verteilung des Abflusses. Am Pegel Haunstetten beträgt der mittlere Abfluss MQ 81,2 m³/s, der Mittlere Niedrigwasserabfluss MNQ 32,1 m³/s und der Mittlere Hochwasserabfluss MHQ 421 m³/s, *(Bayerisches Landesamt für Umwelt)*. Das Flusswasser wird zwischen Lech und den Augsburger Stadtbächen folgendermaßen aufgeteilt:

- Hochablass: Ausleitung von 36 m³ bis 45 m³ Lechwasser pro Sekunde in Augsburger Kanäle und Kanustrecke, nach Passage der Augsburger Stadtbäche erfolgt die Einleitung in die Wertach und von dort wieder in den Lech
- Nördlich des Hochablasses: Rückführung von 10 m³/s aus der Kanustrecke in den Lech

Nach der Einmündung der Wertach ist der Abfluss wesentlich größer. Am Pegel Augsburg unterhalb der Wertachmündung werden folgende Werte erreicht: Mittlerer Niedrigwasserabfluss MNQ 48,9 m³/s, Mittlerer Abfluss MQ 113 m³/s, Mittlerer Hochwasserabfluss MHQ 589 m³/s (*Bayerisches Landesamt für Umwelt* 20.07.2020).

Da im Flussabschnitt zwischen Staustufe 23, dem Mandichosee, und dem Wehr Gersthofen besonders starke Eintiefungstendenzen bestehen, wurden auf dieser Strecke acht Sohlstützschwellen eingebaut, *Englisch* (1997, S. 5).

Ab 1940 existierten – u.a. wegen des Strombedarfs der Rüstungsindustrie – Pläne für den vollständigen Ausbau des Lechs zur Kraftwerkstreppe. Dabei sollten auf 120 km Länge die potentielle Energie aus 297 m Fallhöhe des Flusswassers in Strom umgewandelt werden. Zwischen 1943 und dem Kriegsende wurden sechs Staustufen mit zugehörigen Kraftwerken errichtet (Lechblick, Lechmühlen, Dornstetten, Landsberg Süd, Apfeldorf, Pitzlingen). Kurz nach Kriegsende ging der Ausbau mit drei weiteren Staustufen und Kraftwerken weiter (Staustufen Sperber, Epfach, Finsterau). In einer

Abb. 33: Lechkraftwerk Langweid, Foto: Friedmann.

weiteren Ausbauphase zwischen 1949 und 1960 gingen vier Staustufen nebst Kraftwerk ans Netz (die Staustufen Ellgau, Oberpeiching, Rain und Feldheim). In der vorletzten Ausbauperiode des Lechs in den Jahren 1950 bis 1971 wurde aus inzwischen zahlreichen einzelnen Staustufen die Kraftwerkskette mit dem Kopfspeicher Forggensee und dem zugehörigen Kraftwerk Roßhaupten, weitere Staustufen waren Horn, Dornau, Urspring, Dessau und Prem. In der letzten Ausbaustufe seit 1973 gingen sechs weitere Staustufen und Kraftwerke in Betrieb: Kaufering, Schwabstadl, Scheuring, Prittriching, Underberg und Merching. Das bereits 1907 von der Papierfabrik Haindl errichtete Kraftwerk Kinsau wurde erneuert. Die Staustufe Merching erhielt als Ausgleichsspeicher für den Schwellbetrieb eine zusätzliche Funktion in der Kraftwerkstreppe und wurde deshalb mit einem größeren Speicherbecken, dem Mandichosee, gekoppelt. (*Bayerisches Landesamt für Wasserwirtschaft* (1984) und *Kluger* (2011, S. 131 ff.), vgl. auch Tab. 8 und Abb. 43.

Die Nahtstelle zwischen Wildfluss und Kraftwerkstreppe bildet der Kopfspeicher Forggensee (vgl. dazu Abb. 32, Abb. 43). Er wurde zwischen 1950 und 1954 gebaut und erfüllt mehrere Aufgaben:

- Bereitstellung von Triebwasser für die Energieerzeugung im Kraftwerk Roßhaupten mit einer Nennleistung von 45,5 MW im Tagesschwellbetrieb. Letzterer ist notwendig wegen der im Tagesrhythmus auftretenden typischen Stromverbrauchsspitzen
- er ist Wasserspeicher zur Verstetigung der Stromproduktion in der gesamten Kraftwerkskette. Im Winter, wenn wenig Wasser zufließt, kann der See um bis zu 15,5 m abgestaut werden. In der Regel werden dem Forggensee in dieser Zeit ca. 100 Mio. m^3 Wasser entnommen. Das Wasser der Schneeschmelze füllt den Stausee bis Ende Mai, Anfang Juni wieder zu seinem Normalstauziel auf
- der Speichersee ist Sedimentfalle zum Schutz der empfindlichen Turbinen: Geröll, Sand und Schweb werden im ca. 8 km langen See weit vor dem Turbineneinlass sedimentiert. Wie langsam der Wasserdurchsatz ist, zeigt auch die theoretische Wassererneuerungszeit des Forggensees von 5,2 Jahren

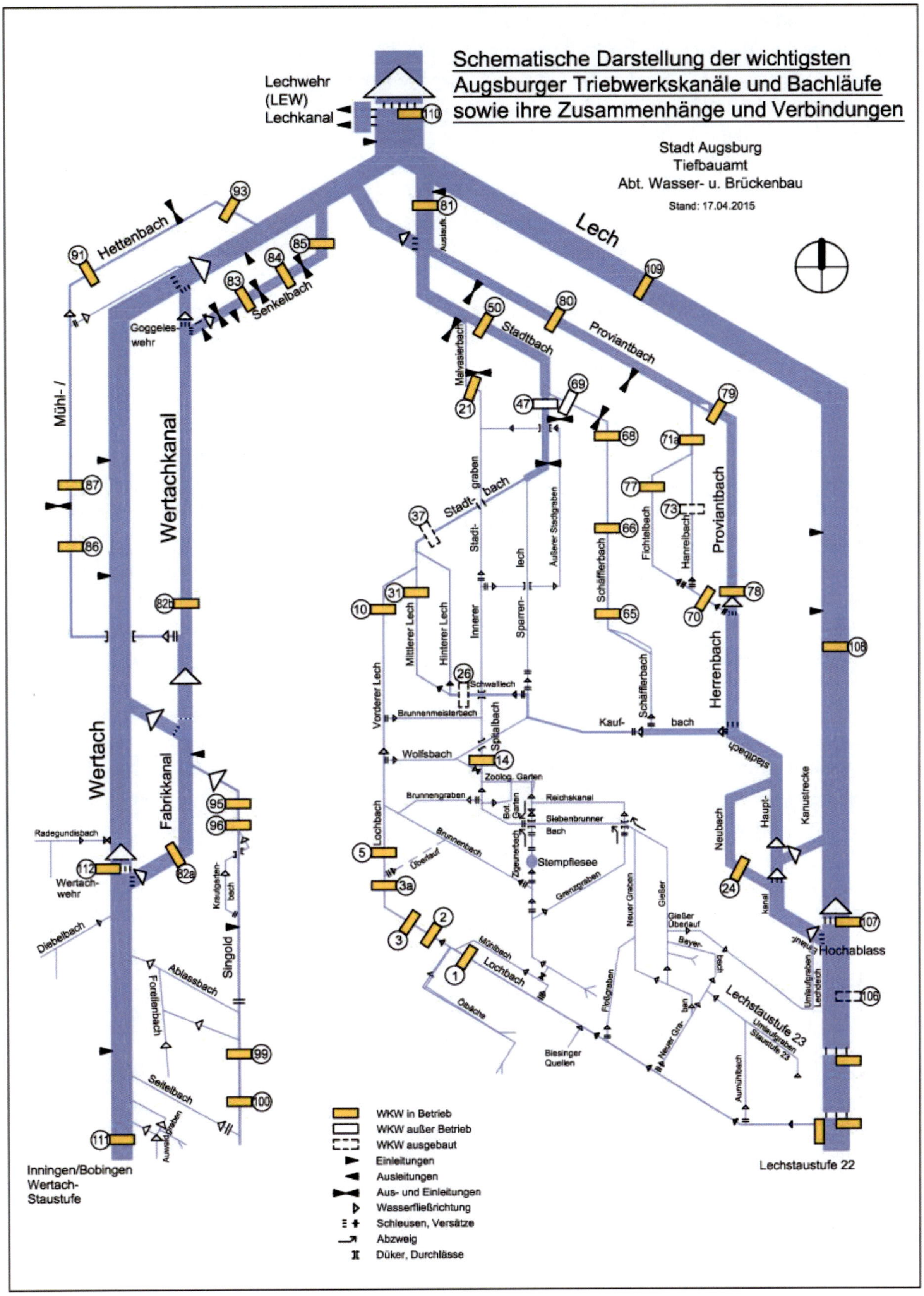

Abb. 34 Bachläufe, Triebwerkskanäle und Kraftwerke in Augsburg, Stand 2015. Die Wasserkräfte werden heute überwiegend zur Erzeugung elektrischer Energie genutzt. Quelle: Stadt Augsburg: Referat Umwelt und Soziales (2015).

- Hochwasserschutz; ursprünglich konnte der See, der im Sommer – wenn der Abfluss am höchsten ist und die meisten Hochwässer auftreten – nur wenig zusätzliche Speicherkapazität über dem Normalstauvolumen besaß, nur einen kleinen Teil der Hochwasserwelle abfangen. Nach dem Pfingsthochwasser 1999 wurde deshalb das Staumanagement verbessert. Jetzt kann bei Hochwassergefahr durch eine Vorabsenkung des Seespiegels der Stauraum vergrößert werden. Dazu wurde eine neue Hochwasserentlastungsanlage am Damm eingerichtet, vgl. dazu Abb. 23, Abb. 24
- der Forggensee dient auch der touristischen Nutzung als Badesee und für zahlreiche weitere Wassersportarten.

Zum oben genannten Zweck wird der Lech um bis zu 37 m aufgestaut. Beim Normalstau besitzt der Stausee eine Fläche von ca. 16 km^2 und das zurückgehaltene Wasservolumen beträgt etwa 166 Mio. m^3.

Auch die Augsburger Lechkanäle wurden zur Stromproduktion herangezogen. Industrielle wie August Riedinger propagierten schon früh die Nutzung von elektrischer Energie, die allerdings in den Anfangsjahren noch mit Dampfkraftwerken erzeugt wurde. Es gab verschiedene Beleuchtungsprojekte, ab 1898 stellte die Straßenbahn, die bis dahin von Pferden gezogen wurde, auf den elektrischen Antrieb um. Auch in der Textilproduktion wurde Strom zunehmend wichtiger. Allen voran ging die Augsburger Baumwollspinnerei, die am Stadtbach zur Deckung des Eigenbedarfs 1901 in der Wolfzahnau ein erstes Wasserkraftwerk einrichtete. Die erste Francisturbine musste bereits ein Jahr später mit einer weiteren und 1913 mit einer dritten ergänzt werden. Dieses Kraftwerk produziert heute nach verschiedenen Modernisierungen noch Strom, *Häußler* (2015, S. 57 ff.).

Im Jahr 1926 waren im Stadtgebiet Augsburg 74 Wasserkraftanlagen in Betrieb, davon nutzten 61 Wasser, dass über die Lechkanäle bzw. Quellbäche zufloss, 13 Anlagen wurden von der Wertach versorgt, *Häußler* (2015, S. 65). In den 60er Jahren des letzten Jahrhunderts wurde bis zur ersten Ölkrise 1973 zunehmend Öl als Primärenergielieferant eingesetzt. Die Versorgungsengpässe beim Öl und das Unglück im Kernkraftwerk Tschernobyl führten zu einer positiven Neubewertung der Augsburger Wasserkräfte, die durch das Erneuerbare-Energien-Gesetz EEG im Jahr 2000 untermauert wurde. Das führte 1991 zur Reaktivierung von drei stillgelegten Turbinen. Eine ganze Reihe von städtischen Kleinkraftwerken wurde privatisiert und modernisiert. 2015 waren in 41 kleinen Wasserkraftwerken mit 52 Turbinen ca. 18,7 MW Nennleistung in Betrieb, die 2013 ca. 100 000 MW/h Strom pro Jahr erzeugten und etwa ein Drittel der Augsburger Privathaushalte mit Strom versorgen, berechnet nach Häußler (2015, S. 83–210).

Die Mehrzahl der Kraftwerke bezog ihr Wasser aus dem Stau an Lechstaustufe 22 und aus dem Hochablass, der Rest wird von Wertach und Singold gespeist, vgl. dazu Abb. 34.

13 Sport und Erholung

Die wohl spektakulärste Sportanlage im Einzugsgebiet des Lechs mit unmittelbarem Bezug zum Fluss ist die Wildwasseranlage am Augsburger Eiskanal. Sie wurde eigens für die XX. Olympischen Sommerspiele 1972 gebaut und besitzt mehrere Kanustrecken verschiedener Schwierigkeitsgrade von der „Babystrecke" bis zur Olympiastrecke – einer Wildwasserbahn mit Stufen, Walzen und Kehrwassern und einer Länge von 660 m bei einer Breite von 10 m, der Durchfluss beträgt 10 m^3/sec. Dieses Wasser wird vom Stadtbach abgezweigt, der vor dem Hochablass mit einem Durchsatz von 36 m^3/sec ausgeleitet wird. Umgeben sind die verschiedenen Kanustrecken von Zuschauertribünen für bis zu 24 000 Besucher, Gebäuden für Kampfrichter, Gaststätten, Bootsschuppen und Parkplätzen, vgl. *(Wikipedia)* und Abb. 35.

Weil der Eiskanal bereits vor dem Bau der Sportstätte Teil des historischen Augsburger Kanalnetzes war und früher als Umgehungskanal für Treibeis notwendig war, das sonst Wehr und Turbine am Hochablass gefährdet hätte, ist der Eingriff durch die Sportstätte „nur" eine zusätzliche Beeinträchtigung, die nicht den ursprünglichen Naturzustand veränderte. Der ursprüngliche Eingriff geschah bereits mit der Anlage der Stadtbäche. Durch die Kanustrecke wurde zusätzlich das Gerinnebett des Kanals mit Beton ausgekleidet und so der Austausch mit dem Grundwasser unterbunden und auch die gesamte bauliche Infrastruktur greift über Flächenversiegelung durch die großen geteerten Parkplätze in das hydrogeographische Gefüge ein.

In der Flussaue des Lechs gibt es zahlreiche ehemalige und noch aktiv betriebene Kiesgruben und Baggerlöcher, die später zu Badeseen wurden. Ein Beispiel hierfür ist der Kuhsee am Hochablass in Augsburg. Die künstlich geschaffene Wasserfläche ist etwa 17 ha groß und speist sich aus dem Grundwasserabstrom des Lechs. Über ein Wehr besteht eine Verbindung zum Stau am Hochablass. Sie lässt eine Regulierung des Wasserstandes im maximal 5 m tiefen See zu.

Bereits in den 30er Jahren des letzten Jahrhunderts dachte man daran, die in einem Altwasser des Lechs gelegene, ehemalige Kiesgrube in einen Badesee umzuwandeln. Dieses Projekt scheiterte jedoch. In den 60er Jahren des letzten Jahrhunderts kam es dann doch zur Anlage des Badesees, nun in Verbindung mit Planungen zum Hochwasser- und Trinkwasserschutz. Nach einem schweren Hochwasser im August 1970 wurde zusätzlich das West- und Ostufer des Lechs auf einer langen Strecke durch Deiche gesichert.

Heute ist der Kuhsee ein beliebtes Naherholungsgebiet in Augsburg mit entsprechenden touristischen Einrichtungen. Dazu zählen große Parkplätze, Kioske und Toilettenanlagen, ein Restaurant, Spiel- und Grillplätze und ein Bootsverleih, vgl. dazu *Stadt Augsburg, Wikipedia.*

Die Lechstaustufe 23 bei Merching ist als Ausflugsziel unter dem Namen Mandichosee weithin bekannt. Hier hat man die Staustufe und den dadurch entstandenen See auch touristisch erschlossen. Rund um den Mandichosee sind Parkplätze, Badestrände, Liegewiesen, Rad- und Wanderwege, Spielplätze, Kiosk- und Toilettenanlagen. Dazu kommen Bootsverleih, Surf- und Segelschule und die dazugehörigen Aktivitäten auf dem Wasser, vgl. dazu *Stadt Augsburg, Wikipedia.*

Eine ökologische Bewertung der hier beispielhaft für zahlreiche weitere Wassersportmöglichkeiten am Lech dargestellten Gewässer fällt nicht leicht, denn einerseits zerstören derart massive Eingriffe in ein Ökotop, vgl. dazu *Leser* und *Löffler* (2017), die hydrogeographischen Kreisläufe – andererseits muss man sehen, dass es sich meist um eine Nachnutzung handelt. Das heißt, die Zerstörung war schon mit den vorausgegangenen Nutzungsänderungen – also dem Stau und der Energiegewinnung – gegeben. Deshalb fällt die zusätzlichen Beeinträchtigungen durch die Freizeitnutzung zumindest aus hydrogeographischer Sichtweise weniger ins Gewicht. Im Gegenteil, wenn man für die durchaus notwendigen touristischen Nutzflächen bereits geschädigte oder gar zerstörte Ökotope nutzen kann, fällt es leichter, die ökologisch oft schädlichen Freizeitaktivitäten aus noch naturnahen, wertvolleren Ökotopen herauszuhalten. Ganz anders sieht diese Bewertung jedoch aus biologischer Sicht aus, denn Artenschutz und touristische Nut-

Abb. 35: Die Olympiastrecke am Augsburger Eiskanal mit Tribünen, Foto: Friedmann.

zung vertragen sich in der Regel schlecht. Durch die touristische Nutzung wurde das Tier- und Pflanzenspektrum komplett verändert.

14 Der staugeregelte Lech – ein limnisches Gewässer

Fließgewässer dürfen nicht isoliert betrachtet werden! Vielmehr bilden das Gerinne bzw. der Fluss zusammen mit seinem Überflutungsbereich – der Flussaue – eine Einheit. Das haben wir schon in Kapitel 7 gesehen und wollen es an dieser Stelle unter einem anderen Aspekt noch etwas vertiefen. Das hygrische Regime der gesamten Aue wird von den Schwankungen des Abflusses mit seinen Auswirkungen auf Wasser- und Grundwasserstand geprägt. Die Hochwässer des Flusses haben die Aue geschaffen, dorthin strömt das überbordende Wasser, lagert einen Teil der mitgebrachten Fracht ab und filtert dabei auch Nährstoffe aus dem Wasser. Gleichzeitig werden in der Aue die Abflussspitzen gekappt und das Grundwasser angereichert. Das charakteristische Merkmal mitteleuropäischer Flüsse ist der Wechsel zwischen Hoch- und Niedrigwasser, zwischen Sedimentation und Akkumulation einerseits und Erosion andererseits. Dies gilt in erhöhtem Maß für Gebirgsflüsse wie den Lech mit seiner sehr hohen Abflussvariabilität.

Der Lech mit seiner Aue ist wegen dieser sich ständig ändernden Wasserführung ein störungsgeprägtes Ökosystem, dessen unterschiedliche Lebensgemeinschaften sich jeweils vom letzten Störereignis wie z. B. einem Hochwasser oder dem Trockenfallen erholen müssen. Die biologisch ausgerichtete Störungsökologie unterscheidet im Zusammenhang mit Fließgewässern dreierlei Störungen, vgl. dazu *Trockner et al.* (2002, S. 38 f.):

- impulsartige Störungen wie Hochwasser
- kontinuierlich anwachsende Störungen wie das Austrocknen einer Sandbank
- dauerhafte Störungen; dazu gehören besonders menschliche Einwirkungen wie Flussverbauungen, Schwell-Sunkbetrieb eines Kraftwerks bzw. Wehres usw.

Durch die Störungen werden Bodenbildung und pflanzliche Sukzession ständig unterbrochen und auf einen Anfangszustand zurückgeworfen. Ereignishäufigkeit der Störungen und Abflusshöhe erzeugen ein Kleinrelief, dass sich in verschiedene Höhenniveaus gliedert (siehe Abb. 36, vgl. auch Kapitel 2):

- Jährlich mehrfach überschwemmte und umgelagerte Kies- und Sandbänke sind fast vegetationslos, sie tragen allenfalls Pioniervegetation wie z. B. Barbarakrautfluren und Flussröhricht
- mehr oder weniger jährlich einmal überschwemmte Kies- und Sandbänke sind Standorte von Pioniergebüsch wie Tamarisken und Weiden
- Kies- und Geröllflächen, die in einem drei- bis vierjährigen Turnus überflutet werden und im Geröll größere Sand- und Schlufflinsen aufweisen, sind von Kiefern-Weidengebüsch und Grauerlen bestanden
- Außerhalb des Überschwemmungsbereichs stocken Kiefern-, Eschen- und Ulmenwälder; durch Überweidung sind anthropogene Magerrasengesellschaften, die in Schwaben Haiden genannt werden, entstanden. Dieses letzte Sukzessionsniveau gehört im engeren Sinn nicht mehr zur Flussaue, nach *Müller* (1991b, S. 14 f.).

Ähnlich wie bei den Pflanzengesellschaften gibt es auch in der Fauna eine Zonierung und die Tiere sind auf unterschiedliche Weise an die sich stark verändernden Lebensräume angepasst. Beispielsweise sind Flussseeschwalben und Flussuferläufer typische Kiesbankbrüter, die nur an Wildflüssen vorkommen. Sehr hohe Artenzahlen weisen auch Kurzflügel-, Laufkäfer und Spinnen auf, vgl. dazu *Müller* (1991b, S. 18).

Die Flussaue ist mit ihren Trocken- und Überflutungsperioden ein amphibisches Land und sie ist wegen ihrer sehr großen Biodiversität ökologisch besonders wertvoll, vgl. dazu *Cyffka* et al. (2018). Die Fließgewässer weisen zusammen mit ihrer Aue eine Vielzahl aquatischer und terrestrischer Lebensräume auf: „Haupt- und Nebenarme, permanente und vorübergehende (ephemere) Autümpel, alluviale und hangseitige Quellaustritte, … Schotterbänke, Inseln und Totholzablagerungen sowie Auenwälder, Heissländen und Terrassen formen gemeinsam ein dynamisches Mosaik an Habitaten für eine artenreiche terrestrische, amphibische und aquatische Fauna und Flora“, so charakterisieren *Trockner* et al. (2002, S. 38) die in ihre Aue eingebetteten natürlichen Fließgewässer. Die Autoren vergleichen die Aue hinsichtlich ihres Artenreichtums mit Tropenwäldern. Zugespitzt kann man sa-

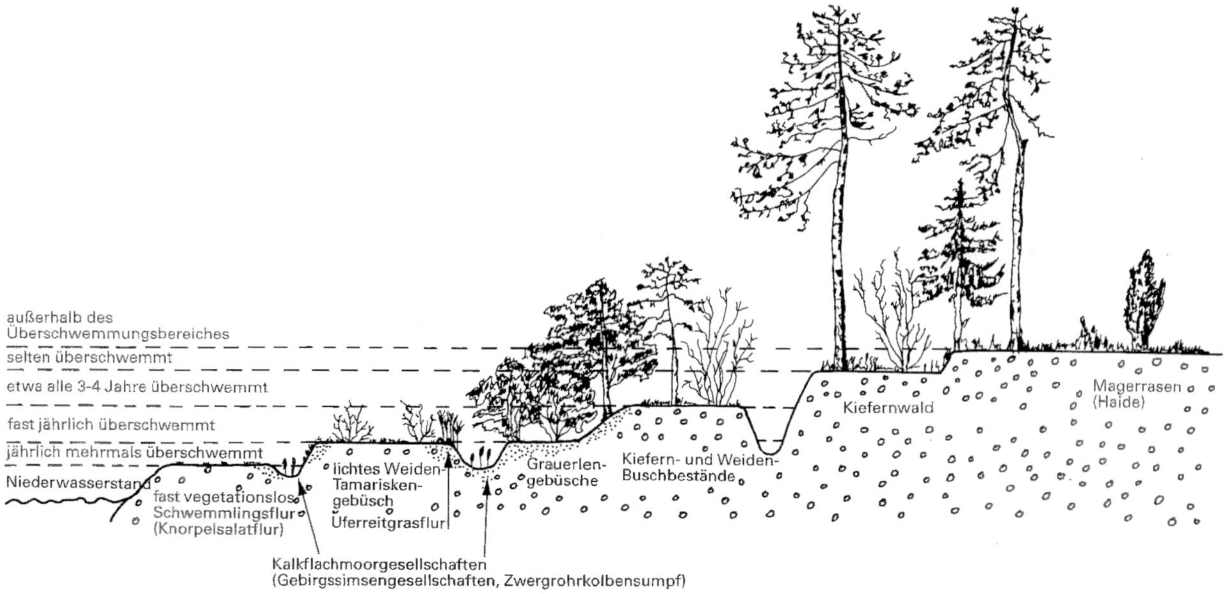

Abb. 36: Querschnitt durch eine Flussaue. Die Überschwemmungshäufigkeit auf den unterschiedlichen Auenniveaus verändert sich mit ihrer Höhenlage und bildet eine standorttypische Vegetation aus, Quelle: *Müller* (1991b, S. 15).

gen, der beständige Wechsel zwischen Hochwasser und Austrocknung ist die Grundlage für den Artenreichtum der Aue. Damit steuert die Strömungsdynamik mit wechselnden Abflusshöhen die ökologische Ausprägung eines Fließgewässers.

Das Anstauen eines Flusses ermöglicht die Nutzung seiner Energie, gleichzeitig verändert es jedoch seinen hydrogeographischen Charakter grundlegend! Aus einem frei strömenden, hochdynamischen, verwilderten Gebirgsfluss, der im Vorland der Alpen den zur Verfügung stehenden Platz auf einer Breite von mehreren hundert Metern nutzte, wurde ein angestautes, mehr oder weniger stehendes Gewässer mit festen Ufern, das einem limnischen System gleicht. Das hat weitreichende Folgen. Denn damit einher geht die Veränderung des gesamten Ökosystems.

Eine Stauhaltung unterbricht vornehmlich die longitudinale Konnektivität und Kontinuität eines Flusses. Dadurch werden alle Transportvorgänge flussab- aber auch flussaufwärts gestört oder ganz unterbunden. Das verhindert sowohl Fischwanderungen als auch den flussabwärts gerichteten Strom von Kleinstlebewesen, Pflanzensprossen, Samen und nicht gelösten Nährstoffpartikeln. Die ursprüngliche Gewässerdynamik mit ihren abflussabhängigen hydrologischen Parametern wird vom Abflussgeschehen entkoppelt. Der Abfluss wird im zeitlichen Ablauf und in der Höhe verändert und auch die Inanspruchnahme der Retentionsvolumina der Aue ändert sich mit der Abflusshöhe. Die Stauhaltung soll für einen möglichst gleichförmigen Abfluss sorgen und verhindert so die Wasserstandsschwankungen, vgl. dazu *Busch* (2006). Die Stauregelung verändert auch den Feststoffhaushalt und vor allem den Geröll- bzw. Geschiebetransport eines Fließgewässers (vgl. dazu Tab. 7). Mit der teilweisen Blockade des Feststofftransports wird das Belastungsverhältnis gestört und es kommt im Unterwasser einer Stauhaltung zur Tiefenerosion.

Hinzu kommen Veränderungen im Querschnitt des Gerinnebetts und damit Variationen in der Wassertiefe, was sich wiederum auf die Fließgeschwindigkeit auswirkt. Im Oberwasser einer Stauanlage werden wegen der verlangsamten Fließgeschwindigkeit zunächst die größeren Korngrößen sedimentiert. In den Randzonen des Staus und vor der Staumauer sinkt wegen der fehlenden Strömung feines Sediment auf den Grund. Dieses Feinsediment, das sich besonders in Stillwasserzonen ablagert, dichtet den Untergrund ab. Es kommt zur Verschlickung. Sie wird als Kolmation bezeichnet und verhindert den Wasseraustausch mit dem umgebenden Grundwasserkörper und sie verändert die Lebensbedingungen von Flora und Fauna, vgl. dazu *Wieprecht* (2006). Die Lebensgemeinschaften

Jahr Station	1878/ 1903/14	1903/ 14/24	1924 /37	1937/ 1949	1949/ 53/57	1957 /60	1960 /64	1965/66
Lieferung Füssen	110 000 m³	110 000 m³	110 000 m³	110 000 m³	110 000 m³	110 000 m³	110 000 m³	110 000 m³
Lechbruck	101 000 m³	117 000 m³	133 000 m³	120 000 m³	122 000 m³	ab 1956 81 000 m³	98 000 m³	Forggens. 58 000 m³
Landsberg	66 000 m³	110 000 m³	68 000 m³	ab 1942 4600 m³				
Augsburg	79 000 m³	77 000 m³	55 000 m³	39 000 m³	12 000 m³			3000 m³

Tab. 7: Geröllfracht des Lechs. Während die Zulieferung bei Füssen seit 1878 bis 1966 konstant bleibt, nimmt die Geröllführung flussabwärts durch Stauanlagen sehr stark ab. Quelle: *Bauer* (1979, S. 13 ff.).

eines Flusses sind das Ergebnis von Wechselwirkungen unterschiedlicher Milieufaktoren und biologischer Gegebenheiten. Staugeregelte Flüsse leiden an einer biologischen Verarmung, so *Sommer* (2006, S. 46). Je größer die geomorphologischen Veränderungen eines Flusses sind, desto größer sind auch die Auswirkungen auf den Stoffhaushalt und die Trophie. Vom geomorphologisch bedingten veränderten Strömungsverhalten sind physikalische, chemische und biologische Prozesse betroffen. Während die Wassertemperatur schnell fließender Gebirgsflüsse relativ niedrig ist, heizen sich stehende Gewässer in ihren seichten, ufernahen Bereichen durch die Sonneneinstrahlung schneller auf.

Im Forggensee wird die Veränderung der Wassertemperatur seit 1932 erfasst. Der große Wasserkörper hat eine ausgleichende bzw. dämpfende Wirkung auf den Jahresgang der Wassertemperatur, *Raster* (1979, S. 46). Die Vereisung eines Flusses ist vorrangig von Wasser- und Lufttemperatur und der Fließgeschwindigkeit abhängig. Des Weiteren spielen Wassermenge und -tiefe, Turbulenzen und die Morphologie des Flussbetts eine Rolle. Viele dieser Parameter wurden bereits bei der Lechkorrektur so umgestaltet, dass sich die Eisverhältnisse änderten, die größten Einschnitte entstanden jedoch durch die Stauhaltungen. Denn dadurch wird die Fließgeschwindigkeit sehr stark reduziert. *Raster* (1979, S. 53 f.) legt dies für den Winter 1962/63 dar. Deshalb vereisen die Staubereiche, während die Fließbereiche eisfrei bleiben.

Eine Stauhaltung verändert den gesamten Chemismus des Wassers. Das Zusammenspiel von Fließgeschwindigkeit, Wasserturbulenzen und Temperatur steuert darüber hinaus den überaus wichtigen Gasaustausch zwischen Wasserkörper und Atmosphäre und damit den Sauerstoffgehalt des Wassers, vgl. dazu *Kirchesch* et al. (2006). Der Gasaustausch mit der Atmosphäre, der in turbulent und schießend fließendem Wasser intensiv ist, kommt bei glatter, unbewegter Wasseroberfläche weitgehend zum Erliegen, denn die niedrige Fließgeschwindigkeit reduziert den physikalischen Sauerstoffeintrag.

Zusätzlich wird die Sauerstoffarmut durch die Eutrophierung des Gewässers, die zu der verstärkten Bildung von Phytoplankton in Form von Algen führt, noch verstärkt. Als Nährstoffe sind vor allem Ammonium, Nitrat und Phosphate zu nennen, vgl. dazu *Ehlscheid* (2006). Der Nährstoffreichtum hat wiederum Auswirkungen auf das weitere Wachstum von Algen und Zooplankton und den nachfolgenden Abbau des organischen Materials, auf Nitrifikation und Denitrifikation. Der mikrobielle Abbau der durch den Nährstoffreichtum entstandenen großen Menge an organischen Sustanzen zehrt den im Wasser vorhandenen Sauerstoff weitgehend auf. All diese Vorgänge verringern die Selbstreinigungskraft eines Gewässers. Zusammenfassend kann man sagen, dass das Wasser eines schnell fließenden Gebirgsflusses wesentlich sauerstoffreicher ist als ein stehendes Gewässer, in dem es unter ungünstigen Bedingungen zu Sauerstoffmangel kommen kann.

Die Veränderung der planktischen Biozönosen und der Wasserbeschaffenheit ändert wiederum das Nahrungsangebot für Fische. Die Stauhaltung unterbindet die biologische Durchgängigkeit weitgehend. Fischtreppen u. ä. sind dafür nur ein schwacher Ersatz. Durch die Reduktion von Fließgeschwindigkeit und Belastungsverhältnis kommt es zur Ablagerung untypischer Feinsedimente im Stauraum und dadurch zu einer biologischen Verarmung. Die Änderung des Sedimentationsverhaltens trifft besonders die Fischfauna. Vor allem die auf Kies- und Schotterflächen ablaichenden Fischarten verlieren ihre Fortpflanzungsmöglichkeiten, vgl. dazu *Jungwirth* et al. (2006). Die ursprünglich stein- und strömungsliebende Fauna wird durch Schlammbewohner ersetzt, *Biss* und *Vobis* (2006, S. 129 f.). Beispielsweise lebten im Inn ursprünglich ca. 30 Fischarten. Nach Errichtung des Kraftwerks Jettenbach brach am Tiroler Inn die Berufsfischerei innerhalb weniger Jahre zusammen. Heute sind in diesem Bereich nur noch Bachforellen und Äschen anzutreffen, nach *Jungwirth* et al. (2006, S. 81 f.). Am Lech traten die ökologischen Schäden nicht so drastisch auf, allerdings hat sich das Artenspektrum ebenfalls stark verändert. Viele Kleinstlebewesen, die Pflanzensamen usw., die sonst im Wasser schwimmen und wichtige Glieder der Nahrungskette für Fische und Vögel sind, werden nicht mehr transportiert.

Deiche, Dämme und Uferbefestigungen, die am Lech teils aus Gründen des Hochwasserschutzes, teils wegen der Stauhaltung gebaut wurden, unterbinden die laterale Konnektivität von Fluss und Aue, lassen außerhalb liegende Altwässer verlanden und führen zu einer völligen Vegetationsumstellung in der trocken gefallenen Aue. Hinter dem Deich findet keine Überflutung mehr statt, aus amphibischen Flächen werden terrestrische. Die Ablagerung von Auesediment unterbleibt fortan und die Bodenbildung verändert sich. Während der typische Aueboden durch unterschiedliche fluviatile Sedimente und einen hohen, vom Abflussgeschehen gesteuerten Grundwasserstand gekennzeichnet ist, wird diese Auendynamik durch den Deich gestoppt, vgl. dazu *Scheffer* und *Schachtschabel* (1982). Da Aueböden meist sehr fruchtbar sind, war die Gewinnung landwirtschaftlicher Nutzflächen neben dem Hochwasserschutz ein weiterer Grund für die Eindeichung.

Naturnahe Flussauen sind dagegen durch die Dynamik des Wassers geprägte Lebensräume mit hoher Biodiversität und einem hohen Vernetzungsgrad von Altwasser, Quellaustritt, Auewald, Flussbett, Inseln und Schotterbänken, vgl. dazu *Biss* und *Vobis* (2006, S. 121). Auch für die höheren Wasserpflanzen und Wassermoose ist die Strömung der maßgebliche Parameter neben der Nährstoffversorgung und den Lichtverhältnissen. Alle Parameter werden durch die Stauhaltung grundsätzlich geändert.

Zusammenfassend lässt sich feststellen, dass wegen der Stromgewinnung ein wildernder Fluss in eine staugeregelte Kraftwerkstreppe umgewandelt wurde. Der Charakter des Gewässers wurde dadurch vollkommen verändert. Die Form- und Transportleistung des Wassers erlischt und das gesamte Ökosystem des Flusses verändert sich zu dem eines Sees, zumindest zu dem einer hybriden Gewässerform zwischen Fluss und See. Die amphibische Flussaue mit ihrer charakteristischen Dynamik und großen ökologischen Vielfalt geht gänzlich verloren.

Exemplarisch lässt sich das gut durch die Gegenüberstellung zweier Karten darstellen. *Müller* (1991a, S. 83 ff.) hat Senkrechtluftbilder des Jahres 1924 ausgewertet und auf dieser Grundlage eine Vegetationskarte der Lechaue südlich Augsburgs erstellt, vgl. Abb. 37. Dieser Karte stellt er eine Karte mit gleichem Geländeausschnitt aus dem Jahr 1987 gegenüber. Sie entstand ebenfalls auf der Grundlage von Luftbildern, die jedoch durch Kartierung im Gelände verifiziert wurde, vgl. Abb. 38. Während 1924 die weiter oben dargestellte Vegetationszonierung eines alpinen Wildflusses noch nahezu vollständig vorhanden war, dominiert in der Karte von 1987 der Einfluss des Wasserbaus.

1924 war der Lech in diesem Flussabschnitt noch ein wildernder, vielarmig verzweigter Fluss mit zahlreichen Kiesbänken, Altwässern und Tümpeln. Allerdings schneiden im nördlichen und im südlichen Flussabschnitt bereits Hochwasserdämme die Schotterfluren, Altwässer und Kiesbänke vom Fluss ab. Die Flussumgestaltung wurde bereits eingeleitet und auch der Pfeifengras-Kiefernwald ist bereits mit der lilafarbenen Forstsignatur durchsetzt.

Die Kartierung rund 60 Jahre später zeigt einen kanalisierten, eingedeichten, vollständig von seiner Aue abgetrennten Fluss ohne nennenswerte Kiesbänke unterhalb einer Staustufe. Vier Sohlschwellen sollen die weitere Tiefenerosion des Gerinnes verhindern. Durch die „Korrektur“ und vor allem durch den Entzug der Geröllfracht und damit der Veränderung des Belastungsverhältnisses hatte sich der begradigte Lech an dieser Stelle bereits um ca. 3 m eingetieft. Durch die Tiefenerosion wurde der Grundwasserstand in der Aue um ca. 2 m abgesenkt und die in den alten Lech mündenden Quellen – sie werden in Schwaben Gießer genannt – sind weitgehend versiegt.

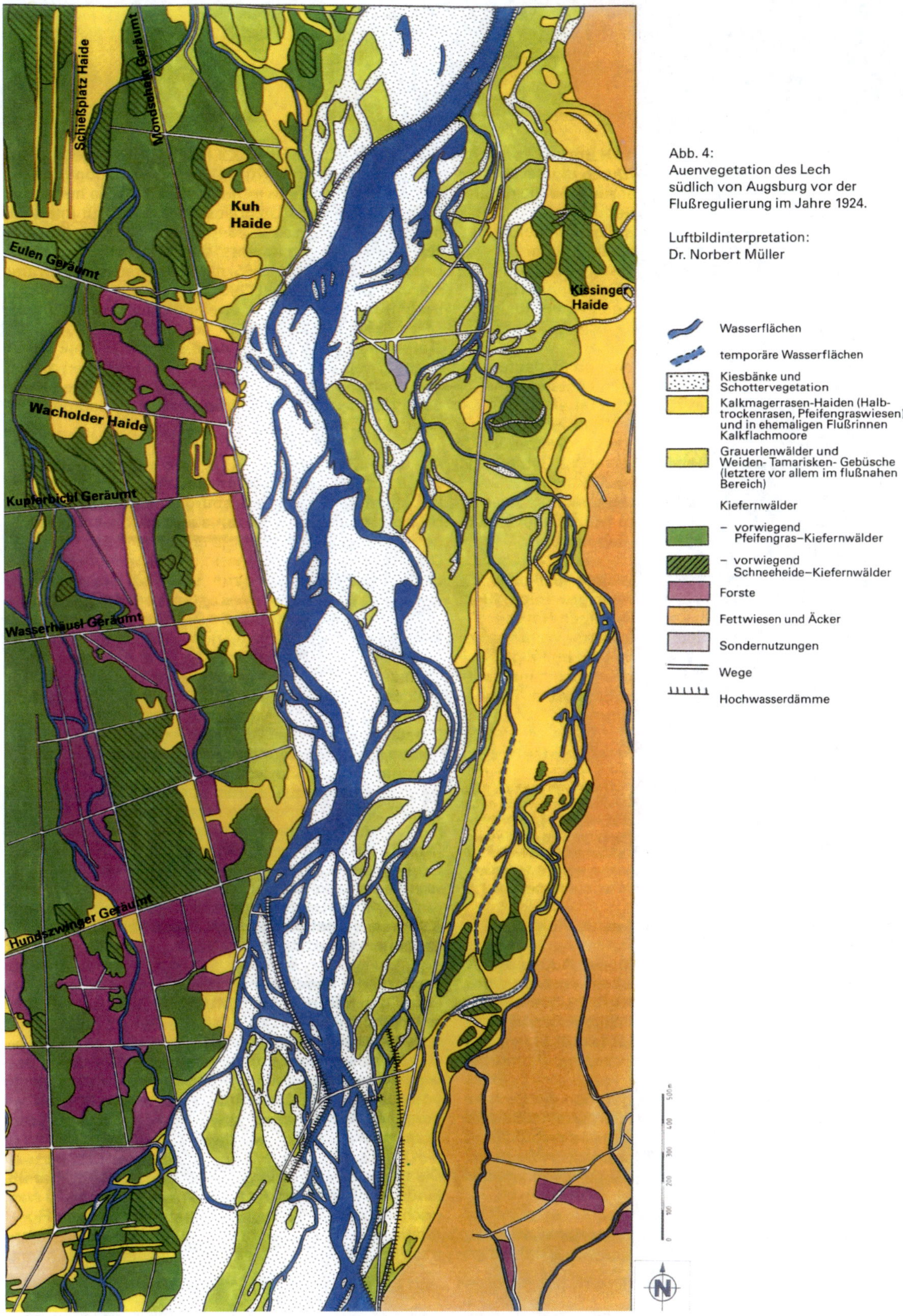

Abb. 37: Auenvegetation am Lech 1924. Die Karte der Auenvegetation des Lechs südlich von Augsburg vor der Flussregulierung im Jahre 1924 entstand auf der Grundlage einer nachträglichen Luftbildinterpretation von Dr. Norbert Müller, Quelle: *Müller* (1991a, S. 84).

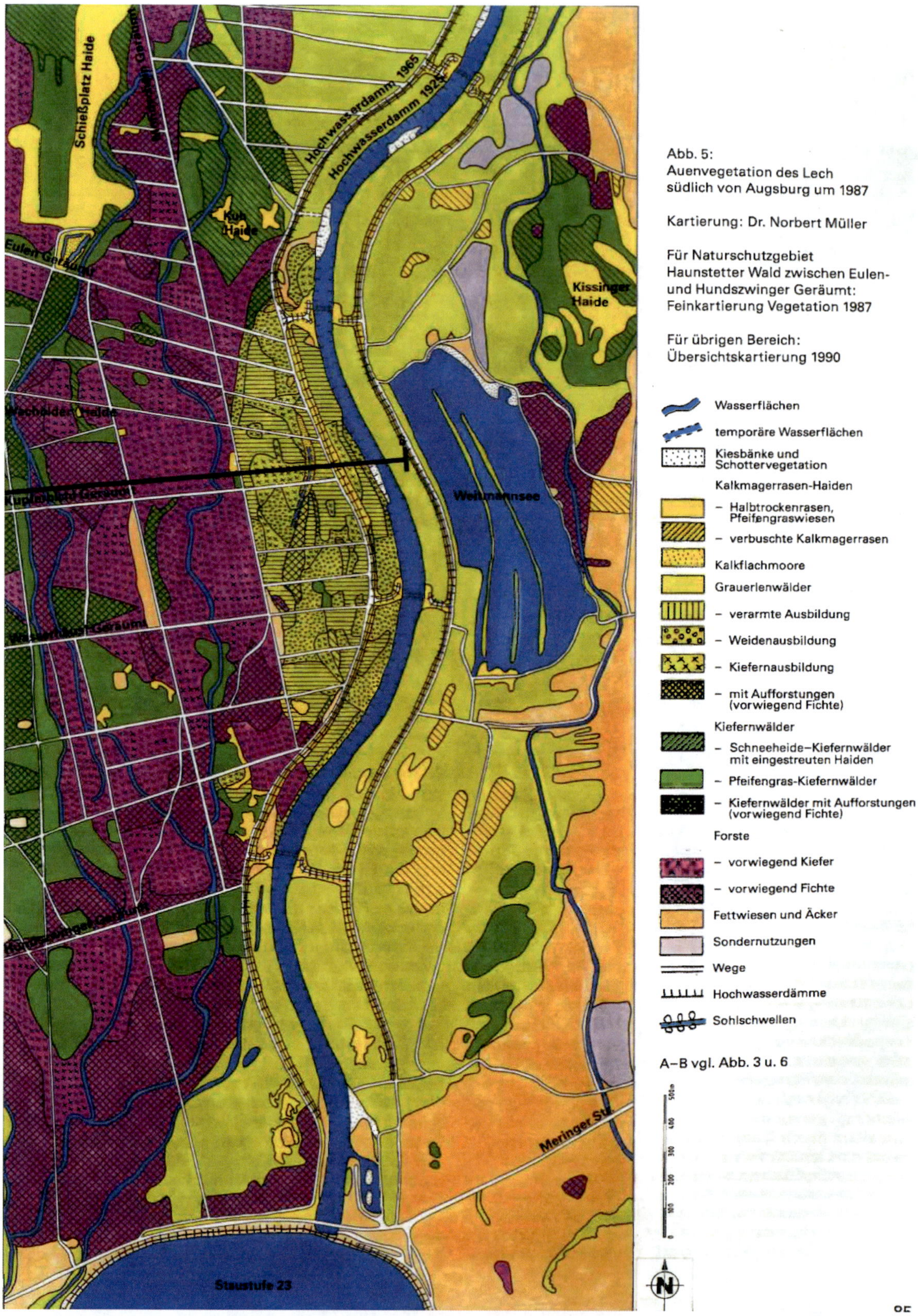

Abb. 38: Auenvegetation am Lech 1987 südlich von Augsburg nach Flussregulierung und Eindeichung. Diese Karte fußt auf Luftbildauswertung plus Kartierung. Quelle: *Müller* (1991a, S. 85).

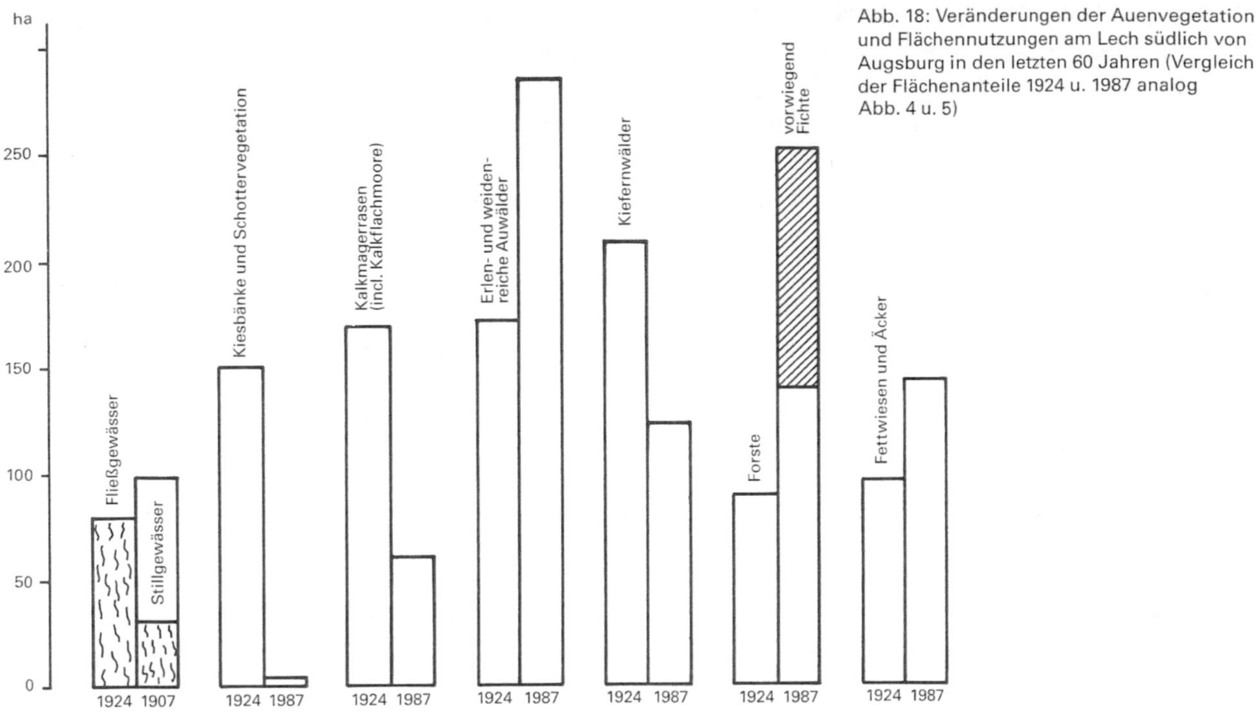

Abb. 39: Veränderungen der Auenvegetation. Die Auswertung von Abbildung 36 und Abbildung 37 ergibt diese Darstellung der Veränderung von Auenvegetation und Flächennutzung zwischen 1924 und 1987 in ha, Quelle: *Müller* (1991a, S. 95).

Dazu kommt eine große neue Wasserfläche, der Weitmannsee. Dabei handelt es sich um ein Restloch, nämlich um das Überbleibsel eines ehemaligen Kiesabbaus.

In der Abb. 39 wird der Vergleich der beiden im Abstand von 60 Jahren durchgeführten Kartierungen von *Müller* (1991a) nochmals übersichtlich dargestellt. Der Flächenanteil des Fließgewässers Lech hat sich mehr als halbiert, dafür kamen der Staubereich hinter Staustufe 23 und der Kiesweiher als Stillgewässer hinzu. Der wildernde Lech von einst ist tot. Deshalb kann vornehmlich als Folge der zahlreichen Stauhaltungen keine Geröllfracht mehr transportiert werden. Somit sind im kartierten Abschnitt fast 150 ha Kies- und Sandbänke mit der entsprechenden Pionierflora und -fauna auf wenige kümmerlich Quadratmeter im Gerinnebett reduziert. Auf den wenigen verbliebenen Kiesbänken hat sich zudem wegen der fehlenden wechselnden Wasserstände die Vegetation verändert. Die früher typischen alpinen Schwemmlinge wie z. B. Gemskresse oder Alpen-Leinkraut sind verschwunden.

Auch die Fläche der Kalkmagerrasen hat sich weit mehr als halbiert. Die Gründe hierfür sind das Vordringen forstlicher Nutzung. Zusätzlich ist seit den 50er Jahren des letzten Jahrhunderts die extensive weidewirtschaftliche Nutzung mit Schafen aufgegeben worden. Dadurch kam es zu einer Verbuschung. Kleine Teile des ehemaligen Kalkmagerrasens wurden zur Zeit der zweiten Kartierung auch intensiv landwirtschaftlich genutzt.

Das Areal der Erlen- und weidereichen Auewälder hat sich stark vergrößert. Sie sind ein Ergebnis der natürlichen Sukzession. Weil die Kies- und Sandbänke nicht mehr regelmäßig überflutet und ihre Geschiebe nicht mehr umgelagert werden, hat sich zunächst Pioniergebüsch angesiedelt, bevor sich der Wald ausdehnte. Mit dem Aufkommen des Waldes einher geht eine Verarmung und ein rasches Verschwinden von Pionierpflanzen wie den Tamarisken.

Die Flächenverluste des Kiefernwaldes beziehen sich auf die 1924 kartierten lichten Bestände von Schneeheide-Kiefernwäldern. Sie fielen einer konsequent durchgeführten Aufforstung mit Fichten und Kiefern zum Opfer. Dementsprechend beträgt der Flächenzuwachs bei den Forsten über 160 ha.

Wie bereits erwähnt, wurde ein Teil der Kalkmagerrasenflächen in gut gedüngtes Ackerland umgewandelt, Darstellung der Veränderungen nach *Müller* (1991a, S. 95 ff.).

Die Aussagen dieser Gegenüberstellung älterer und jüngerer Kartierungen treffen in ihrer Grundtendenz mehr oder weniger für viele weitere, hier nicht detailliert dargestellte Flussabschnitte des Lechs zu. *Müller* et al. (1992, S. 206ff.) haben die Entwicklung in zwei weiteren Flussabschnitten im Oberlauf bei Reutte in Tirol und im Mittellauf bei Schongau eingehend untersucht und kartographisch dargestellt. Sie weisen die Auswirkungen der Flusskorrektur seit 1852 (vgl. Kapitel 6) und die des Staustufenbaus seit 1901 (vgl. Kapitel 12) für die unterschiedlichen Biotope des Lechs nach:

- Folgen der Flusskorrektur durch Anlage eines Regelprofils mit befestigten Ufern und einer drastischen Verkleinerung der Aue:
  - Verschwinden großer, bei Hochwasser überschwemmter Flächen, Verlust von offenen Wasserflächen und vegetationsfreien Kiesbänken
  - Verluste bei Pioniervegetation auf Rohböden bei Knorpelsalat, Zwergrohrkolben- und Uferreitgrasgesellschaften, Weiden- und Tamariskengebüsch
  - Im Zuge der Sukzession dringen trockenheitsresistente Pioniergebüsche nach und werden schließlich von verschiedenen Auewaldstadien abgelöst. Insgesamt wachsen die Flächen mit Grauerlen-, Eschen-, Ulmen- und Kiefernwäldern
  - Neben diesen Verlusten ist ein Zuwachs an LNF, Siedlungs- und Verkehrsfläche zu verzeichnen.

- Folgen des Staustufenbaus und der Umwandlung des Lechs in eine Seenkette mit stark reduzierten Fließgeschwindigkeiten und einer Verstetigung des Abflusses:
  - Die Unterbrechung des Gerölltransports beendet die ständige morphologische Umarbeitung der Kiesbänke, führt zu einem Geschiebedefizit und damit zu Tiefenerosion
  - Aussterben der Pioniervegetation mit Knorpelsalat-, Zwergrohrkolbengesellschaften, Weiden- und Tamariskengebüsch, starker Rückgang bei Lavendel-Weiden-Gebüsch und Uferreitgras
  - Vordringen von Verlandungsgesellschaften, Ruderalgesellschaften und Auewäldern.

Die wasserbaulichen Eingriffe am Lech haben sich selbstverständlich auch auf die Tierwelt ausgewirkt. *Waldert* (1991) stellt bei Insekten einen generellen Artenrückgang fest, der besonders die Bewohner von Extrembiotopen betrifft. Das sind z.B. Kiesbänke oder Altwässer. Auch *Pfeuffer* (1991) beklagt für die Schmetterlinge einen massiven Artenschwund und macht dafür die Landschaftsveränderungen verantwortlich. Neben der direkten Biotopvernichtung nennt er Biotopzerschneidung z.B. durch Stauseen und Biotopveränderungen durch Sukzession infolge der fehlenden Dynamik des Wasserstandes und der Umlagerungen. Die Avifauna ist ebenfalls von der Umwandlung des Wildflusses in ein kanalartiges Gerinne und später in eine Kraftwerkstreppe betroffen: „Mit der Begradigung des Lechs starben Lachseeschwalben, Rotschenkel und Triel aus“, *Bauer* (1991, S. 122). Der Staustufenbau vernichtete Auen, Haiden, Magerrasenflächen und Auwald und entzog vornehmlich der ehemals arten- und individuenreichen Singvogelpopulation die Brutplätze. Besonders betroffen sind Kiesbrüter.

Insgesamt ist der Staustufenbau aus ökologischer Sicht sehr negativ zu bewerten, allerdings konnte durch die neuen Wasserflächen für bestimmte Vogelarten ein gewisser Ausgleich geschaffen werden. Dies gilt für seltene Entenarten, Haubentaucher, Zwergtaucher und die Wasserralle, nach *Bayerisches Landesamt für Wasserwirtschaft* (1984, S. 85ff.).

Im Lech wurden vor der Donauregulierung, mit der um 1820 begonnen wurde, sehr viele Fische gefangen. *Fendt* (2018, S. 164) berichtet, dass 1620 zur Laichzeit im Frühjahr 17000 Nasen von der Donau zum Zusammenfluss von Lech und Wertach kamen, um hier abzulaichen. Während es 1653 in Augsburg 40 Berufsfischer gab, konnten sich 1730 nur noch 18 mit diesem Beruf ernähren. Mit dem Bau des ersten Wehres bei Gersthofen wurde der Fischzug lechaufwärts beendet, denn die eingebaute Fischtreppe wurde nicht angenommen. Ein Vergleich des Fischbesatzes vor und nach den Wasserbaumaßnahmen ist jedoch problematisch, da der Fischbestand eines Flusses nicht nur natürlich bedingt ist, sondern durch Besatz mit Zuchtfischen „korrigiert“ wird. Jedenfalls änderte die Errichtung von Staustufen den Charakter des Lechs. Die Stauhaltungen sind Stillwasserzonen, in denen „… völlig neue Lebensräume entstanden, die sich nicht in das Schema der klassischen Fischregionen einordnen lassen“, *Bayerisches Landesamt für Wasserwirtschaft* (1984, S. 54). Zwar ist die Anzahl der Arten gleichgeblieben, es haben jedoch „… erhebliche Artenverschiebungen und Eliminationen stattgefunden … Bis zum Ende des 19. Jahrhunderts kamen 13 heute nach der Roten Liste … gefährdete Fischarten im Lech vor. Davon verschwanden bis 1983 mindestens sechs Arten völlig. Wenigstens eine Art wäre ohne Besatzmaßnahmen in ihrem Bestand gefährdet … Durch Besatz (auch mit drei Fremdfischarten) und Umgestaltung kamen neun Arten neu hinzu. ‚Allerweltsarten' wie das Rotauge oder bevorzugte Angelfische wie Regenbogenforellen, Zander, Schleie und Karpfen füllen zahlenmäßig die früher vorhandene Artenanzahl wieder auf. Die Artenverschiebung verlief auf Kosten heute gefährdeter Fische. Davon sind besonders solche Kieslaicher und Laichwanderer betroffen, die nicht in Satzfischzuchten erbrütet werden", *Bayerisches Landesamt für Wasserwirtschaft* (1984, S. 54).

15 Der Fluss als technisch-ökonomisches System

Elektrischer Strom ist in Europa die wichtigste Sekundärenergie. Sie wird in verschiedenen Kraftwerken aus Primärenergie wie fossilen Brennstoffen (Kohle, Erdgas, Erdöl), aus Kernenergie und aus regenerativen Quellen (Wind, Sonne, Biomasse, Geothermie, Biogas, Wasserkraft) erzeugt und über ein Verteilnetz ausgeliefert. Im elektrischen Verteilnetz muss aus physikalischen Gründen ein Gleichgewicht zwischen Stromeinspeisung aus Kraftwerken und Stromverbrauch herrschen. Kleinere Ungleichgewichte führen zu unerwünschten Schwankungen bei der in Deutschland üblichen Netzfrequenz von 50 Hz, größere verursachen einen Zusammenbruch des Systems und damit Stromausfälle. Da der Verbrauch über den Preis nur wenig steuerbar ist, muss auf der Erzeugerseite durch Kraftwerksmanagement und Stromverbund mit leistungsfähigen Übertragungsnetzen der Ausgleich gewährleistet werden. Allerdings können Kraftwerke nicht beliebig an- und abgefahren werden. Je nach Art der Energieerzeugung und Kraftwerkstyp schwankt die Zeitspanne für das Anfahren eines Kraftwerks von Minuten bis zu mehreren Tagen oder gar Wochen. Deshalb unterscheidet das Kraftwerksmanagement zwischen einer konstant bleibenden Grundlast, einer im Tagesgang relativ gut vorhersagbaren Mittellast und den kurzzeitig auftretenden Verbrauchsspitzen, die die Spitzenlast der Kraftwerke darstellen (vgl. dazu Abb. 40).

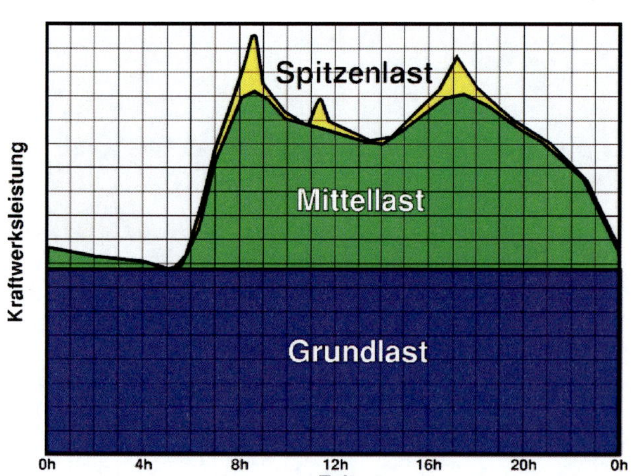

Abb. 40: Tagesgang der Kraftwerksleistung. Typischer Tagesgang der Last und die Abdeckung durch Kraftwerke für Grund-, Mittel- und Spitzenlast, Quelle: *Wikipedia*, public domain.

Alle Kraftwerke, die für die Umwandlung von Primärenergie in elektrischen Strom die Dampferzeugung nutzen, benötigen mehr oder weniger lange Anfahrzeiten oder sie müssen auch in verbrauchsarmen Zeiten unter hohem Primärenergieeinsatz auf Temperatur gehalten werden. Dagegen können Wasserkraftwerke gleich nach dem Öffnen der Schieber Strom ins Netz einspeisen. Turbinen von Wasserkraftwerken können nicht nur extrem schnell an- und abgefahren, sondern der Turbinendurchfluss kann im Schwellbetrieb kontinuierlich geregelt werden. Wasserkraftwerkstreppen sind deshalb besonders gut für die Abdeckung von Spitzenlasten geeignet, vgl. dazu *Rapp* (1997, S. 6). Die Kraftwerkstypen, die lange Zeit zum Anfahren benötigen, decken hingegen die konstante Grundlast ab. Ein weiteres Unterscheidungsmerkmal der verschiedenen Kraftwerkstypen wird im Zeichen der Energiewende und dem größer werdenden Anteil ökologisch verträglicher erneuerbarer Energieträger immer wichtiger, der Unterschied zwischen regelbarer und nicht regelbarer volatiler bzw. unstetiger Energieerzeugung. Zur ersten Gruppe gehört Energieerzeugung aus fossilen Brennstoffen und der Kerntechnik, zur zweiten werden die meisten erneuerbaren Energiequellen wie z. B. Windkraft und Solarenergie gerechnet. In diesem komplexen Energiemix hat Wasserkraft unschlagbare Vorteile. Sie gehört zu den erneuerbaren Energieträgern, ist extrem schnell verfügbar und – in Verbindung mit einer Stauhaltung des Wassers – auch regelbar. Aus dem Blickwinkel des Klimaschutzes ist Wasserkraft somit hochwillkommen und ökologisch vernünftig. Denn sie kann schnell regelbaren Strom CO_2-neutral liefern!

Die obige Aussage ist aus dem Blickwinkel der anthropogenen Klimaveränderungen und der dringend gebotenen Umstellung auf „grünen Strom“ getroffen. Sie gilt jedoch nicht für die ökologisch-hydrogeographische Situation des Lechs! In hydrogeographisch-ökologischer Sichtweise stellt die Nutzung der Wasserkraft extreme Eingriffe in den Naturhaushalt dar! Die Kraftwerke am Lech werden einerseits zur Abdeckung der Grundlast genutzt, andererseits werden sie im Schwellbetrieb gefahren. Bei niedrigem Stromverbrauch wird Wasser im Forggensee zurückgehalten. Wenn Verbrauchsspitzen auftreten (vgl. Abb. 42), liefert der See durch Öffnen der Schleusen sog. „Aufsatzleistung". Das sehr kurzfristig bereitgestellte Zusatzwasser wird nach der Turbinenpassage in der unterliegenden Kraftwerkstreppe im Mandichosee bei Augsburg wieder aufgefangen, vgl. Abb. 41.

Der Schwellbetrieb erstreckt sich über die gesamte Kraftwerkstreppe. Dies sei am Beispiel der Staustufen 18 bis 23 zwischen Kaufering und Merching erläutert. Im Jahresmittel beträgt der Durchfluss unterhalb von Landsberg ca. 82 m^3/sec. Die Nennleistung der Turbinen wird jedoch erst bei 150 m^3/sec erreicht. Das heißt, die Turbinen laufen die meiste Zeit nur mit halber Kraft und können bei Bedarf hochfahren. Das gilt natürlich nur, wenn der Zufluss < 150 m^3/sec ist. Deshalb wird Schwall-Sunk-Betrieb in den Monaten mit einem hohen Abfluss im Frühjahr und Sommer, wenn gleichzeitig der Stromverbrauch niedrig ist, kaum gefahren. Im abflussarmen Winterhalbjahr liefert diese Fahrweise jedoch die nötigen Reserven für den dann höheren Verbrauch.

Verlangen die charakteristischen Tagesschwankungen des Stromverbrauchs eine höhere Stromproduktion, wird der Stauspiegel der Lechstaustufe 18 bei Kaufering um bis zu 1,2 m abgesenkt, gleichzeitig steigt der vorher abgesenkte Spiegel in Merching an der Staustufe 23 mit entsprechendem zeitlichen Versatz. Bei den dazwischenliegenden Stauhaltungen 19 bis 22 werden keine Spiegelschwankungen ausgelöst. Die amphibische Uferfläche beträgt an den Staustufen 18 und 23 etwa 2 % der Seefläche, vgl. dazu *Rapp* (1997, S. 6). In diesen beiden Stauseen kommt es folglich durch den Schwall-Sunk-Betrieb zu Wasserstandsschwankungen, die dem Wesen eines natürlichen Flusses wesentlich eher entsprechen, als ein konstant gehaltener Wasserspiegel.

Dieser Beitrag zu einer klimafreundlichen Stromprodukton hat allerdings einen ökologischen Preis. Die durch den Schwall-Sunk-Betrieb hervorgerufenen künstlichen, oft extremen Abflussschwankungen verändern die ökologischen Bedingungen im unterstromigen Gewässer. Der Schwall wirkt sich vornehmlich auf die Lebensbedingungen von Fischen und anderen Organismen aus, die u. U. verdriftet werden. Hinzu kommt, dass mit der Änderung des Durchflusses auch in das Belastungsverhältnis des Lechs eingegriffen wird und davon Veränderungen bei Erosion oder Sedimentation ausgehen können. Deshalb sollten die Amplituden des Schwall-Sunk-Betriebs zur Vermeidung von größeren Schäden stets kleiner bleiben als die natürlichen Abflussschwankungen des Lechs. Hinzu kommen die zeitliche Verschiebung und Beeinflussung von Hoch- und Niedrigwasser. Der Lech, dessen Abfluss ursprünglich durch Niederschlagsgeschehen, Quellschüttung und Schneeschmelze bestimmt war, wird heute von der European Energy Exchange, EEX, der Strombörse in Leipzig, über den Zulauf zu den Kraftwerksturbinen gesteuert. Je nach Angebot und Nachfrage steigen und fallen die Preise für Energie. Das kann so weit gehen, dass in Zeiten der Stromüberproduktion sogar der Strombezug bezahlt wird! Das Ziel der Kraftwerkstreppe ist vorrangig die schnelle Reaktion zur Herstellung des Gleichgewichts zwischen Einspeisung und Stromverbrauch und vor allem die Erzeugung eines hochpreisigen Stroms in Zeiten des Spitzenbedarfs. *Soentgen* (2014, S. 156) beschreibt die Situation treffend: „Wenn im deutschen Stromnetz viel Strom angeboten, aber relativ wenig nachgefragt wird, dann schließt der Kraftwerksfahrer … am Forggensee die Schleusen. Geht aber der Strompreis an der Strombörse in die Höhe, dann lässt der Kraftwerksfahrer das Wasser durch die Turbinen laufen." Durch diesen Schwellbetrieb ist einerseits die optimale Erzeugung von Strom aus erneuerbarer Energiequelle möglich, für die hydrogeographische Situation bedeutet dies allerdings eine ökologische Katastrophe, denn „… von Natur aus fließt der Lech tagsüber und nachts in gleicher Stärke, sonntags nicht anders als montags … die Gesellschaft aber braucht nachts weniger Strom als tagsüber. Sonntags stehen die Bänder still, montags hingegen fängt die Arbeit wieder an, damit schnellt auch der Strombedarf nach oben …" *Soentgen* (2014, S. 156).

Wie stark der Lech umgewandelt wurde, zeigt die Karte mit den Staustufen zwischen Füssen und der Einmündung in die Donau, vgl. Abb. 43 und Tab. 8. Das komplette Abflussgeschehen wird an einem Kraftwerksfluss wie dem Lech mit seinen Staustufen und Wehren vom Stromverbrauch und den Preisen an der Strombörse reguliert. Nur in Ausnahmefällen wie einer extremen Trockenperiode, in der die Speicher leerlaufen oder wenn große

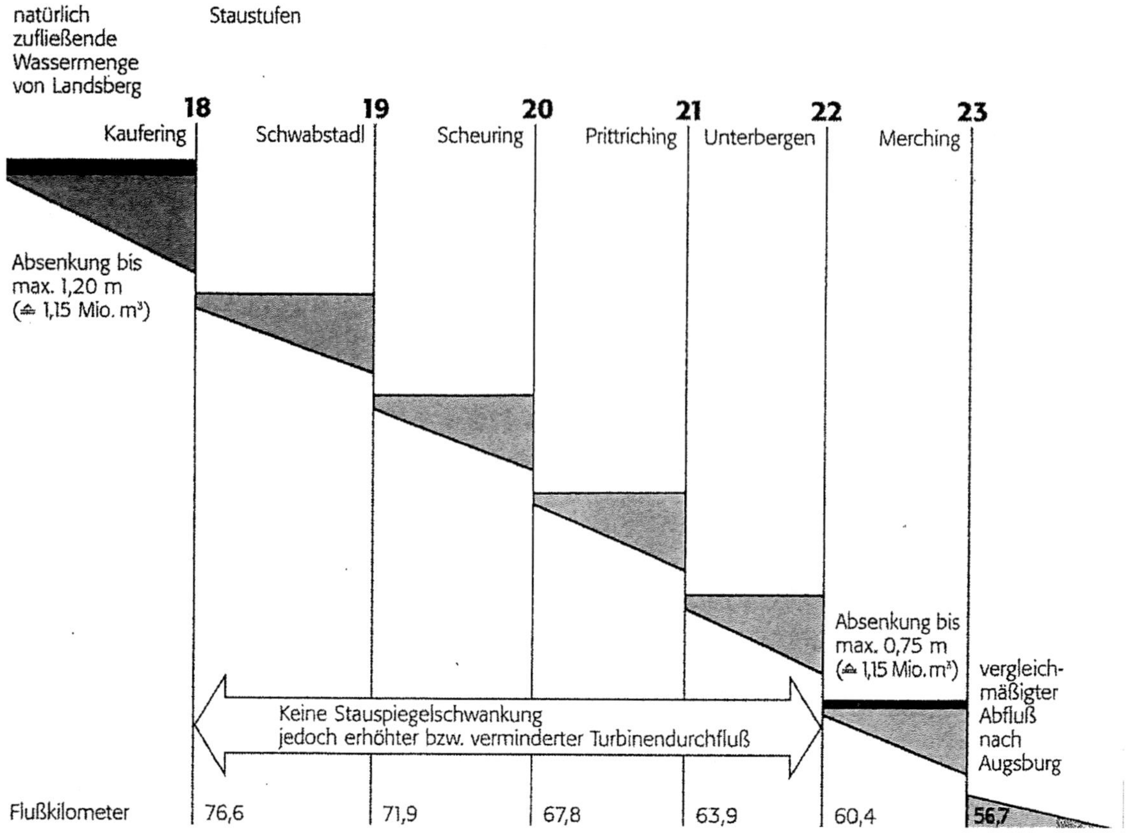

Abb. 41: Schwellbetrieb einer Kraftwerkstreppe. Beim Schwellbetrieb zwischen den Staustufen Kaufering und Merching schwankt der Wasserspiegel an den Staustufen 18 und 23, bei den übrigen bleibt er konstant, Quelle: (*Rapp* 1997, S. 6)

Hochwasser abkommen, übernimmt der Fluss teilweise wieder das Regiment. Das schlägt sich auch in der Abflussganglinie nieder, vgl. Abb. 45. Der übers ganze Jahr mehr oder weniger gleichförmige Abfluss wird von Tages- und Wochenschwankungen und vom Schwellbetrieb moduliert. Einzig ein extremes Hochwasserereignis im August setzte diese Gesetzmäßigkeit außer Kraft. Um die Veränderungen entsprechend beurteilen zu können, wird ein Vergleich mit der Abflussganglinie des nicht staugeregelten Lechs in Abb. 3 empfohlen. Beim ungeregelten Lech schwankte der Pegelstand im Jahr um ca. 110 cm, beim staugeregelten Fluss erreicht die Amplitude des Pegelstandes weniger als 50 cm. Die Peaks von Hochwasserereignissen sind in Abb. 3 durch die zehnjährige Mittelung weitgehend ausgefiltert. Deshalb ist der Vergleich des Spitzenwertes aus Abb. 44 mit den gemittelten Werten in Abb. 3 nicht zulässig. Mit den in Tab. 8 genannten Kraftwerken mit einer Nennleistung von ca. 342 MW trägt der Lech mit ca. 13 % zur bayerischen Stromerzeugung bei, *Kluger* (2011, S. 172).

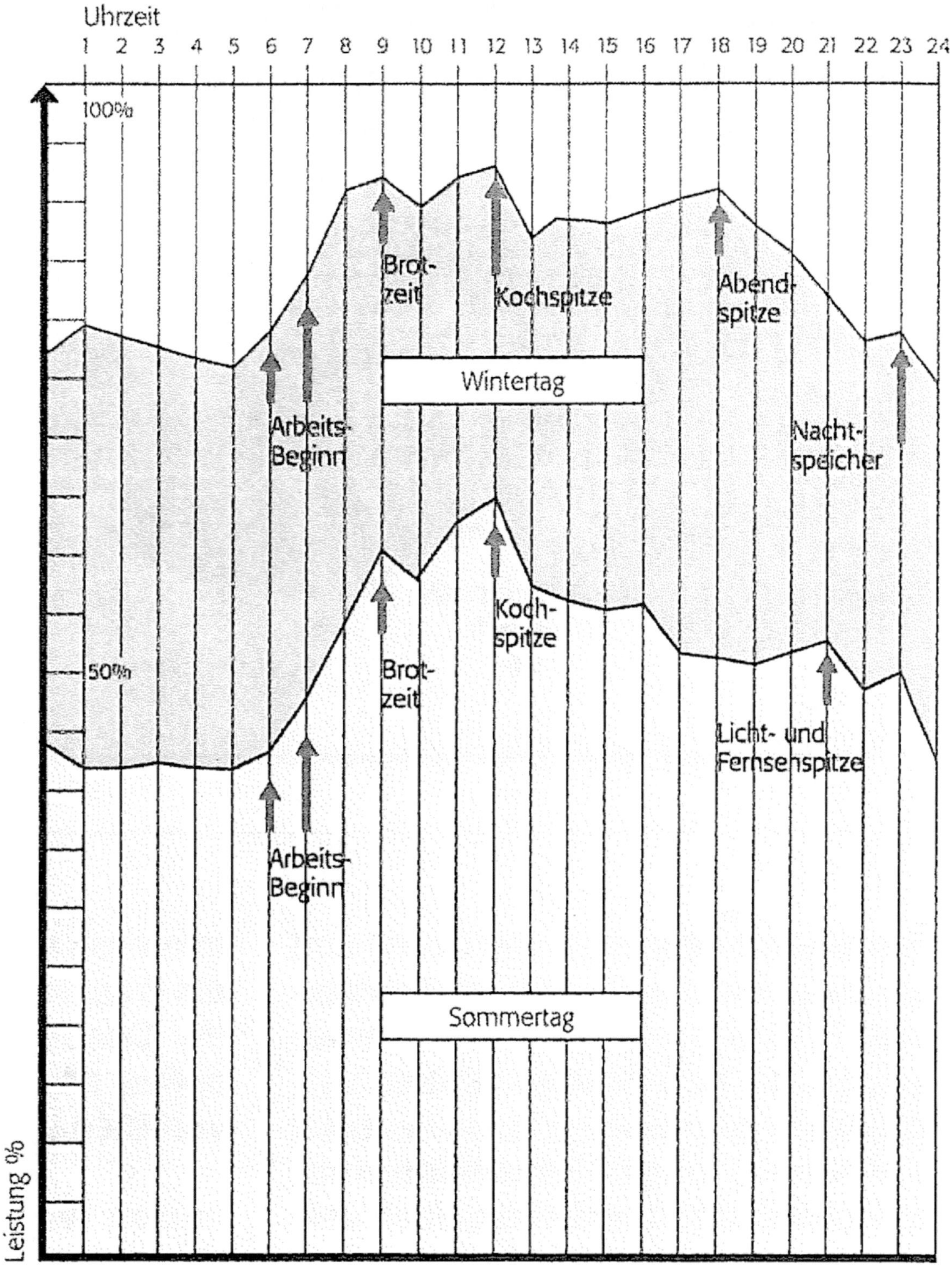

Abb. 42: Typischer Tagesgang des Stromverbrauchs für einen Sommer- und Wintertag, Quelle: (*Rapp* 1997, S. 6)

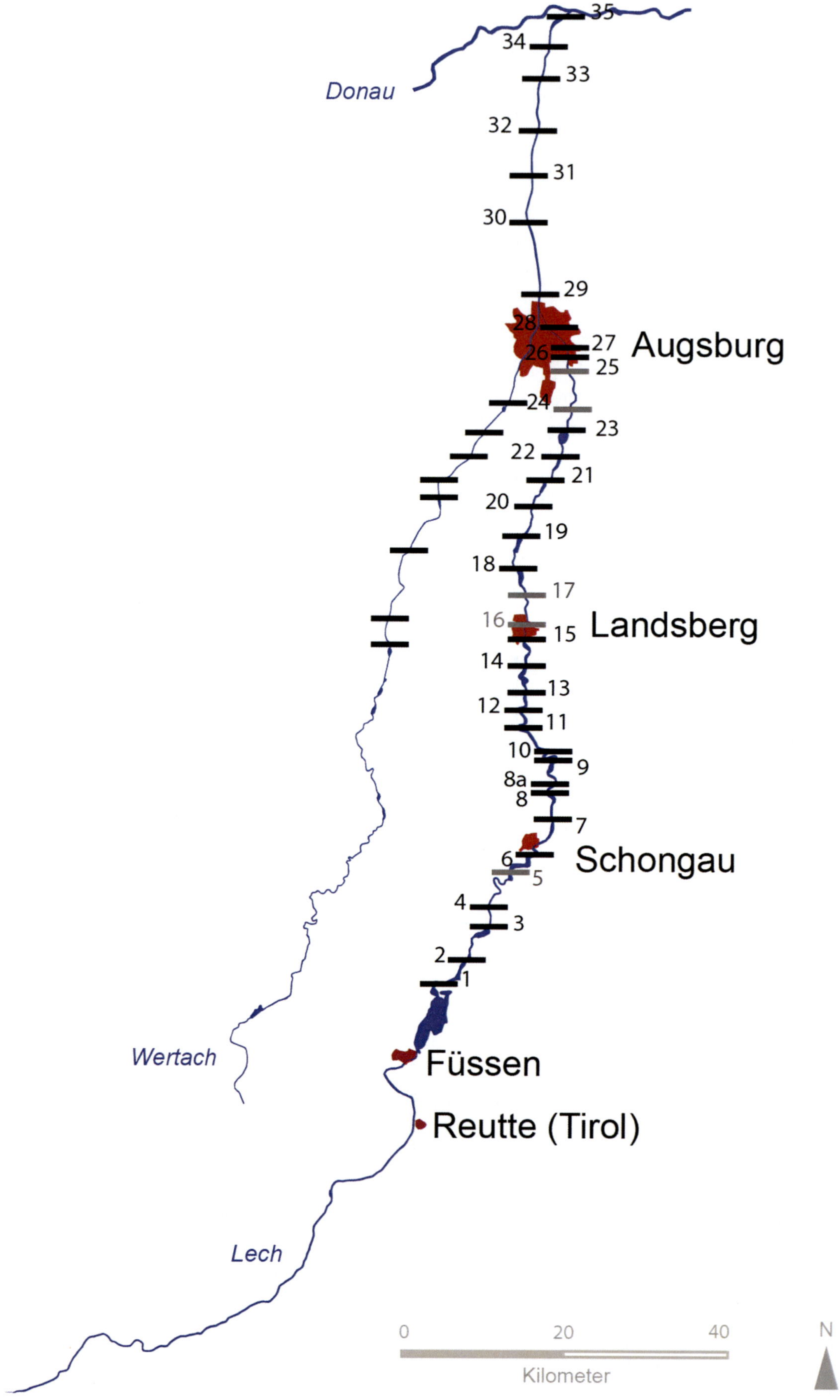

Abb. 43: Staustufen am Lech, vgl. dazu auch Tabelle 4, Quelle: *Krauss* (2014, S. 106).

Nr.	Name d. Staustufe	Baujahr	Staulänge	Verweildauer d. Wassers	Nennleistung
–	Horn/Schwangau	1952			5,5 MW
1	Forggensee, Talsperre	1954	11 000 m	588,0 h	45,5 MW
2	Prem, Talsperre	1971	4650 m	28,6 h	19,2 MW
36	Lechbruck	1903/1940/1958			6,1 MW
3	Urspring	1966	3800 m	17,6 h	10,1 MW
4	Dessau	1967	2980 m	4,2 h	10,3 MW
6	Dornau, Talsperre	1960	7830 m	67,9 h	16,6 MW
7	Finsterau	1950	4010 m	10,9 h	7,7 MW
37	Sperber	1947	3736 m	6 h	7,2 MW
8 a	Kinsau	1907			2,6 MW
9	Apfeldorf	1944	2670 m	7,8 h	7,2 MW
10	Epfach	1948	3060 m	5,9 h	8,3 MW
11	Lechblick	1943	4015 m	8,4 h	8,1 MW
12	Lechmühlen	1943	2730 m	4,7 h	7,9 MW
13	Dornstetten	1943	3735 m	9,7 h	8,2 MW
14	Pitzling	1944	4505 m	26,0 h	7,9 MW
15	Landsberg	1943	3300 m	9,2 h	7,8 MW
16	Karolinenwehr Landsberg	14. Jhdt./1910			0,4 MW
18	Kaufering	1975	4850 m	13,4 h	16,7 MW
19	Schwabstadl	1981	4700 m	11,0 h	12 MW
20	Scheuring	1980	4100 m	4,8 h	12,2 MW
21	Prittriching	1984	3900 m	5,6 h	12,1 MW
22	Unterbergen	1983	3500 m	5 h	12,4 MW
23	Mandichosee Merching	1978	3700 m	17,7 h	12,0 MW
26	Hochablass Augsburg	11.?/14. Jhdt./2013			3,4 MW
27	Eisenbahnwehr Augsburg	2006			3,2 MW
28	Wolfszahnau	2010			2 MW
29	Gersthofen	1901			9,9 MW
30	Langweid	1908			7 MW
31	Meitingen	1922			11,6 MW
32	Ellgau	1952			9,7 MW
33	Oberpeiching	1954			12,3 MW
34	Rain	1954			10,9 MW
35	Feldheim	1960			8,5 MW

Tab. 8: Staustufen und Kraftwerke am Lech; die Nummern 1 bis 35 in Konkordanz zu Abb. 42; Quellen: *Bayerisches Landesamt für Wasserwirtschaft* (1984), *Häußler* (2015), *Krauss* (2014), (*Wikipedia*).

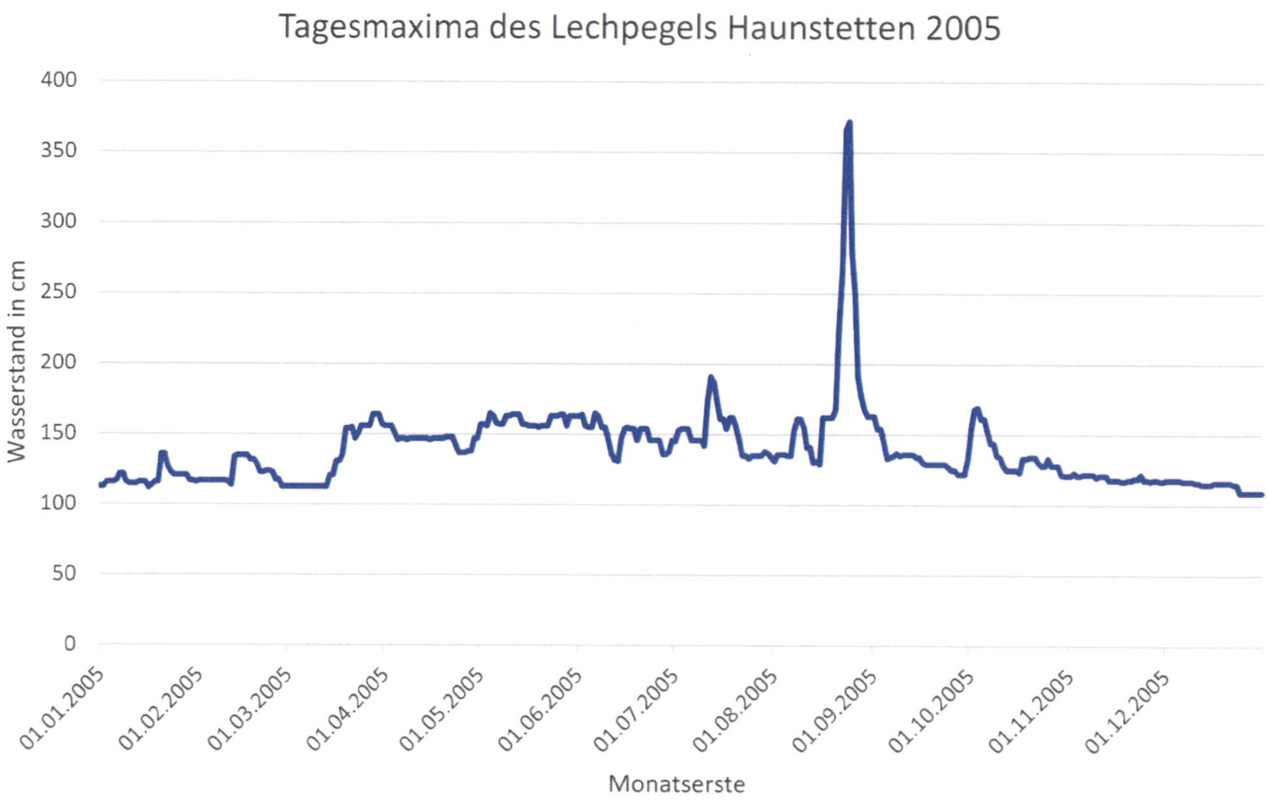

Abb. 44: Jahresgang des Wasserstandes (Tageswerte) am Pegel Haunstetten vom 01. 01. bis zum 31. 12. 2005, Quelle: *LfU Bayern*.

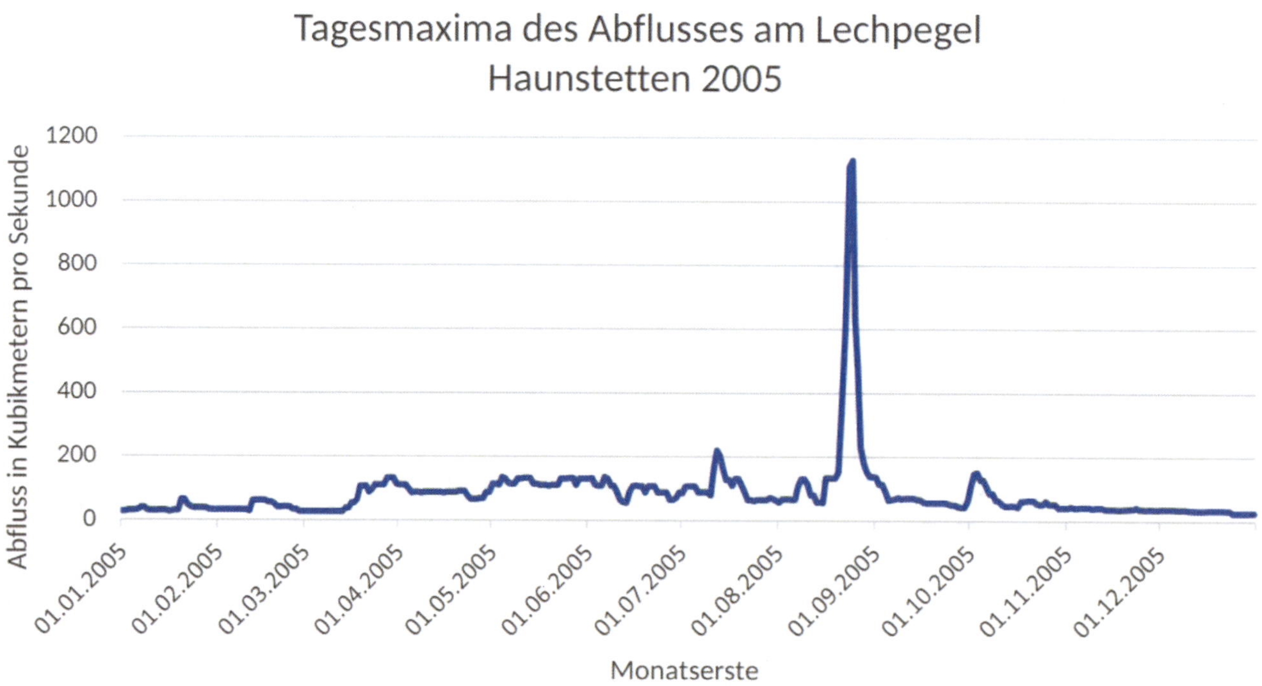

Abb. 45: Jahresgang des Abflusses (Tageswerte) am Pegel Haunstetten vom 01. 01. bis zum 31. 12. 2005 mit Tagesschwellbetrieb vornehmlich im Winterhalbjahr, Quelle: *LfU Bayern*.

16 Licca liber – die ökologische Wende

Nach einer jahrhundertelangen flussökologischen Negativentwicklung hat bei der Nutzung des Lechs inzwischen ein Umdenken eingesetzt. Besonders seit Mitte des 19. Jahrhunderts, als der Lech vornehmlich aus Gründen des Hochwasserschutzes begradigt wurde und als mit dem Ausbau der Stromerzeugung bis zum Ende des 20. Jahrhunderts eine weitere, alle bisherigen Nutzungen in den Schatten stellende Veränderung hinzukam, wurde der Lech grundlegend umgestaltet. *Englisch* (1997, S. 3) benennt diese Entwicklung mit drastischen Worten: „Der Lech hat in nur 150 Jahren die typischen Eigenschaften eines alpinen Flusses verloren. Durch Korrektionsmaßnahmen und den Ausbau mit Staustufen ist der einst das ganze Tal beherrschende Alpenfluss größtenteils in eine Kette von Staubecken umgewandelt worden, die durch begradigte Gerinne miteinander verbunden sind.“ Ebenso deutliche Worte findet *Jungwirth* (2012, S. 2): „Aktuell ist der Lech … ein anthropogen extrem degradiertes Gewässersystem.“

Politik und staatliche Verwaltungen haben jedoch inzwischen erkannt, dass der Mensch nachhaltig handeln und wirtschaften muss, anderenfalls gefährdet er seine Zukunft. Neben dem wachsenden Wissen um die komplexen ökologischen Zusammenhänge haben besonders immer größere, letztendlich vom Menschen zu verantwortende Schäden – die vom abgesenkten Grundwasserspiegel bis zum katastrophalen Hochwasser reichen – dazu geführt, dass nach neuen Leitbildern für die Pflege und Gestaltung der Flusslandschaft gesucht wurde und wird. Begleitet wird ein solches Umdenken durch den gesetzgeberischen Rahmen, der mit Ge- und Verboten das menschliche Handeln am Fluss regelt. Zusätzlich zu den gesetzlichen Regelungen im nationalen Umfeld lieferte die Wasserrahmenrichtlinie der EG hierfür den letzten Anstoß. Die Richtlinie wurde am 23. Oktober 2000 von Europäischem Parlament und Rat implementiert. Sie soll die rechtlichen Vorgaben für die Wasserpolitik der Europäischen Union vereinheitlichen und die Verwaltungen der Mitgliedsländer stärker auf eine nachhaltige und umweltverträgliche Wassernutzung ausrichten. Danach waren die Mitgliedsstaaten der EU verpflichtet, bis 2015 alle Gewässer in einen „guten ökologischen“ und „guten chemischen Zustand“ zu bringen. In Ausnahmefällen läuft die Frist bis 2027, *Umwelt Bundesamt* (09.05.2020).

Am österreichischen Alpenlech begann die aus heutiger Sicht falsche Flusskorrektion wesentlich später als am deutschen Alpenvorlandslech. Erst gegen Ende des 19. Jahrhunderts wurden kleine lokale Uferbefestigungen durchgeführt und erst 1896 wurde zwischen Höfen und Ehenbichl ein erstes größeres Längsbauwerk errichtet. 1952 baute man das erste Wasserkraftwerk am Kniepass nahe der Grenze zu Deutschland und ab 1962 wurde die Geschiebezufuhr der Wildbäche Hornbach, Namlosbach, Streimbach und Schwarzwasserbach durch Geschieberückhaltesperren abgeriegelt. Insgesamt waren jedoch die Bedingungen für eine flussmorphologisch orientierte Renaturierung zur Bekämpfung der rasch fortschreitenden Tiefenerosion wegen der späteren und weniger schwerwiegenden Eingriffe wesentlich günstiger als am deutschen Alpenvorlandslech. Dazu kam, dass ein Großteil der betroffenen Grundstücke in staatlicher Hand war und man zur Durchführung von Renaturierungsmaßnahmen darüber verfügen konnte.

Der Anstoß zur Renaturierung ging in Tirol von Bürgerprotesten gegen ein geplantes Kraftwerk am Streimbach in den 90er Jahren des letzten Jahrhunderts aus. Nach den erfolgreichen Protesten wurde im Jahr 2000 schließlich ein Schutzgebiet am Lech und seinen Zuflüssen eingerichtet, zwei Jahre später begann man mit Hilfe von EU-Förderung in einem LIFE-Projekt „Wildflusslandschaft Tiroler Lech“ mit den Renaturierungsmaßnahmen. In Österreich hatte man im Vergleich zum deutschen Projekt *Licca liber* einen Vorsprung von ca. 20 Jahren. Die Ziele des EU-Projektes waren:

- Wiederherstellung der hochdynamischen Lebensräume des Lechs
- Beendigung der Tiefenerosion
- Stopp der dadurch verursachten Grundwasserabsenkung
- Verbesserung des Hochwasserschutzes durch eine flussmorphologisch angemessene und ökologisch verträgliche Vorgehensweise

- Erhaltung und Wiederherstellung der ursprünglichen Ökotopeigenschaften zur Erhaltung von Tieren und Pflanzen
- Weckung eines ökologisch orientierten Bewusstseins bei den Anliegern.

Im Verlauf der Maßnahmen wurde zwischen 2001 und 2007 dem Lech wieder mehr Raum gegeben und konkurrierende Nutzungen aus der Flussaue entfernt. Zahlreiche Längs- und Querbauten wurden beseitigt, Ufer wurden entfestigt und Dämme zurückverlegt. Um das Geschiebedefizit abzumildern, wurden sogar die Geschiebesperren am Schwarzwasserbach entfernt und am Hornbach abgesenkt. Schließlich wurde eine Dosieranlage zur Steuerung der Geschiebelast entwickelt. Das Ziel des Renaturierungsprojekts, das mit LIFE II zwischen 2016 bis 2021 fortgesetzt wurde, war die Vergrößerung des Retentionsraums und damit die Kappung der Hochwasserspitzen. Insgesamt wurde damit die Rückkehr zu einer naturnahen flussmorphologischen und -ökologischen Entwicklung ermöglicht. Selbstverständlich sind bei derartigen Maßnahmen zahlreiche Kompromisse einzugehen. Nach 20 Jahren hat sich der eingeschlagene Weg jedoch als richtig erwiesen. Es haben sowohl das Ökosystem des Flusses als auch die Anwohner profitiert, denn der Schutzstatus des Lechs hat sich auch positiv auf die wirtschaftliche Entwicklung ausgewirkt, vgl. *Bettel* (24.01.2019) und *Pumhösel* (21.08.2021).

Die geänderte Politik hat auch auf der bayerischen Seite im Landesamt für Umwelt und bei den zuständigen Wasserwirtschaftsämtern zu einem Umsteuern geführt. Allerdings dauerte es bis zum Beginn der Umsetzung wesentlich länger. Landschafts- und gewässerökologische Leitbilder aus den Geo- und Biowissenschaften beeinflussten auch die Ingenieurwissenschaften, die ihre Forschung zunehmend auf umweltrelevante Themenstellungen ausweiteten. Dieser neue Ansatz kommt bereits gut in einem Vortrag von *Jörg Noell* (1986), dem damaligen Leiter des Wasserwirtschaftsamtes in Würzburg, zum Ausdruck. Darin berichtet er von den negativen Veränderungen der Flusslandschaft des Mains durch den Wasserbau. Nach den erfolgreichen Bemühungen zur Gewässersanierung durch den Bau von Klärwerken und zahlreichen weiteren Maßnahmen im letzten Jahrhundert stellten die Wasserwirtschaftsämter jetzt auch für den Hochwasserschutz ökologisch orientierte Leitbilder auf und setzten sie im Rahmen der verbliebenen Möglichkeiten um. Deshalb ist zu hoffen, dass in der Zukunft weitere gravierende – ökologisch negative – Beeinträchtigungen der Flusslandschaft des Lechs unterbleiben werden.

Im Gefolge der bereits in den 80er Jahren des letzten Jahrhunderts am Beispiel des Mains dargestellten Erkenntnisse wurde am wichtigsten Nebenfluss des Lechs bereits vor der Rahmenrichtlinie im Jahr 1997 das Renaturierungsprojekt „*Wertach vital*“ gestartet. Da es mittlerweile fast abgeschlossen ist, soll es als Beispiel für das erfolgreiche Umsteuern dargestellt werden. Der Ausgangszustand der Wertach war ähnlich wie der des Lechs und wird von *Neumeier* und *Lindenmaier* folgendermaßen beschrieben: Flussbegradigungen haben die Lauflänge der Wertach zwischen dem Unterallgäu und der Mündung in den Lech von 50 km auf 30 km verkürzt. Dadurch kam es zu verstärkter Tiefenerosion und der Vergrößerung der Hochwassergefahr. Der Entzug von Geschiebefracht und der Bau von Staustufen zur Stromerzeugung tun ein Übriges. „Offene Kiesbänke, der Wechsel von Flachwasserbereichen und tieferen Kolken, schnell fließende Abschnitte und langsam fließende Strecken fehlten überwiegend und waren einem eintönigen und verarmten Gewässer gewichen. Durch die Abfolge der Stützkraftwerke mit Rückstaubereichen ist die Wertach in größeren Abschnitten als Hybridgewässer aus Fluss und Stillgewässer anzusehen. … Letztendlich degenerierte die Wertach vom natürlichen Wildfluss zum verbauten Gerinne.“, so *Neumeier* und *Lindenmaier* (2017, S. 218 f.), vgl. dazu auch Abb. 46.

Da der rasch fortschreitenden Tiefenerosion des Flusses begegnet werden musste und die Hochwassergefahr reduziert werden sollte, entschloss sich das Wasserwirtschaftsamt Donauwörth zu einer ganzheitlichen, ökologisch ausgerichteten Sanierung der letzten 14 Flusskilometer der Wertach zwischen der Staustufe Inningen und der Einmündung in den Lech. Dabei wurden die nachstehenden Ziele verfolgt:

- Herstellung eines naturnahen Gleichgewichtszustandes bei gleichzeitiger Unterbindung der Sohlenerosion
- Wiederherstellung der Wechselbeziehungen zwischen Fluss und Aue
- Verbesserung von Gewässerdynamik, Durchgängigkeit und Strukturvielfalt

Abb. 46: Kanalisierte Wertach. Blick von der Wertachbrücke bei Inningen im Jahr 1995 auf die kanalisierte Wertach. Foto: Wasserwirtschaftsamt Donauwörth.

- Optimierung des Hochwasserschutzes
- Die Wertach sollte wieder als ein natürlicher Fluss erlebbar gemacht und so ihr Wert für die Naherholung gesteigert werden.

Zur Umsetzung wurden in Flussabschnitten mit starker Tiefenerosion unterhalb der Staustufe Inningen zwei Rampen in die Flusssohle eingebaut. Zwischen diesen Rampen gab man dem Fluss wieder mehr Raum und entfernte die Uferbefestigung. Damit kann sich die Wertach wieder verbreitern und ihre Ufer wie ein Wildfluss uneingeschränkt verändern. Durch die wieder mögliche Seitenerosion kann der Fluss auch sein Geschiebedefizit durch die Aufnahme von vormals festgehaltenem Kies verkleinern. Neben dieser freien Flussverbreiterung wurden auch Strecken geschaffen, in denen der Fluss durch Rückverlegung von Uferbefestigungen und teilweise auch von Dämmen sein Bett nur in fest gezogenen Grenzen wieder verändern kann, also eine Flussaufweitung mit gesicherten Ufern. An der Staustufe Inningen und einem erneuerten Wehr wurden zur Verbesserung der longitudinalen Konnektivität Umgehungsgerinne geschaffen. In diesem Bereich kann der Auewald wieder geflutet werden. Damit kommt es zu einer Wiedervernässung und zum Wiederanstieg des ehemals abgesenkten Grundwassers. Das Göggeleswehr mit einer Stauhöhe von 5 m wurde komplett entfernt. Um eine erneute Tiefenerosion in Folge des dadurch neu entstandenen Gefälles zu verhindern, wurde stattdessen eine ca. 300 m lange Flussstrecke als Sohlrampe ausgebaut, vgl. Abb. 56. Zu diesem Zweck wurde die Flusssohle mit größeren Bruchsteinen belegt. Dieses offene Deckwerk, das noch durch dazwischen geschütteten Wertachkies ergänzt wird, soll die Fließgeschwindigkeit reduzieren und die Sohle vor Erosion schützen. Gleichzeitig wird die longitudinale Durchlässigkeit für Flora und Fauna wiederhergestellt und durch die Turbulenzen kommt es zu einer Sauerstoffanreicherung des Wassers.

Insgesamt waren die Maßnahmen Schritte in die richtige Richtung. Dies gilt sowohl bezüglich des Hochwasserschutzes als auch hinsichtlich der zahlreichen ökologischen Parameter, die eine Besserung des Gewässerzustands signalisieren, *Neumeier* und *Lindenmaier* (2017, S. 224ff.), vgl. auch Abb. 46 und Abb. 47.

Auch die Gewässerpflege am Lech selbst folgt inzwischen ökologischen Leitbildern. Die Notwendigkeit zum Umdenken wird erstmals umfassend dokumentiert in dem richtungweisenden Sammelband *Müller* und *Schmidt* (1991), der Untersuchung der Auswirkungen von Flussbaumaßnahmen auf Flussdynamik und Auenvegetation, *Müller* et al. (1992), und ganz besonders mit dem 2013 nach längerem Vorlauf offiziell gestarteten großen Projekt „Licca liber“, mit dessen Hilfe der Lech zwischen der Staustufe 23 unterhalb des Mandichosees und seiner Einmündung in die Donau renaturiert werden soll.

Der unmittelbare Anstoß dazu kam von mehreren Seiten. Die rasch fortschreitende Tiefenerosion im Flussbett musste gebremst werden und rechtliche Vorgaben verlangten eine Verbesserung des ökologischen Zustands des Flusses. Damit wurde ein weiterer Ausbau der Kraftwerkstreppe unmöglich:

- Die Tiefenerosion ist vor allem wegen des Geschiebedefizits nach wie vor sehr stark und es besteht die Gefahr, dass nach einem Sohlendurchschlag, bei dem die widerständigere Schotterpackung durchstoßen wird, im darunterliegenden weicheren Flinz die Erosion noch schneller voranschreitet
- Die Firma *e-on* plante an einer bestehenden Sohlschwelle mit einer Absturzhöhe von ca. 6,5 m bei Flusskilometer 50,4 eine weitere Staustufe mit Kraftwerk
- Die europäische Wasserrahmenrichtlinie stufte den Lech im Unterlauf bis zur Mündung in die Donau als „stark verändert“ ein und bewertete das ökologische Potenzial nur als „mäßig“. Die Wasserrahmenrichtlinie schreibt jedoch vor, dass ein „guter Gewässerzustand“ bis 2027 erreicht werden muss, *Umwelt Bundesamt* (09.05.2020).

Ziel des daraufhin gestarteten Projektes ist es, wirtschaftliche und ökologische Belange mit den Bedürfnissen der Anwohner in einem offenen Planungsprozess zusammen zu bringen. Die Schäden der Vergangenheit sollen so weit wie möglich beseitigt werden. Dabei soll der Lech an seinen früheren Zustand angenähert werden, vgl. dazu *Neumeier* (19.02.2013), *Wasserwirtschaftsamt Donauwörth* (10.07.2014).

Der Umschwung weg von der negativen flussökologischen Entwicklung am Unterlauf des Lechs hin zu der sich abzeichnenden positiven Renaturierung soll hier noch einmal mit allen seinen Statio-

Abb. 47: Renaturierte Wertach zwischen Göggingen und Inning im Juni 2017. Der verbreiterte Fluss bildet Kiesbänke und beginnt sich zu verzweigen. Das Ufer ist entfestigt und abgeflacht und kann vom Fluss wieder verändert werden. Foto: Friedmann.

nen zusammengefasst werden. Deshalb werden wir vom Mittelalter bis heute die wichtigsten ökologisch negativen Eingriffe ins hydrogeographische Prozessgefüge und die geplanten Verbesserungen für diesen längeren Flussabschnitt im Zusammenhang darstellen. Allerdings sollen diejenigen Sachverhalte, die oben bereits ausführlich dargestellt wurden, zur Vermeidung von Wiederholungen nur schlaglichtartig genannt, neue Aspekte hingegen ausführlicher beschrieben werden.

Bevor wir die Planungen von „Licca liber" im Einzelnen betrachten, ist ein Blick auf das Planungsgebiet zwischen Mandichosee und Mündung in die Donau angebracht, vgl. Abb. 48. Es umfasst sehr unterschiedliche Flussabschnitte:

- Fkm 56,7 von Staustufe 23 bis Fkm 47, Hochablass:
  Zwischen der Staustufe 23, die bei Flusskilometer 56,7 den Mandichosee aufstaut, und dem Hochablass bei Flusskilometer 47 ist die Tiefenerosion des Lechs besonders gravierend. Deshalb mussten nach der Flusskorrektur auf dieser Strecke 6 Sohlstützschwellen eingebaut werden. Nach Möglichkeit wird der Abfluss an der Staustufe auf 142,5 m³ Wasser pro Sekunde eingeregelt.
- Fkm 47, Hochablass, bis Fkm 37,3, Wehr Gersthofen:
  Am Hochablass werden bei Flusskilometer 47 bis zu 45 m³ Wasser pro Sekunde in die Augsburger Stadtbäche und Kanäle und in die Kanustrecke ausgeleitet, etwa 10 m³ fließen nach der Passage der Kanustrecke wieder in den Lech zurück. Zwischen Hochablass und dem Wehr in Gersthofen sind zwei weitere Wehre, das Eisenbahnwehr und das in der Wolfzahnau. Durch die Einmündung der Wertach und den Rückfluss aus den Stadtbächen wird der Abfluss des Lechs deutlich erhöht.
- Fkm 37,3, Wehr Gersthofen, bis Fkm 19,5, Einmündung des Lechseitenkanals in das Altwasser des Lechs:
  Am Wehr Gersthofen zweigt der Lechseitenkanal ab und bis Ellgau fließen nebeneinander der alte Lech und der Lechseitenkanal, der

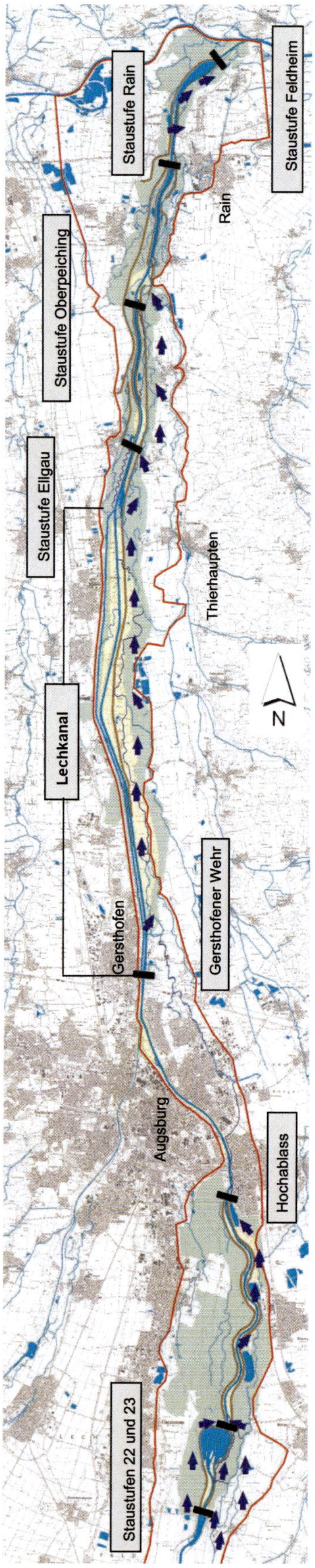

Abb. 48: Das Renaturierungsgebiet des Lechs zwischen Mandichosee (im Bild unten) und Einmündung in die Donau, Quelle: (*Neumeier* 19.02.2013).

durch die oben bereits dargestellte Nutzung der Wasserkraft des Lechs (vgl. Kapitel 12) ab 1901 entstanden ist. An ihm liegen die Kraftwerke Gersthofen, Langweid, Meitingen und Ellgau. Parallel dazu fließt das ökologisch wertvollere Altwasser des Lechs. Da der Turbinenbetrieb Vorrang hat, gelangt nur Überschusswasser > 125 m^3/sec plus ein garantierter Minimaldurchfluss von 2 bis 3 m^3/s in das Altwasser, *Englisch* (1997, S. 5).

- Fkm 19,5, Einmündung Lechseitenkanal bis zur Mündung in die Donau:
  Der letzte Flussabschnitt verläuft größtenteils zwischen Deichen und wird geprägt durch die Staubereiche der Kraftwerke Oberpeiching, Rain und Feldheim.

Im Planungsgebiet gab es seit dem Mittelalter Einzelmaßnahmen zum Hochwasserschutz und zur Nutzung der Wasserkraft.

- Stau für die Wasserkraftnutzung am Augsburger Hochablass spätestens seit 1346
  - Wehr unterbricht longitudinale Konnektivität
  - ändert Strömungsverhalten
  - ändert Belastungsverhältnis (Feststoff- und Geschiebetransport werden unterbrochen)
  - Ausleitung eines erheblichen Teils des Abflusses
  - Vermutlich Auskolkungen und Tiefenerosion unterhalb des Hochablasses
- Wasserbauten zum Hochwasserschutz greifen lokal oft erheblich ins Strömungsgeschehen ein. Das lässt sich gut an einer Karte aus dem Jahr 1580 zeigen, vgl. Abb. 49. In der gewesteten Vogelschau ist am rechten Kartenrand ein Altwasser des Lechs zu erkennen. Es wird an seinem westlichen Ufer von uferparallelen, dammartigen Befestigungen aus Faschinen und einem Bretterverbau begleitet. Diese Wasserbauten wurden in der damaligen Terminologie als Arche oder Wuhre bezeichnet. Davor zeigt die größere bewaldete Insel, dass hier schon mehrere Jahre keine Überflutung stattgefunden hat. Auf ihr ist normal zur Fließrichtung ein alter, zum Zeitpunkt der Kartierung bereits „schlafender" Hund zu sehen, der nur noch bei Hochwasser in Funktion tritt. Am rezenten Ufer ragen vier Buhnen bzw. Hunde bis zu 113 Schritte in die Donau. Sie sollen das Westufer vor Erosion schützen und die Strömung auf das Gegenufer

Abb. 49: Frühneuzeitliche Wasserbauten zum Hochwasserschutz und zur „Landgewinnung“ am Lech bei Rain, Quelle: (BayHStA Plansammlung 2736)

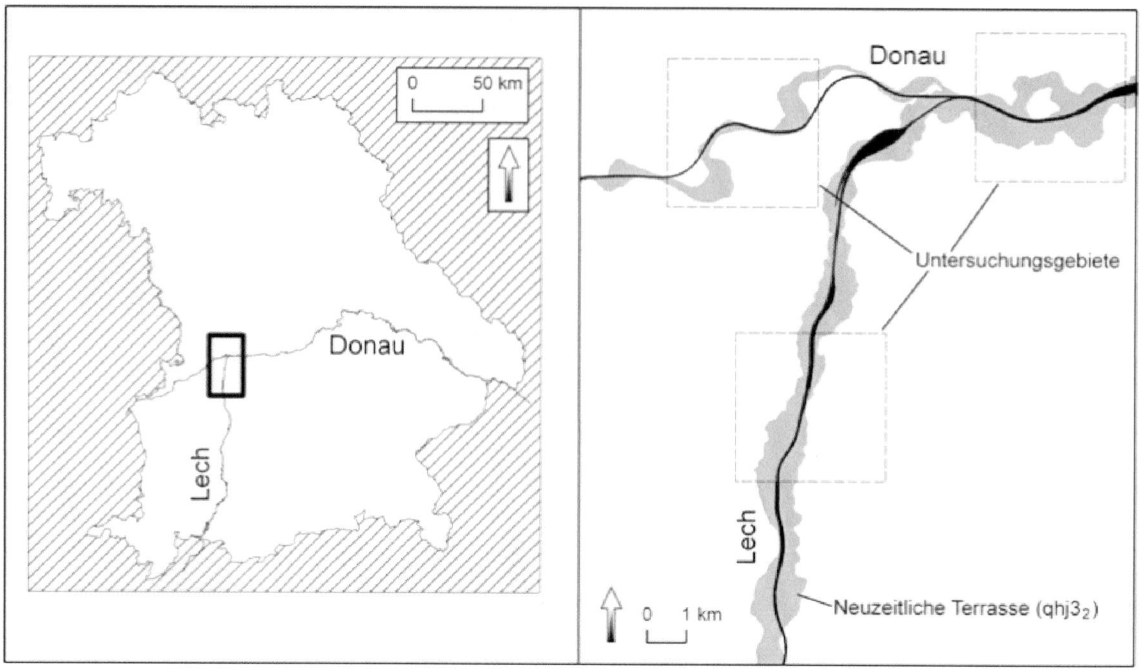

Abb. 50: Lageplan der Untersuchungsräume. Dargestellt werden hier nur die auf den Lech bezogenen Ergebnisse im südlichen Untersuchungsgebiet. Quelle: *Schielein* (2010).

lenken. Zwischen den hakenförmigen Hunden hoffte man auf Landgewinnung durch Sedimentation.

- Eingriff in die Strömungsdynamik mit flussmorphologischer Wirksamkeit
- Beeinträchtigung der Aue durch dammartige Uferbefestigung

Trotz zahlreicher derartiger Eingriffe änderte sich die ökologische Situation des Lechs nicht grundlegend. Eine frühe, relativ präzise Situationsbeschreibung liefern die Arbeiten von *Schielein* (2010) und *Schielein* (2012). Durch sie sind wir gut über den noch wesentlich naturnäheren Zustand des Lechs vor dem Beginn der Korrekturmaßnahmen unmittelbar vor seiner Einmündung in die Donau informiert.

Schielein (2010, S. 222 ff.) hat seine geomorphologischen Untersuchungen ergänzt durch die Auswertung alter Landkarten und Veduten. Er kann damit die kartographische Darstellung der Flüsse Lech und Donau ab dem 16. Jahrhundert rekonstruieren und so die Ergebnisse seiner Geländeuntersuchungen ergänzen und verifizieren. Während die älteren Karten aus unterschiedlichen Perspektiven ohne vermessungstechnische Grundlage gezeichnet wurden, beruhen die Karten ab Adrian von Riedels Stromatlas aus dem Jahr 1806 und die Blätter der Landesaufnahme für den „Topographischen Atlas vom Königreich Bayern", dessen Blatt *Wittelsbach* 1809 gedruckt wurde, auf exakten Vermessungen. Dadurch wird es möglich, die Entwicklung der Flussmorphologie in längeren Zeitreihen ab einem Zeitpunkt darzustellen, an dem die Eingriffe des Menschen im Vergleich zu heute noch wesentlich kleiner waren.

Eingehend analysierte *Schielein* die Flussmorphologie in den Jahren 1809, 1813/14 und 1831 bis 34 auf der Grundlage der frühen vermessenen Karten, vgl. dazu Abb. 50, Abb. 51. Dabei stellte er beachtliche Veränderungen fest. Das Talgefälle am Unterlauf des Lechs ist kurz vor der Einmündung in die Donau mit 1,4 ‰ noch relativ groß. Dadurch steht viel Energie für Erosion, Umlagerung und Abtransport zur Verfügung. Im mehrere hundert bis > 1000 m breiten, mehrfädigen Unterlauf des Lechs mit seinen vielen Inseln überwiegen die Verwilderungserscheinungen. Vereinzelte Ansätze zur Mäanderbildung können sich nicht durchsetzen. Zwischen den zahlreichen Inseln und Altwässern ist nicht immer ein Hauptstrom zu erkennen. Der Bewuchs deutet an, dass die Inseln über längere Zeit stabil waren, sonst könnten keine Büsche oder gar Wald aufkommen. Insgesamt sind die Umwälzungen innerhalb von etwa 25 Jahren beträchtlich, der Flusslauf verändert sich beständig, ehemalige Mäanderbögen werden zu kleinen Rinnsalen, Inseln werden

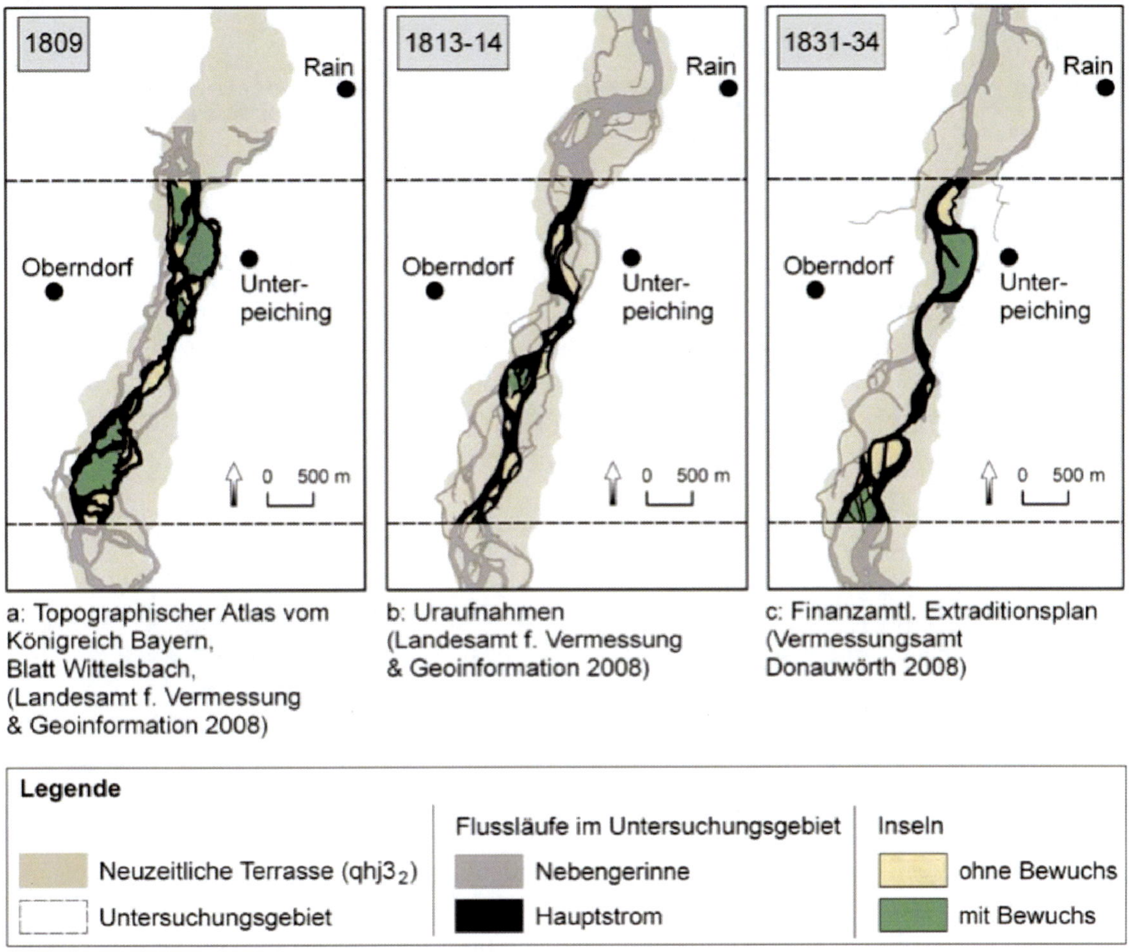

Abb. 51: Veränderungen des Lechs zwischen 1809 und 1834. Der Flusslauf des unteren Lechs wurde auf der Grundlage vermessener historischer Karten dargestellt, v. l. n. r.: Topographischer Atlas v. Bayern (1809), Uraufnahme des Messtischblattes (1813 bis 1814), Finanzamtlicher Extraditionsplan (1831 bis 1834), Quelle: *Schielein* (2010, S. 227).

durchbrochen, der Hauptstrom verlagert sich und bildet Nebenarme und es entstehen Altwässer.

Das übergeordnete Flussregime bleibt jedoch das eines wildernden Flusses. Dies gilt zumindest für einige Lechabschnitte noch bis zum Beginn des 20. Jahrhunderts. Auch die Abb. 52 – das Luftbild entstand kurz nach 1900 – zeigt noch einen vielfädigen, wildernden Lech. Die ab 1852 betriebene Flusskorrektion schuf zwar viele Probleme und war im Hinblick auf die Hochwassergefahr kontraproduktiv. Denn die Flussbaumaßnamen erhöhten die Abflussspitzen und verschärften die Hochwasserbedrohung statt sie zu beseitigen. Die radikalsten Veränderungen des Flussökosystems geschahen jedoch vornehmlich durch den Bau von Staustufen und Kraftwerken.

Hier noch einmal eine Zusammenstellung der wichtigsten Eingriffe:

- Ab 1879 Flusskorrektion oberhalb des Augsburger Hochablasses, ab 1888 bis 1940 abschnittsweise voranschreitende Lechkorrektur zwischen Hochablass und Ellgau: trapezförmiges Regelprofil mit zunächst 65 m Breite, nach Hochwasserkatastrophe von 1910 Aufweitung unterhalb Augsburgs auf 80 m bis 85 m
- Trapezförmiges, geradliniges Regelprofil
- Vernichtung aller Nebengerinne
- Uferbefestigung und damit Festlegung der Uferlinie
- Eindeichung
- Laufverkürzung
- Erhöhung des Sohlengefälles
- Verminderung des Strömungswiderstandes
- Erhöhung der Strömungsgeschwindigkeit
- Verstärkte Tiefenerosion
- Grundwasserabsenkung
- Abtrennung der Aue, dadurch Unterbrechung der lateralen Konnektivität
- Retentionsraum wird drastisch verringert

Abb. 52: Der Lech bei Augsburg war um 1900 noch ein wildernder Fluss, Blick Richtung NNE, Quelle: *Neumeier* (19.02.2013).

- Ab 1901 zahlreiche Staustufen in Verbindung mit Kraftwerken, vgl. dazu Abb. 43 und Tab. 8
  - Unterbrechung der longitudinalen Konnektivität
  - Veränderung der Strömungsdynamik: Fließgewässer → eher stehendes Gewässer
  - Verhinderung der Geschiebezufuhr → Geschiebedefizit, Tiefenerosion besonders unterhalb von Staustufen bei durch Hochwasser erhöhtem Abfluss
  - Veränderung der jahreszeitlich schwankenden Wasserführung (Variabilität), dadurch verschwindet amphibisches Land in der Flussaue

- Ab 1910 verstärkte Entnahme von Geschiebe durch Baggerung verursacht Geschiebedefizit und erhöhte Tiefenerosion

- Zwischen 1933 und 1940 Bau von 8 Sohlestützschwellen im Abstand von einem Kilometer führt zu Kolkbildung bzw. Tiefenerosion unterhalb der Schwelle speziell bei Hochwasser.

Alle Eingriffe begünstigten die Tiefenerosion, die sich wegen der besonderen geologischen Situation zum Hauptproblem entwickelte. Diese kräftige Tiefenerosion des Lechs ist nicht nur wegen der Absenkung des Grundwasserspiegels, der verstärkten Uferabbrüche und der Unterspülung von Bauwerken ein Problem. Die geologische Situation stellt eine Art Zeitbombe dar, die durch die Tiefenerosion gezündet wird. In einem solchen Fall droht eine Art Canyonbildung. Zum besseren Verständnis müssen wir in die geologische Vergangenheit blicken. Durch die Heraushebung der Alpen im Tertiär entstand im heutigen Alpenvorland ein Geosynklinaltrog, in dem sich Sedimente der Süßwassermolasse abgelagert haben. Diese Sedimente sind fluviatil-limnische feinsandig bis tonige, teils mergelige Ablagerungen mit einem hohen Glimmeranteil, die als Flinz bezeichnet werden. Der Flinz bildet das erosionsanfällige Liegende für die quartären Aufschüttungen. Darüber liegen die Schotterfelder und Moränen, die als Folge extremer Klimawechsel mit Eis- und dazwischenliegenden Warmzeiten im Quartär entstanden sind. Es ist die uns bekannte eiszeitlich geprägte Flusslandschaft mit Schotterfluren und Terrassen entlang des Lechs, vgl. u. a. *Eberle* et al. (2010); *Schellmann* (2016). Bezüglich der Widerstandskraft gegenüber der Flusserosion sind die eiszeitlichen Schotterpackungen wesentlich standfester als der darunterliegende ter-

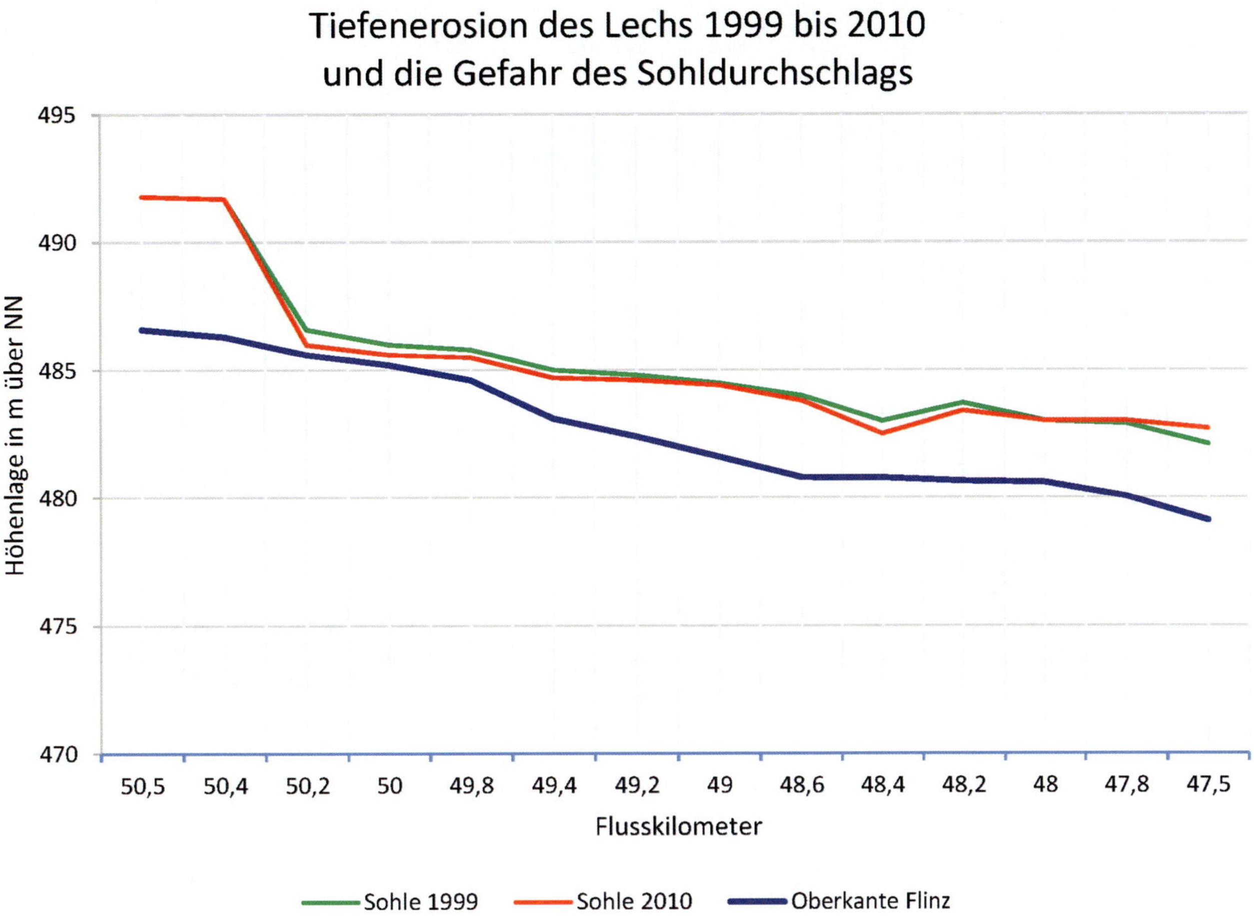

Abb. 53: Tiefenerosion des Lechs innerhalb von 10 Jahren, Quelle: *(Wasserwirtschaftsamt Donauwörth)*.

tiäre Flinzsand. Gräbt sich der Lech durch die widerständigen Schotter und erreicht den weichen Flinz, wird die Zeitbombe gezündet, es kommt zum gefürchteten Sohlendurchschlag. Der Fluss tieft sein Bett spätestens beim nächsten Hochwasser in kürzester Zeit enorm ein. Nach *Liepert* (2012, S. 8) liegt die Eintiefungsrate des Lechs im Schotterbett bei ca. 2 cm/a, hingegen werden bei den tertiären Flinzsanden bis zu 100 cm/a erreicht. Wie ernst die Gefahr eines Sohldurchschlag ist, zeigt auch die Abb. 53. Der Abstand zwischen Flusssohle und Flinz ist stellenweise auf wenige Dezimeter geschrumpft. Den letzten Anstoß zur Einleitung von Sanierungsmaßnahmen lieferte das Pfingsthochwasser 1999. Im heutigen Sanierungsbereich hatte sich der Lech bei dem einen Hochwasserereignis stellenweise um bis zu 0,7 m in die Tiefe gefressen, *Jungwirth* (2012, S. 2).

Eine ökologische Bestandsaufnahme muss beim Abflussgeschehen ansetzen. Der Abfluss mit seiner Variabilität ist sozusagen die DNA des Lechs, sie steuert alle nachgelagerten Prozesse. Bereits der Vergleich der monatlichen Mittelwerte zeigt, dass der Pegelstand des sommerlichen Abflusses etwa das Fünffache des winterlichen ausmacht, vgl. Abb. 3. Wie hoch die Variabilität des Abflusses tatsächlich ist, zeigt das Verhältnis von MNQ zu MHQ, das am Pegel Aschau den Faktor 38,8 erreicht, vgl. Tab. 2. Die Überschwemmungskatastrophe des Jahres 1910 lehrte, wie dramatisch ein Hochwasserereignis am Lech tatsächlich sein kann. Denn innerhalb eines Tages schwollen die abkommenden Wassermassen auf das mehr als Fünfundzwanzigfache an und der höchste jemals gemessene Abfluss verwüstete das Land, vgl. Abb. 4 und Abb. 22. Nur bei hohen Abflusswerten ist der Lech morphologisch aktiv und erodiert oder transportiert. Wenn die Abflussspende größer als ca. 250 m^3/sec wird, kann der Fluss größere Geschiebe transportieren, vgl. Abb. 21. Bei niedrigerem Abfluss überwiegt die Sedimentation bzw. es herrscht weitgehende Formungsruhe. Und nur bei starken Wasserstandsschwankungen ändert sich auch die

Abb. 54: Leitbild für die ökologische Sanierung des Lechs, Quelle: *Wasserwirtschaftsamt Donauwörth* (10.07.2014).

Breite des Gerinnebetts bzw. wird die Aue überflutet.

Die ökologischen Defizite, die *Jungwirth* (2012, S. 3 ff.) für den Lech im Bereich der Stadt Augsburg aufzeigt, sind letztendlich die Folge der Unterbindung der außerordentlich großen Variabilität der Wasserführung des Lechs. Diese Defizite treffen – cum grano salis – für den ganzen Lech unterhalb von Füssen zu:

- Kanalisation und Einengung des Lechs auf 60 m bis 80 m Breite bei harter Verbauung und befestigten Ufern führen zu einer Gewässerverarmung bezüglich Fauna und Flora und morphologischer Formung ohne Seitenerosion, Kolke und Kiesbänke
- Unterbindung der lateralen Konnektivität durch Deiche, die die Aue abkoppeln und den aktiven Fluss flächenmäßig drastisch reduzieren. Dadurch Vernichtung von Pionierstandorten im Weichauegürtel, Störung der Sukzession und einseitige Entwicklung einer harten Auevegetation bei gleichzeitiger Unterbindung der pflanzlichen Verjüngung
- Staustufen und Kiesentnahme behindern den Geschiebetrieb und führen zu einem Geschiebedefizit unterhalb des Staus. Dadurch wird die Gewässerdynamik und damit die Flussmorphologie grundlegend geändert. Es kommt zu verstärkter Tiefenerosion, zu Grundwasserabsenkungen und zum gefürchteten Sohlendurchschlag, bei dem das morphologisch weichere Tertiär freigelegt wird
- Unterbrechung des Längskontinuums durch Staustufen und Sohlschwellen führt zu einer Dämpfung der Abflussspitzen und damit zu weniger Überflutungen, einem geänderten Abflussgang und Sedimentationsverhalten und schließlich zu einer Verschlammung, die sich auf die Fischfauna auswirkt.

Der Abfluss führt auch zu einer Differenzierung der einzelnen Flussabschnitte. Ab der Staustufe 23 (Mandichosee bei Merching) flussabwärts bis zum Flusskilometer 17 ist eine noch 30 km lange freie Fließstrecke erhalten. Zwischen Mandichosee und dem Hochablass sind auf ca. 10 km sogar noch fast natürliche Abflussmengen vorhanden. Die flussabwärts anschließende Strecke ab km 37 bis km 17 verfügt wegen der starken Ausleitung jedoch nur noch über Restwasser.

Das vor einigen Jahren gestartete Projekt „Licca liber“ soll den Unterlauf des Lechs ökologisch sanieren. Dazu musste zunächst ein Sanierungsziel de-

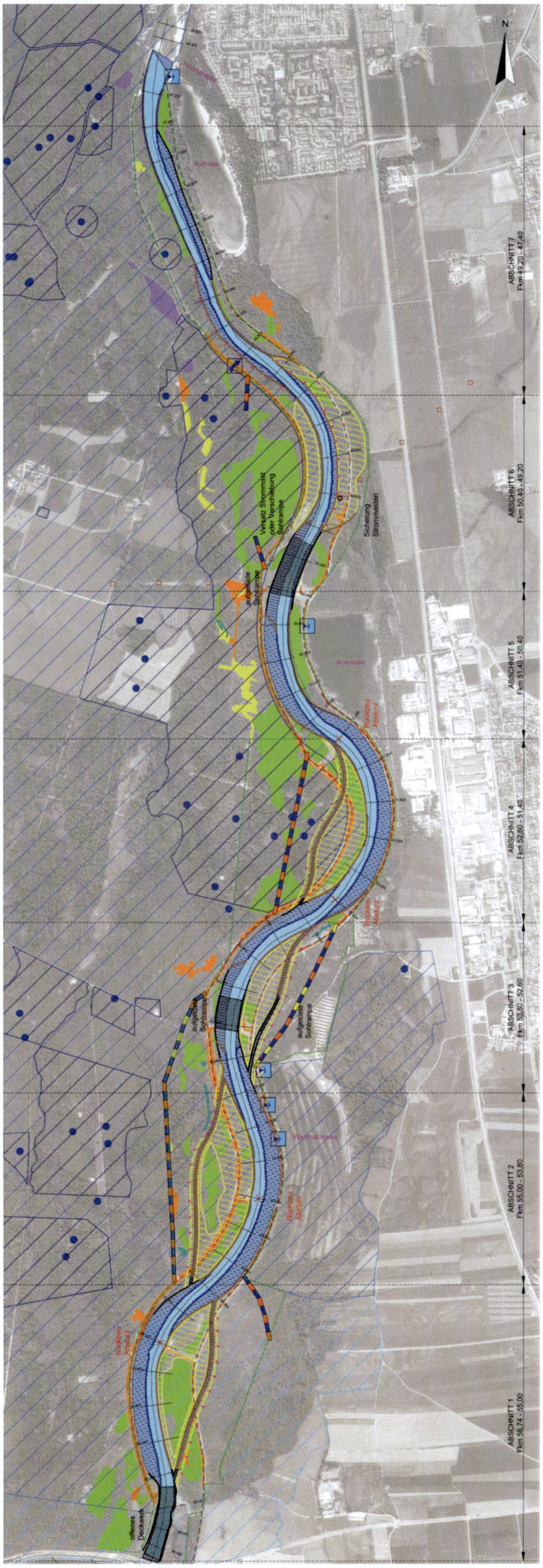

Abb. 55: Entwicklungsziele für die Renaturierung des ersten Bauabschnitts im Bereich von Augsburg, Stand 2019, Quelle: *Wasserwirtschaftsamt Donauwörth* (18.07.2019).

Abb. 56: Beispiel für eine Sohlrampe aus dem Renaturierungsprojekt „Wertach vital". Mit einer oft mehrere 100 m langen, mit Gesteinsblöcken belegten Rampe kann u. U. ein Wehr oder eine Sohlschwelle ersetzt und auf dieses Weise die longitudinale Durchgängigkeit eines Flusses wiederhergestellt werden kann. Bild: *Wasserwirtschaftsamt Donauwörth* (10.07.2014).

finiert werden. Deshalb wurde ein Leitbild entwickelt, bei dem die Gewässerdynamik eines voralpinen Wildflusses im Mittelpunkt steht, vgl. Abb. 54.

Allerdings müssen bei der beabsichtigten Wiederherstellung eines naturnäheren Flusslaufs nach Angaben des *Wasserwirtschaftsamt Donauwörth* (10.07.2014) zahlreiche, nicht oder nur schwer veränderbare Randbedingungen beachtet werden:

- Hochwasserschutz für Siedlungen muss erhalten bleiben und verbessert werden
- Wasserversorgung darf nicht gestört werden
- Hochwasserschutz für vielfältige Infrastruktur ist notwendig
- Wasserkraftnutzung soll erhalten bleiben
- Sport- und Freizeitnutzung soll erhalten und weiter ausgebaut werden
- Flussaue und Auewaldrelikte sind vom Lech abgekoppelt und müssen wieder angebunden werden
- Ausgewiesene FFH-Gebiete (Fauna-Flora-Habitatrichtlinie der EU) müssen berücksichtigt werden
- Bannwaldfunktion des Stadtwaldes von Augsburg ist zu berücksichtigen.

Die Entwicklungsziele sehen für den ersten Planungsabschnitt im Bereich von Augsburg vor, dass die fortschreitende Tiefenerosion des Lechs verhindert werden soll. Gleichzeitig soll die longitudinale Konnektivität für Geschiebe und Fische wiederhergestellt werden. Mit neuen Auen soll der Retentionsraum vergrößert und so der Hochwasserschutz verbessert werden und es sollen dadurch neue, ökologisch wertvolle Lebensräume entstehen. Schließlich ist auch daran gedacht, die Zugänglichkeit zum Lech zu verbessern und Naherholungsmöglichkeiten zu schaffen. Dazu ist eine ganze Reihe baulicher Maßnahmen erforderlich, vgl. Abb. 55. Die wichtigste besteht darin, dem Lech wieder mehr Raum zu geben. Deshalb sollen Deiche zurückverlegt und ihr Vorland soll so abgesenkt werden, dass es wieder zu amphibischem Land wird. Die Ufer müssen entfestigt und abgeflacht werden. Das geschieht teils maschinell, teils wird durch das Entfernen der harten Uferverbauung wieder die natürliche Seitenerosion ermöglicht. Der Lech wird damit in die Lage versetzt, sein Geschiebedefizit selbst aus dem Uferbereich zu decken. Wo das nicht ausreicht, soll eine künstliche Geschiebezugabe helfen. Eine weitere Option stellt die Anlage von Zweitgerinnen dar. Das bietet sich besonders da

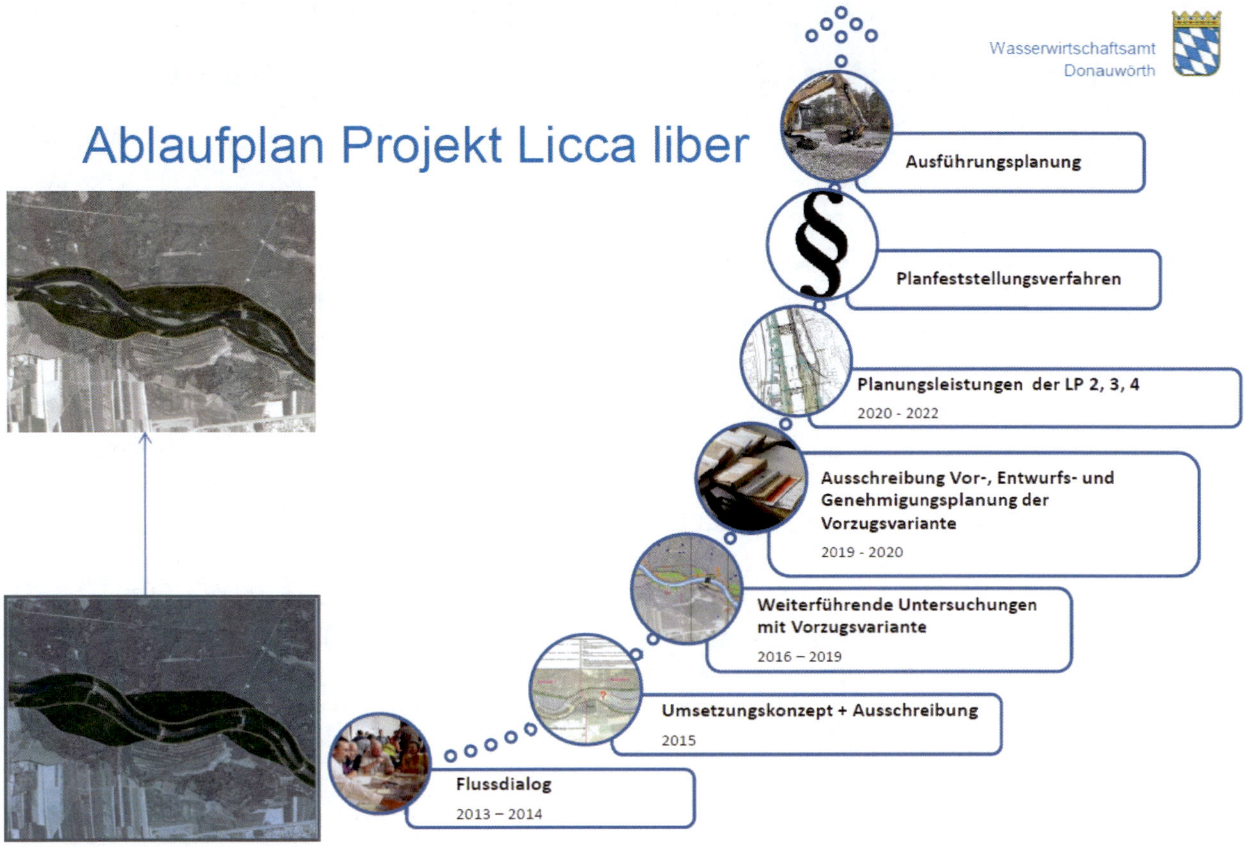

Abb. 57: Zeitplan des Wasserwirtschaftsamtes Donauwörth für die Umsetzung des Projekts *Licca liber*, Quelle: *Wasserwirtschaftsamt Donauwörth* (18.07.2019).

an, wo Abstürze in Form der alten Sohlschwelle ausgebaut und durch eine Sohlrampe ersetzt werden, vgl. Abb. 56.

Ein Nebengerinne vermindert dann zusätzlich die Tiefenerosion, vgl. dazu *Wasserwirtschaftsamt Donauwörth* (10.07.2014), *Wasserwirtschaftsamt Donauwörth* (18. Juli 2019; *Wasserwirtschaftsamt Donauwörth; ARGE SKI - IB KUP - UIBK; ARGE SKI - IB KUP - UIBK).*

Da die Strömungsdynamik eine der Leitgrößen für Flora und Fauna ist, kann man davon ausgehen, dass sich auch das Pflanzenkleid der neuen Aueflächen in einer rückwärts schreitenden Sukzession wieder einem naturnahen Zustand annähert.

Nach jetzigem Planungsstand wird es jedoch noch einige Jahre dauern, bis die Renaturierungsmaßnahmen abgeschlossen werden können, vgl. dazu Abb. 57.

17 Wildfluss oder grüner Strom? Zusammenfassung und Versuch einer Abwägung

Seit der Mensch in der Jungsteinzeit am Lech sesshaft wurde, nach und nach die Alpen erschloss, den Wald rodete, Siedlungen gründete und Landwirtschaft betrieb, musste er mit dem Energiereichtum dieses Flusses zurechtkommen. Die Lagebeziehungen, Tektonik, Relief, Klima und die natürliche Vegetation bildeten dabei die Bühne, auf der sich der Kampf gegen die Hochwässer genauso wie die Fesselung des Wildflusses durch zahlreiche Staustufen und die wirtschaftliche Nutzung seiner Energie abspielten.

Gesteuert werden die Wassermassen des Lechs im Gebirge, in den Lechtaler Alpen, wo er in 1840 m NN entspringt und auf der relativ kurzen Distanz von 257 km bis zur Donau 1448 Höhenmeter hinabschießt. Im Gebirge fällt vor allem in den Sommermonaten viel Regen, gleichzeitig erreicht die Schneeschmelze ihren Höhepunkt. Durch das Zusammentreffen von Niederschlagsmaximum und Tauwetter kommt es zu den gefürchteten Sommerhochwässern, deren zerstörerische Kraft Felder, Siedlungen und Verkehrswege in Mitleidenschaft zieht. Dagegen mangelt es dem Lech im Winterhalbjahr eher an Wasser und er ist relativ zahm. Während im Winter manchmal nur wenig mehr als 10 m^3 Wasser pro Sekunde abfließen, kann sich dieser Wert im Sommerhalbjahr innerhalb weniger Stunden vervielfachen. Der Hochwasserabfluss beträgt im Sommer oft weit über 1000 m^3 pro Sekunde! Zu dieser enormen Variabilität des Abflusses kommt der Geschiebereichtum. In den Alpen liefern eiszeitliche Moränen, Geröllfelder, Bergstürze, Muren und die Verwitterung reichlich Geröll, das der Fluss bei Hochwasser aufnimmt, transportiert, zerkleinert und dabei Energie abbaut. Beim Austritt aus dem Gebirge verringert sich das enorme Gefälle von durchschnittlich 12 ‰ auf immer noch sehr beachtliche 2,42 ‰. Floss der Lech im Gebirge über weite Strecken in engen Tälern, hatte er im Alpenvorland viel Platz, konnte sich auf den eiszeitlichen Schotterfluren ausbreiten und weiteres Geschiebe aus den Moränen und eiszeitlichen Terrassen aufnehmen. In der Kombination von Geschiebereichtum, Platz, stoßweiser Wasserführung – die sich vielfach zwischen niedrigem Abfluss und Hochwasser veränderte – verwilderte der Fluss. Er bildete ein mehrere 100 m breites, seichtes Bett, in dem sich viele einzelnen Wasserläufe zwischen Kiesbänken verzweigten. Bei Niedrigwasser sedimentierte der Lech seine Geröll- und Sandfracht, um bei der nächsten Hochwasserwelle diese Kiesbänke wieder anzugreifen, sie umzulagern und ihr Material weiter flussabwärts zu wälzen. Mit dem sich ständig verändernden Wasserstand überflutete dieser Fluss, der auch seine Ufer umarbeitete, mehrmals im Jahr seine Aue. Fluss und Aue bildeten eine hydrogeographische Einheit mit einer ökologisch sehr wertvollen, enorm großen Vielfalt an tierischem und pflanzlichem Leben.

Die Bedürfnisse des Menschen kommen in den Daseinsgrundfunktionen zum Ausdruck. In der Flusslandschaft kommen vornehmlich die Grundfunktionen wohnen, arbeiten, sich versorgen, am Verkehr teilnehmen und sich erholen zum Tragen. Die Maßnahmen, die zur Befriedigung der daraus erwachsenden Bedürfnisse ergriffen wurden und werden, gaben die Impulse für die zahlreichen Eingriffe in die Strömungsdynamik des Lechs. Das Flussdiagramm in Abb. 58 stellt die Folgen des sich zunehmend verstärkenden Einflusses des Menschen auf die Flusslandschaft zusammenfassend dar.

Natur- und humangeographische Aspekte einer Flusslandschaft sind sehr eng miteinander verzahnt. Mit der Rodung von Wald und der Veränderung der Vegetation kam es zu Bodenerosion und zur Bildung von Auesediment. Bei diesen Eingriffen handelte es sich um unbeabsichtigte Kollateralschäden von Waldrodung und Ackerbau. Als dann am Lech erste Siedlungen entstanden und zunächst Felder und später auch Häuser in den Überflutungsbereich des Flusses gelegt wurden, begannen gezielte Bemühungen um den Hochwasserschutz. Zunächst mit einer Reihe von einzelnen Schutzbauten, später dann durch staatlich koordinierte wasserbauliche Maßnahmen, die den Fluss in eine kanalartige Abflussrinne zwangen und ihn durch Dämme von seiner Aue trennten.

Dank hoher Abflussspende und hoher Relief-

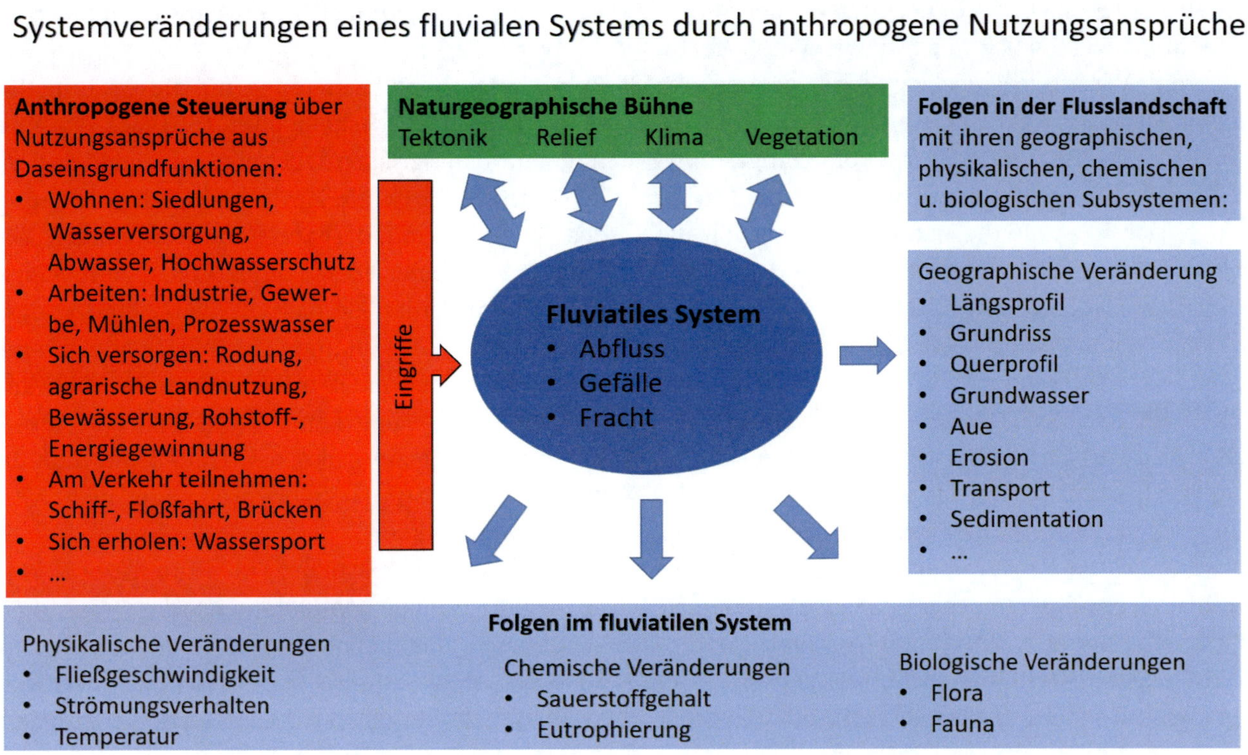

Abb. 58: Systemveränderungen eines fluviatilen Systems durch anthropogene Nutzungsansprüche, Quelle: *Friedmann* (26.09.2019).

energie eignet sich der Lech sehr gut zur Energiegewinnung. Spätestens seit römischer Zeit haben sich die Anrainer des Flusses seine Wasserkraft dienstbar gemacht. Zunächst durch Mühlen, für die schon früh Wasser aus dem Fluss in Mühlkanäle abgezweigt wurde. In Augsburg hat sich daraus ein weit verzweigtes, die ganze Stadt durchziehendes Kanalnetz entwickelt, das dem Lech mehr als die Hälfte seines Wassers entzog und zur Grundlage der gewerblichen und späteren industriellen Entwicklung wurde. Mit der Erfindung der Turbine und dem Aufkommen der Stromwirtschaft erreichten die menschlichen Eingriffe in die Strömungsdynamik des Lechs eine neue Qualitätsstufe. Aus den vorher eher vereinzelten Stauwehren und Schöpfköpfen zur Ableitung von Mühlkanälen wurde eine Kette von Wehren und Staumauern zur Produktion von etwa 13 % des in Bayern verbrauchten elektrischen Stroms.

Hochwasserschutzmaßnahmen und Stromproduktion waren die Treiber für die gewichtigsten Eingriffe und Veränderungen der Strömungsdynamik des Lechs. Daneben treten die übrigen Veränderungen, die ihre Ursachen in Bewässerungsmaßnahmen, in Floß- und Schifffahrt, Brückenbau oder der Entnahme von Flussgeröll haben, bezüglich der Schwere des Eingriffs weitgehend in den Hintergrund. Die Verunreinigungen, die durch die Einleitung von Abwässern verursacht wurden, konnten schließlich nach langer Zeit mit Hilfe von Kläranlagen auf ein ökologisch erträgliches Maß reduziert werden.

Hingegen haben Flusskorrektion, Eindeichung und der Staustufenbau aus dem letzten Wildfluss der nördlichen Alpen durch die schweren Eingriffe in das fluviatile System einen Kanal mit geregeltem Abfluss gemacht. Die Staustufen haben den Fluss in Teilstücke zerlegt, haben ihn fragmentiert und so die Durchgängigkeit für Pflanzen, Tiere und Sedimentfracht unterbunden. Flussbegradigung, Laufverkürzung, Regelprofil, Wehre und Staustufen haben Abfluss, Gefälle und das Belastungsverhältnis des Lechs grundlegend verändert. Dies führt zwangsläufig zu einem veränderten Strömungsverhalten mit erhöhten oder reduzierten Fließgeschwindigkeiten und durch Stauhaltung veränderten Wassertemperaturen. Aus dem Wildfluss ist eine Seenkette geworden. Die speziellen Anforderungen der Stromgewinnung führen schließlich zur Abflussregulierung über den Strompreis. Wenn viel Strom gebraucht wird, der Preis an der Strombörse in Leipzig folglich hoch ist, werden die Turbinen mit Wasser beaufschlagt und produzieren Strom. Dagegen wird der Abfluss in verbrauchsarmen Zeiten reduziert oder fast komplett gestoppt, weil die Stromproduktion nur geringe Erträge bringt. Damit wurde die natürliche Steuerung des Fließverhaltens vom Stromverbrauch und von ökonomischen Bedingungen übernommen.

Die Meinungen über diesen Umbau des Lechs gehen weit auseinander. Von Seiten der Wirtschaft sieht man den Lech als gelungene Symbiose von Natur und wirtschaftlicher Nutzung. Beispielsweise trug die Festschrift zum 50-jährigen Jubiläum der Bayerischen Wasserkraftwerke AG, der BAWAG, den Titel „50 Jahre Natur und Energie in Harmonie." Hingegen brachten eher ökologisch orientierte Wissenschaftler der Universität Augsburg wenige Jahre später ihre Untersuchungsergebnisse mit dem Buchtitel „Der gezähmte Lech. Ein Fluss der Extreme" zum Ausdruck. Dort wird facettenreich dargestellt, dass der Lech zum „Cyborg, ein(em) Mischwesen zwischen Fluss und künstlich gesteuertem Kraftwerk ... (mutiert ist) ... Die Natur ist von der Technik völlig überformt, der Ingenieur triumphiert; der Lech verschwindet", *Krauss* et al. (2014, S. 10).

Eine Abwägung dieser extrem gegensätzlichen Standpunkte fällt selbst unter ökologischen Gesichtspunkten schwer:

a. Aus einer hydrogeographisch ökologischen Sichtweise heraus wurde durch die Verwandlung des Wildflusses Lech in eine Kraftwerkskette das extrem artenreiche Ökosystem eines alpenländischen Wildflusses vollständig zerstört und durch ein anders geartetes limnisches Ökosystem mit anderen Pflanzen- und Tierpopulationen ersetzt. Die Tragweite dieses ökologischen Verlustes kann nicht hoch genug eingeschätzt werden!
b. Aus klimageographischer Sicht ist angesichts des anthropogen verursachten Klimawandels der Betrieb der Kraftwerkskette ein hochwillkommener Beitrag zur CO_2-Reduktion. Denn der mit der Kraftwerkstreppe erzeugte Strom deckt nicht nur rund 13 % des bayerischen Strombedarfs mit CO_2-freier Energie. Im Gegensatz zu den übrigen regenerierbaren Energiequellen ist Wasserkraft regelbar und extrem kurzstartfähig. Letzteres sind Eigenschaften, die so nur konventionelle, CO_2-emittierende Kraftwerke besitzen.

Eine eindeutige Entscheidung für die Argumentation a) oder b) ist deshalb kaum möglich. Wir sind in einem ökologischen Dilemma gefangen! Zusätzlich wurden durch die jahrhundertelange Nutzung des Lechs unveränderbare Randbedingungen geschaffen. Bei einer eher pragmatischen Vorgehensweise kommt man deshalb zu dem Schluss, dass einerseits die Umwandlung des Wildflusses in eine Kraftwerkstreppe nicht mehr vollständig rückgängig gemacht werden kann und gleichzeitig angesichts der dringend gebotenen CO_2-Reduktion auf den „grünen" Strom aus Hydroenergie nicht verzichtet werden kann.

Andererseits existieren in Mitteleuropa nur noch ganz wenige Flusskilometer an naturnahen Wildflüssen. Bereits heute werden weit mehr als 50 % des Abflusses, also des Wassers, das weltweit in Flüssen zu Tal und ins Meer fließt, durch Dämme gestaut – mit allen oben dargestellten ökologischen Folgen! Bis 2030 wird dieser Anteil auf mehr als 90 % wachsen, *Goudie* (2019, S. 147 f.). Eine aktuelle Studie von *Belletti* et al. (2020) über alle Arten von Staudämmen hat gezeigt, dass es in europäischen Flüssen 1,2 Mio. künstliche Strömungshindernisse von der Grundschwelle bis zur hohen Staumauer gibt. Das europäische Flussnetz ist damit das am stärksten fragmentierte weltweit! Die Barrierendichte pro Flusskilometer schwankt zwischen fünf Dämmen pro 1000 Flusskilometer in Montenegro und ca. 20 Dämmen pro km in den Niederlanden, vgl. dazu auch *Zarfl* und *Lehner* (2020).

Aus diesen Gründen müssen die wenigen Relikte wildernder Flüsse streng geschützt werden. Sie dürfen nicht auch noch durch Stromgewinnung oder andere wirtschaftliche Ansprüche zerstört werden. Die Abb. 59 stellt das Dilemma der Wasserkraftnutzung abschließend pointiert und mit Bezug zum Lech dar.

Das Dilemma der Wasserkraftnutzung lässt sich leider nicht auflösen. Hinzu kommen kulturhistorische und denkmalpflegerische Aspekte. Besonders die Nutzung der Wasserkraft ist im Raum Augsburg seit vielen hundert Jahren prägend für die Kulturlandschaft. Die UNESCO hat deshalb Augsburgs historische Wasserwirtschaft als Weltkulturerbe anerkannt, vgl. *Kluger* (2013a; 2015). Deshalb sollen und dürfen an vielen Stellen menschliche Eingriffe

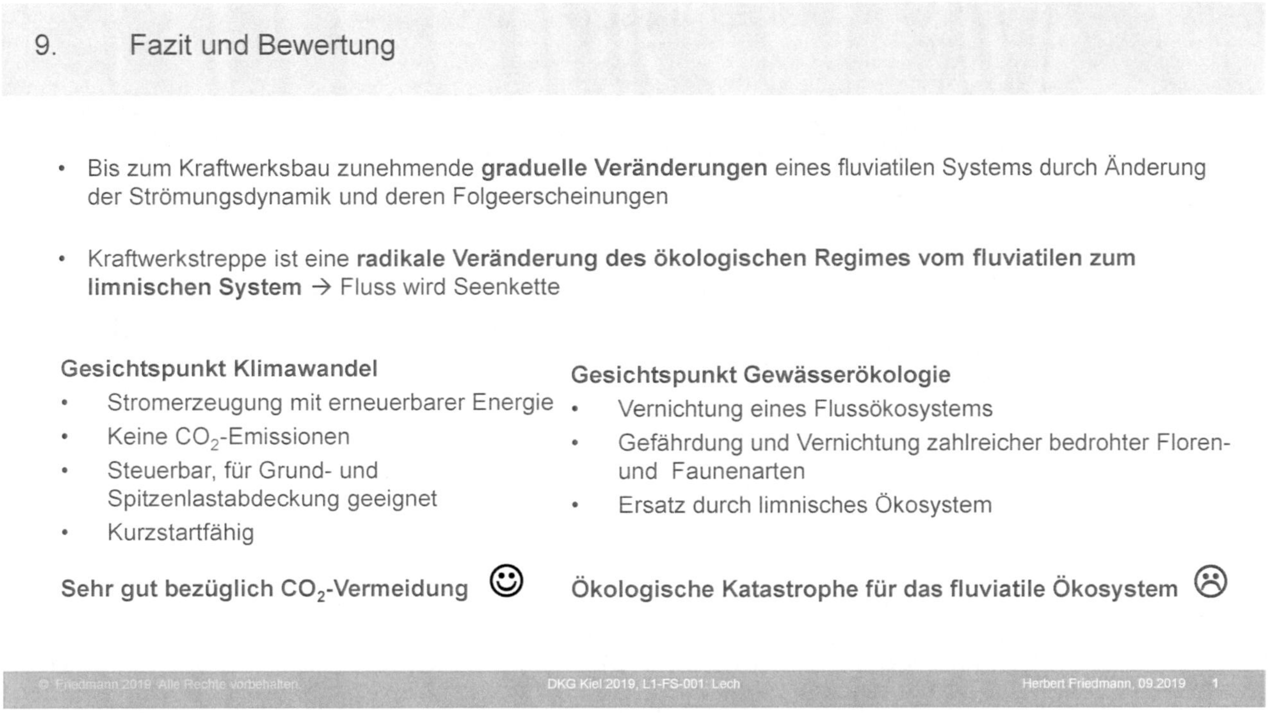

Abb. 59: Das Dilemma der Wasserkraftnutzung, Quelle: *Friedmann* 26. 09. 2019.

in das hydrogeographische Gefüge nicht entfernt werden. Letztendlich liegt deshalb der Schluss nahe, die Kraftwerkstreppe zu akzeptieren, aber wo immer Renaturierungsmaßnahmen und ökologischer Ausgleich an der Seenkette durchgeführt werden können, müssen diese durchgeführt werden, um zumindest den ökologischen Status quo zu erhalten. Mit vorbildlich zu nennenden Renaturierungskonzepten wie dem 2013 vom Wasserwirtschaftsamt Donauwörth begonnenen Projekt „Licca liber" wird dieser Pfad jetzt beschritten. Im Übrigen werden diese Maßnahmen das Hochwasserrisiko beträchtlich reduzieren! Und sie sollen sicherstellen, dass die wenigen Kilometer noch existierenden Wildflussstrecken in Mitteleuropa erhalten bleiben.

Glossar

Fachterminus	Erklärung geowissenschaftlicher Fachbegriffe
Abflusskoeffizient	Der Abflusskoeffizient ist vornehmlich abhängig von Niederschlag, Relief, Boden und Vegetation und zeigt an, wie viel Teile des aktuellen Niederschlags oberirdisch abfließen.
Abflussregime	Das Abflussregime ist der hauptsächlich von Klima, Lage und Relief im Einzugsgebiet abhängige, gemittelte jahreszeitliche Verlauf des Abflusses eines Gewässers; die gebräuchlichste Klassifizierung stammt von Pardé, sie macht durch ihre Normierung unterschiedliche Flüsse vergleichbar.
aerober Abbau	ist der Abbau von Wasserinhaltsstoffen durch Bakterien und andere Kleinstlebewesen unter Verbrauch von Sauerstoff.
Aerosol	Gemisch aus festen oder flüssigen Schwebeteilchen in einem Gas.
Akkumulation	Ablagerung von Sedimenten, z. B. bei nachlassender Transportkraft eines Flusses; A. führt zur Bildung von Sand- und Kiesbänken.
Akquifer	Gesteins- oder Bodenschicht, die Grundwasser leitet, Grundwasserkörper, Grundwasserleiter.
Albedo	Die Albedo ist ein Maß für die Helligkeit und damit für das Rückstrahlvermögen einer Oberfläche. Je heller die Oberfläche, desto größer ist die Albedo. In unserem Fall geht es um die Albedo der Erdoberfläche. Weißer Schnee hat eine hohe Albedo und reflektiert fast die gesamte zugestrahlte Energie. Deshalb bleibt der Schnee kalt. Dagegen hat eine fast schwarze Teerstraße eine kleine Albedo, die zugestrahlte kurzwellige Energie wird fast komplett aufgenommen und in Wärme umgewandelt. Der Teer wird heiß und flüssig, die Straße verformt sich.
Allmende	ist der nicht parzellierte Teil der landwirtschaftlich nutzbaren Flur eines Ortes in Gemeinschaftsbesitz, z. B. Weideland.
alluvial	das Alluvium betreffend; das Alluvium ist das bodenbildende Substrat der Aueböden und besteht meist aus tonig-schluffigen und feinkörnigen Sedimenten, ggf. auch aus Geröllschichten.
Altmoräne	Moränen sind geomorphologische Relikte einer Eiszeit und bestehen aus Geschiebe und Substrat, die der Gletscher transportiert hat. Altmoränen sind Zeugen einer früheren Eiszeit. In Süddeutschland etwa Günz-, Mindel- und Rißeiszeit.
Ammonium	ist eine anorganische Stickstoffverbindung, die u. a. beim biologischen Abbau organischer Stickstoffverbindungen entsteht.
amphibisch	amphibisches Land sind Fluss- oder seenahe Flächen, die durch wechselnde Wasserstände zeitweise unter Wasser liegen, also sowohl aquatisch als auch terrestrisch sein können.
aquatisch	dem Wasser zugehörig, im Wasser befindlich.
Atlantikum	Das Atlantikum ist eine Klimastufe der Nacheiszeit und dauerte etwa von 8000 bis 4000 v. Chr. In dieser Zeit war das Klima in Mitteleuropa ozeanisch geprägt und relativ warm.
Avifauna	Gesamtheit aller in einem Ökotop vorkommenden Vogelarten.
Bergmähder	Wiesenflächen im Hochgebirge, die wegen ihrer Steilheit nicht beweidet werden können, die jedoch Heu für die winterliche Stallhaltung liefern.
Biodiversität	Biodiversität ist ein Maßstab für die Vielzahl unterschiedlicher Lebewesen in einem bestimmten Ökotop.
biogen	biologischen Ursprungs.
Biotop	Lebensraum einer Lebensgemeinschaft (Biozönose) in einem abgrenzbaren Gebiet.
Biozönose	Lebensgemeinschaft von Pflanzen und Tieren verschiedener Arten in einem abgrenzbaren Biotop, die miteinander in Wechselbeziehung stehen.
BSB_5	Indikator für die Gewässergüte, zeigt an, wie viel Sauerstoff in den ersten fünf Tagen nach Einleitung von Schadstoffen zum bakteriellen aeroben Abbau benötigt wird.
Deichel	Eine Deichel ist ein Rohr, das aus einem der Länge nach durchbohrten Baumstamm gefertigt wurde. Durch die Verbindung von mehreren Deicheln mit Hilfe von eisernen Deichelringen entstanden Wasserleitungen. Derartige Leitungen sind seit der Römerzeit bekannt. Sie ermöglichten den Bau von Druckleitungen.
Delta	Differenz zwischen zwei Stadien der Landschaftsentwicklung.
Dendrochronologie	Methode zur Altersbestimmung von Holz mit Hilfe der Jahresringe. Die D. ist wichtiges Hilfsmittel für die Datierung archäologischer Funde.
Denitrifikation	ist die Umwandlung des im Nitrat (NO_3-) gebundenen Stickstoffs zu molekularem Stickstoff (N_2). Dieser Prozess wird durch Bakterien mit ihrer Nitratatmung gesteuert.

Dreifelderwirtschaft	Bei der D. wurde die gesamte Anbaufläche einer Siedlung – in diesem Fall sprechen wir von zelgengebundener Dreifelderwirtschaft – oder eines Besitzers in drei gleich große Teile geteilt. Die ursprüngliche Fruchtfolge wiederholte sich nach drei Jahren und umfasste Winter-, danach Sommergetreide und ein Brachejahr. Im Lauf der Entwicklung wurde das Brachejahr z. B. durch Kartoffelanbau ersetzt. Voraussetzung dafür war die Düngung.
Emscherbrunnen	Kleine, zweistöckige Kläranlage mit getrenntem Absetz- und Faulbecken.
Endmoräne	Moränen sind Relikte einer Eiszeit und bestehen aus Geschiebe und Substrat, das der Gletscher transportiert hat. Je nach Position zum Gletscher unterscheiden wir Stirn-, End-, Seiten-, Grund- oder Deckmoränen. Die E. hat der vordringende Gletscher vor sich hergeschoben, sie markiert den Gletscherhöchststand.
ephemer	kurzzeitig bestehend.
Erosion	ist die abtragende Wirkung von Wasser, Eis oder Wind. Durch E. wird Material wie Ton, Schluff, Sand oder Geröll gelockert und abgeführt. Erosion wirkt vornehmlich linienhaft, z. B. durch fließendes Wasser.
Eutrophierung	wird vom Menschen ausgelöst und beschreibt die Anreicherung von Nährstoffen, z. B. Phosphat, Stickstoff u. a. in einem ursprünglich nährstoffarmen Gewässer. E. führt zu übermäßigem Algen- und Pflanzenwachstum (Phytoplankton), das anderen Lebewesen die Lebensgrundlage entzieht. Der mikrobielle Abbau des auf den Grund abgesunkenen Phytoplanktons verzehrt den Sauerstoff und kann z. B. zu einem Fischsterben führen.
Evaporation	Verdunstung.
Evapotranspiration	Gesamtverdunstung der bewachsenen Bodenoberfläche. E. setzt sich aus der Verdunstung (Evaporation) und dem von Pflanzen abgegebenen Wasser (Transpiration) zusammen.
Exzentrizität	Abweichung der Bahnkurve eines Himmelskörpers von der Kreislinie.
FFH-Gebiet	Europäisches Schutzgebiet für Natur und Landschaft nach der Fauna-Flora-Habitat-Richtlinie.
Faltenmolasse	Molasse ist die geologische Bezeichnung für ein Sediment bzw. Sedimentgestein, das bei der Abtragung eines sich hebenden Faltengebirges entsteht. Molassesedimente werden im Vorland des Gebirges meist in terrestrischer oder flachmariner Umgebung abgelagert. Als Faltenmolasse werden die Gesteine des gefalteten Bereichs des Molassebeckens bezeichnet, das den Alpen unmittelbar vorgelagert ist.
Fkm	Flusskilometer.
Flinz	Als Flinz wird im Untersuchungsraum ein morphologisch weiches fluviatil-limnisches feinsandig bis toniges, teils mergeliges Sediment mit einem hohen Glimmeranteil bezeichnet.
Flument	Nach *Schirmer* (2019) der Schotterkörper einer Flussterrasse. Im älteren Schrifttum spricht man von Terrasse und unterscheidet dabei nicht zwischen der einen Fluss begleitenden Form und dem Terrassenkörper aus Schotter, eben dem Flument.
fluviatil	von einem Fluss verursacht.
Flysch	Marines Sediment, das von einer Wechselfolge von Tonstein und grobkörnigem Gestein, z. B. Sandstein, geprägt ist und in der Regel in tieferen Meeren entsteht. Im Untersuchungsgebiet ist der Flysch besonders erosionsanfällig.
Furkation	Eine Furkation ist ein verwilderter Flusslauf mit einem mehrfädigen, seichten, breiten Flussbett, Sand- und Kiesbänken und stark variabler Wasserführung, die englische Bezeichnung lautet braided river.
Geomorphologie	Teilgebiet der Geographie; Lehre von den Oberflächenformen der festen Erdoberfläche und den Formungsprozessen ihres Reliefs.
Geosynklinale	Senkungsraum der Erdkruste, in dem sich Sedimente ansammeln, die später zu einem Gebirge aufgefaltet werden. Diese Modellvorstellung ist überholt und wird heute von der wesentlich komplexeren Plattentektonik abgelöst. Trotzdem wird das Modell des Geosynklinaltrogs wegen seiner Kürze und Anschaulichkeit noch heute verwendet.
Geschiebe	In der Geomorphologie ist G. die Bezeichnung für Gesteinsmaterial, das vom Gletscher transportiert wurde; in der Hydrologie wird mit G. Gesteinsmaterial bezeichnet, das vom Fluss transportiert wird. In diesem Buch wird Geschiebe und Geröll synonym für Transportmaterial des Flusses verwendet.
Gierfähre	Die Gierfähre hängt an einem den Fluss querenden Seil und nutzt zur Fortbewegung die Wasserströmung aus.
Glazial, glazial	Eiszeit, die Eiszeit betreffend.
glazifluviale Sedimente	glazifluviale Sedimente sind Ablagerungen, die im Zusammenwirken von Gletscher und Fluss entstanden sind.

Glimmer	Glimmer ist ein Mineral mit einer ausgeprägten Plättchenstruktur. Die Bindung zwischen den einzelnen Schichten des Schichtsilikats ist sehr schwach, deshalb ist das Material in einer Richtung sehr gut spaltbar und setzt der Erosion wenig Widerstand entgegen.
grobklastisch	in Stücke gebrochene große Steine.
Günzeiszeit	Die Günzeiszeit bzw. -kaltzeit ist nach traditioneller Zählung mit Günz, Mindel, Riß und Würm die erste Kaltzeit des Pleistozäns in Süddeutschland. Heute wissen wir, dass es mehr Eiszeiten gab. Die bekanntesten „neuen" Eiszeiten sind die Biber- und Donaueiszeit.
Habitat	Lebensraum, charakteristischer Aufenthaltsraum von bestimmten Tier- oder Pflanzenarten.
Hangdenudation	Im Gegensatz zur linienhaft wirkenden Erosion wirkt Denudation vornehmlich flächenhaft. Bei der Hangdenudation wird ein Hang auf seiner gesamten Breite abgetragen.
Hangendes	Der Begriff aus der Bergmannssprache und der Geologie ist die Lagebezeichnung für Gestein, das eine Bezugsschicht überlagert.
HHQ	höchster, je gemessener Abfluss eines Gerinnes.
HQ_{100}	Hochwasserereigniss, das im statistischen Mittel alle 100 Jahre auftritt. Die Abflusshöhe wird also mit einer Auftretenswahrscheinlichkeit von 1 % erreicht oder überschritten.
Hochglazial	Das Hochglazial ist der Höhepunkt einer Kaltzeit, in dem die größten Eisvorstöße erfolgten. Der Meeresspiegel war im Hochglazial wegen der großen Eismassen, die Wasser gebunden haben, um bis zu 140 m niedriger als heute.
Holozän	Das H. ist der aktuelle, seit etwa 11 000 Jahren dauernde Zeitabschnitt der Erdgeschichte nach der Würmeiszeit. Weitere Bezeichnungen dafür sind Postglazial oder Nacheiszeit oder Alluvium.
Hochterrasse	Flussterrassen werden durch ihre Entstehungszeit und die Lage zum Fluss unterschiedlich bezeichnet. Die Hochterrasse ist eine höher gelegene, in der Regel hochwasserfreie Terrasse. Sie entstand in einer älteren Eiszeit, oft in der Rißeiszeit.
Hydrogeographie	Die H. ist ein Fachgebiet der Geographie und befasst sich mit dem Wasser auf dem Festland, dabei erfolgt eine Verknüpfung mit den wasserbezogenen Nachbarwissenschaften und der Kulturgeographie.
Hydrogeologie	Die Hydrogeologie befasst sich mit dem Grundwasser in Boden und Gestein.
Hydrosphäre	Die Hydrosphäre umfasst die Gesamtheit des Wassers auf der Erde.
hygrisch	Als h. werden alle Vorgänge und Gegenstände bezeichnet, die mit Niederschlag und Luftfeuchtigkeit zu tun haben.
Infiltration	Das Einsickern, Einströmen, Eindringen von Flüssigkeit, z. B. von Wasser in den Boden.
Jungholozän	jüngster zeitlicher Abschnitt des Holozäns, in dem es auch zur Neolithisierung kam.
Jungmoräne	Jungmoränen sind Relikte der letzten Eiszeit, siehe Moräne. In Süddeutschland ist das die Würmeiszeit, in Norddeutschland wird diese Eiszeit als Weichsel-Kaltzeit bezeichnet. Die morphologischen Formen der Jungmoränen sind noch gut zu erkennen und weisen einen reichen Formenschatz auf.
Karsterscheinungen	Vornehmlich in Kalkgestein entstehen durch Lösungsverwitterung spezifische ober- und unterirdische Formen, die die Wasserwegsamkeit des Gesteins stark beeinflussen. Dazu gehört u. a. das plötzliche Versickern von Bächen und Flüssen in Klüften und Bachschwinden oder Schlucklöchern (Ponore) und der unterirdische Abfluss in Höhlensystemen. Die Karsterscheinungen sind der Grund für extrem hohe Wasserwegsamkeit des Gesteins. Die Donauversickerung bei Immendingen ist hierfür ein bekanntes Beispiel.
Kavitation	Das Wort K. kommt aus dem Lateinischen und bedeutet Aushöhlung, es ist das Wachstum von Vertiefungen auf einer Oberfläche. K. entsteht durch die Bildung und das „Zerplatzen" von Dampfblasen bzw. Hohlräumen in Flüssigkeiten. Da die Verdampfungstemperatur vom Luftdruck abhängt, kommt es mit Druckänderungen zur Verdampfung bzw. zur Kondensation, Dampfblasen entstehen und fallen wieder in sich zusammen. Befindet sich eine zusammenfallende Dampfblase in der Nähe der Gewässersohle, entsteht bei der Implosion ein scharfer Flüssigkeitsstrahl, der zu einer kraterförmigen Erosion führt. Diese Kavitationserosion wird bislang in den Geowissenschaften leider kaum beachtet.
Klimageomorphologie	Erklärungsansatz für die Reliefformung, der dem Klima eine steuernde Funktion bezüglich der unterschiedlichen Formungskräfte zubilligt. Gesteinszersatz, Abtragung und Transport sind beispielsweise in feuchttropischen Klimaten anders als unter eiszeitlichen oder wüstenhaften Bedingungen.
Kolmatierung	Kolmatierung ist ein gezielt herbeigeführter Vorgang im Zuge der Bewässerung. Wir verstehen darunter die Auflandung von Feinsediment und Schwemmgut bei Hochwasser oder allgemein bei Überflutung.

Kolmation	Kolmation verringert die Wasserdurchlässigkeit des Flussbetts durch die Ablagerung von Feinsediment, das die Poren verstopft. Ein sandig-kiesiges Flussbett verschlammt durch K. Dadurch wird der Wasseraustausch zwischen Fluss und begleitendem Grundwasserkörper behindert. Viele Fischarten, die zum Ablaichen einen kiesigen Untergrund benötigen, verlieren durch Kolmation ihre Laichgründe.
Konnektivität	K. ist in der Hydrogeographie die Verbindungsmöglichkeit und die Durchlässigkeit eines Gewässers für Wasser, Geröll, Pflanzen, Tiere und Nährstoffe zwischen unterschiedlichen Teilen des Flusses; wir sprechen von lateraler, also seitlicher Konnektivität und meinen damit die Durchlässigkeit vom Gerinne zur Flussaue. Analog dazu ist die longitudinale Konnektivität die Passierbarkeit von der Quelle bis zur Mündung eines Flusses bzw. in die Gegenrichtung. Eine Staumauer unterbricht beispielsweise die longitudinale Konnektivität.
korrelate Sedimente	sind zusammengehörige, unter gleichen Bedingungen zur gleichen Zeit an unterschiedlichen Orten entstandene geomorphologische Formen; in der Regel wird eine Abtragungsform, z. B. ein Erosionsanriß, über einen Transportweg mit einem Sediment, z. B. einem Schwemmfächer, korreliert.
laminare Strömung	ist eine gleichförmige, geschichtete Strömung, bei der keine Verwirbelungen auftreten, vgl. turbulenter oder schießender Abfluss.
Latènezeit	ist eine geschichtliche Epoche, in der in Mitteleuropa die Kelten vorherrschend waren. Die Latènezeit dauerte etwa von 450 v. Chr. bis zur Zeitenwende.
laterale Konnektivität	Durchgängigkeit bzw. Verbindung vom Fluss über seine Ufer in die Aue. Sowohl Wasser, Flora, Fauna und Sedimente können vom Wasser in die Aue gelangen und umgekehrt, siehe auch Konnektivität.
Lee	Lee ist die dem Wind abgewandte Seite nach einem Hindernis.
Licca liber	Großprojekt des Wasserwirtschaftsamtes Donauwörth zum Hochwasserschutz und zur Stabilisierung und Renaturierung des Lechs.
LiDAR	ist die Abkürzung von Light detection and ranging, einer speziellen, dem Radar verwandten Methode der Abstandsmessung, bei der Laserstrahlen verwendet werden. Mit dieser Technik kann man durch die Vegetation „durchschauen" und ein hoch aufgelöstes dreidimensionales Bild der Boden- oder Gesteinsoberfläche erzeugen.
Liegendes	Der Begriff aus der Bergmannssprache und der Geologie ist die Lagebezeichnung für Gestein, das eine Bezugsschicht unterlagert.
LIFE	LIFE ist das EU-Förderprogramm für den Umwelt-, Natur- und Klimaschutz. Es unterstützt strategische Projekte, die dazu beitragen, die Naturschutz- und Biodiversitätsziele der EU zu erreichen, die Umweltqualität zu verbessern und eine energieeffiziente, klimaschonende und klimaresistente Wirtschaft zu fördern.
limnisch	dem Ökosystem eines stehenden Gewässers zugehörig.
LNF	landwirtschaftliche Nutzfläche.
longitudinale Konnektivität	Verbindung und Durchgängigkeit in einem Fluss von der Quelle zur Mündung und umgekehrt. Dies gilt für Wasser, Flora, Fauna und Transportgut eines Flusses, siehe auch Konnektivität.
Luv	Luv ist die dem Wind zugewandte Seite vor einem Hindernis.
Mäander	sind aneinandergereihte Flussschlingen mit einem charakteristischen Querprofil, bei dem sich Prall- und Gleithang abwechseln.
mäandrieren	Ein langsam und gleichförmig strömender tieferer Fluss neigt in bindigem Sediment zur Mäanderbildung, er mäandriert.
Mahdalm	Bergmähder werden auch als Mahdalm bezeichnet. Es sind Almen, die zum Beweiden zu steil sind und nur zur Heugewinnung genutzt werden können.
marin	zur Meeresumwelt gehörig.
Mergelung	Mergel ist ein weit verbreitetes marines oder limnisches Sediment, das bis zum Gestein verfestigt sein kann. Mergel enthält Kalk und silikatische Bestandteile aus Ton, Schluff oder Sand. Bei der Mergelung werden versauerte Böden durch Ausbringen von Mergel verbessert. Diese Art der Bodendüngung bringt in den ersten Jahren kräftige Ertragssteigerungen, da dabei jedoch weder Phosphat noch Stickstoff zugeführt werden, führt das anfänglich gute Pflanzenwachstum zu einer Auszehrung des Bodens. Er ist nach einigen Jahren üppigen Pflanzenwachstums „ausgemergelt" und bringt wegen Phosphat- und Stickstoffmangel nur noch geringe Erträge.
Mesolithikum	Mittelsteinzeit, in Mitteleuropa zwischen dem Ende der Würmeiszeit und etwa 6500 vor heute.
MHQ	mittlerer Hochwasserabfluss.

Mindeleiszeit	die Mindeleiszeit ist in der von Penck und Brückner 1901 aufgestellten und nach Flüssen benannten Reihe der nacheinander folgenden Kaltzeiten die zweite. Die namengebenden Flüsse sind Günz, Mindel, Riß und Würm. Heute sprechen wir von Kalt- anstatt von Eiszeiten und die vier „klassischen", am besten nachgewiesenen Eiszeiten werden durch zwei noch ältere Kaltzeiten ergänzt. Die aktuelle Reihe lautet Biber, Donau, Günz, Mindel, Riß und Würm, allerdings sind heute noch weitere Kaltzeiten bekannt.
MNQ	mittlerer Niedrigwasserabfluss eines Gerinnes.
montan	bergiges Umfeld, sich auf Berge beziehend.
Moräne	Moränen sind Relikte einer Eiszeit und bestehen aus Geschiebe und Substrat, das der Gletscher transportiert hat. Je nach Position zum Gletscher unterscheiden wir Stirn-, Seiten-, Grund- oder Deckmoränen.
morphologisch	die Geomorphologie betreffend, siehe Geomorphologie.
MQ	langjähriges Mittel des Abflusses.
Mure	Eine Mure ist eine Schlamm- oder Gerölllawine, die meist nach langen Regenperioden oder bei der Schneeschmelze losbricht und schnell zu Tal fließt. Der Murengang hinterläßt am Hang eine Kerbe, die an beiden Seiten von wallartigen Aufschüttungen begleitet wird. Im Tal wird ein Murenkegel geschüttet, z. T. schießt die Mure in engen Talsituationen auch am Gegenhang wieder hoch.
Nekropole	ist eine größere, oft baulich gestaltete Begräbnisstätte.
Neolithikum	Jungsteinzeit, die in Mitteleuropa etwa von 5500 bis 2200 v. Chr. dauerte.
Neolithisierung	Die Neolithisierung war eine große, landschaftsprägende Umwälzung, in der der Mensch sesshaft wurde und mit Ackerbau und Viehzucht begann, man spricht auch von der neolithischen Revolution.
NH_4-N	Ammonium-Stickstoffgehalt, NH_4-N ist ein gängiger Indikator für die biologische Belastung eines Gewässers.
Niederterrasse	Flussterrassen werden durch ihre Entstehungszeit und die Lage zum Fluss unterschiedlich bezeichnet. Die Niederterrasse ist die unterste glazialzeitlich entstandene Terrasse bzw. das Flument. Sie entstand in der letzten Eiszeit. In Süddeutschland ist das die Würmeiszeit.
Nitrat	Chemische Verbindungen auf der Grundlage von Stickstoff.
Nitrifikation	Die Nitrifikation ist ein Teilprozess des Stickstoffkreislaufs im Ökosystem eines Sees. Abgestorbene Biomasse setzt Ammoniak bzw. Ammonium frei und wird durch nitrifizierende Bakterien in zwei Schritten zu Nitrat oxidiert.
nival	durch Schnee erzeugt.
NNQ	niedrigster, je gemessener Abfluss eines Gerinnes.
Ökosystem	ein Ökosystem ist die Gesamtheit der unbelebten(abiotischen) und belebten (biotischen) Elemente eines relativ einheitlichen Lebensraums, die als funktionelle Einheit in Wechselwirkung stehen. Neben Tieren und Pflanzen gehören dazu auch Relief, Boden, Gestein, Gewässer, Geländeklima etc.
Ökotop	Ein Ökotop ist die wichtigste räumliche Einheit in der Landschaftsökologie. Es beinhaltet alle unbelebten Bestandteile eines Ökosystems.
Orographie	beschreibt die Höhenverhältnisse des Reliefs.
Paläoklimatologie	Interdisziplinäre Forschung zur Rekonstruktion der Klimaentwicklung der Erde, bei der Meteorologen, Geowissenschaftler, Biologen, Physiker, Chemiker, Historiker, Archäologen u. a. eng zusammenarbeiten.
Paläolithikum	ist die Altsteinzeit, die als älteste Periode der Urgeschichte etwa von 600 000 bis 10 000 v. Chr. dauerte.
Phosphat	Chemische Verbindung auf Basis der Phosphorsäure, wichtiger Pflanzennährstoff.
Phytoplankton	ist ein Primärproduzent, der in stehenden und langsam fließenden Gewässern mit Hilfe der Photosynthese aus Kohlenstoffdioxid und Nährstoffen Biomasse in Form von Algen und Bakterien aufbaut.
Pioniervegetation	Zur Pioniervegetation gehören Pflanzen, die durch ihre Anpassungsfähigkeit neue, vegetationslose Gebiete besiedeln können; am Fluss sind das z. B. Weiden und Tamarisken.
Pleistozän	Das P. ist ein Abschnitt der Erdgeschichte, genauer des Quartärs, der vom Wechsel von Kalt- und Warmzeiten geprägt ist und dem Holozän voraus geht.
pluvial	vom Regen bestimmt.
Porengrundwasserleiter	Meist durch Körnerstruktur geprägte Gesteine oder Sedimente, in denen die Zwischenräume zwischen den einzelnen Körnern ein zusammenhängendes Netz von Hohlräumen bilden. P. besitzen meist ein großes Speichervermögen, die Fließgeschwindigkeit des Grundwassers ist niedrig und die Filterwirkung ist groß.

Präzession	Richtungsänderung, die die Rotationsachse eines rotierenden Körpers, z. B. eines Kreisels oder eines Planeten ausführt, wenn eine äußere Kraft ein Drehmoment senkrecht zu dieser Achse aufprägt.
Proxydaten	In der Klimaforschung liegen Messungen nur für wenige 100 Jahre vor. Will man Aussagen zu Vorzeitklimaten machen, nutzt man dazu P., das sind indirekte Klimazeiger, die Aussagen über Temperatur und Niederschlag erlauben. Das können z. B. Baumringe sein, die in feuchtwarmen Jahren anders ausfallen als in Trockenjahren, Pflanzenpollen, Sauerstoffisotope, Seesedimente, Tropfsteine, Eisbohrkerne usw.
Qualmwasser	Qualmwasser wird auch als Drängewasser bezeichnet. Es handelt sich um das Wasser, das durch einen Damm, der auf einer Seite Wasser staut, durchsickert.
Quartär	Das Quartär ist der jüngste Zeitabschnitt der Erdgeschichte und schließt das Holozän mit ein.
Radiokarbonmethode	Methode der Altersbestimmung von kohlenstoffhaltigen Organismen oder Materialien, deren Anteil an radioaktiven ^{14}C-Atomen entsprechend der Zerfallsreihe mit der Zeit abnimmt. Altersbestimmungen sind in einem Zeitraum zwischen 300 und 60 000 Jahren möglich.
Retentionsraum, -volumen	Flächen in der Aue, die bei Hochwasser gefahrlos überflutet werden. Dadurch werden Hochwasserspitzen gekappt. Retentionsvolumen ist das Maß für die Speicherfähigkeit des Retentionsraumes.
Rißeiszeit	siehe Mindeleiszeit.
Sand	Sand ist ein nicht bindiges Sediment aus Korngrößen von 0,063 mm bis 2 mm Durchmesser und kann bis zum Gestein verfestigt sein. Es dominiert der Anteil von Silikat, SiO_2.
schießender Abfluss	ist in der Reihe laminarer, turbulenter und schießender Abfluss der schnellste. Er hat wegen seines Energiereichtums die höchste geomorphologische Wirksamkeit, vgl. laminarer, turbulenter A.
Schluff	Schluff ist eine Bodenart, die aus sehr feinem verwitterten Gestein besteht, wie zum Beispiel Quarz oder Feldspat, die Korngröße schwankt 0,002–0,062 mm.
Schwall-Sunk-Betrieb	Im Schwall-Sunk-Betrieb wird eine Turbine in Zeiten eines hohen Strombedarfs mit hoher Leistung gefahren. Folglich ist der Wasserdurchsatz und mit ihm der Abfluss unterhalb der Staustufe hoch (Schwall). Bei niedrigem Stromverbrauch wird die Leistung der Turbine durch Reduktion des Durchsatzes reduziert, folglich wird nur wenig Wasser turbiniert (Sunk). Diese Abflussschwankungen haben auch ökologische Auswirkungen auf das unterhalb der Stauhaltung liegende Gewässer.
Schwallung	Zur Erzeugung einer Flutwelle, mit deren Hilfe die Floßbäche durch ein künstliches Hochwasser kurzzeitlich vertieft und verbreitert wurden, sind Wasserspeicher notwendig. Sie werden als Floßweiher, Teiche oder Schwallung bezeichnet und ermöglichen den Holztransport mit großen Flößen von mehreren 100 m Länge und einer Breite bis zu 6 m auf sehr kleinen Bächen.
Sedimentation	Ablagerung von Sedimenten in Form von Ton, Schluff, Sand oder Geröll z. B. bei nachlassender Transportkraft eines Flusses; S. führt zur Bildung von Sand- und Kiesbänken.
Silikat	chemische, Mineralien bildende Verbindung auf der Grundlage von Silicium.
Spül-, Hangdenudation	Denudation ist in der Geomorphologie die flächenhafte Abtragung z. B. auf einem Hang. Wird Boden durch Wasser flächenhaft abgespült, sprechen wir von Spüldenudation. D. kann jedoch auch durch Rutschungsprozesse erfolgen.
Stickstoff	Chemisches Element mit der Bezeichnung N, Hauptbestandteil der Luft und wichtiger Pflanzennährstoff.
stratigraphisch	In geschichteten Gesteinen oder sonstigen Ablagerungen sind unten liegende Sedimentschichten (Liegendes) nach dem stratigraphischen Prinzip älter als darüber liegende Sedimentschichten, die sich im Hangenden befinden. Damit wird eine relative Datierung im Sinn von „jünger als" bzw. „älter als" möglich.
stream power	ist ein Maß für die Energiedissipation, die das Wasser eines Flusses gegen Flussbett und Ufer lenkt.
Subatlantikum	das S. ist die derzeit aktuelle Klimaphase im Holozän; diese Bezeichnung S. gilt nur im nordeuropäischen Bereich.
Substrat	Ausgangsmaterial für die Bodenbildung.
Sukzession	In der Landschaftsökologie verstehen wir unter Sukzession den natürlichen Wandel der Artenzusammensetzung von Pflanzen an einem bestimmten Ort. Auf unbesiedeltem Boden treten zunächst die Pionierpflanzen auf, gefolgt von verschiedenen Entwicklungsstadien bis hin zum Reifestadium.

Terrasse	T. sind langestreckte, uferparallele Geländeformen. Die Entstehung einer Flussterrasse beginnt mit der Aufschüttung einer Flussebene. Deren hintere Begrenzung ist der Hang, der das Flusstal begleitet. Die vordere Begrenzung entsteht dann, wenn der Fluss sich in seine Flussebene einschneidet, um eine neue, tieferliegende anzulegen. Terrassen sind also morphologisch gut abgrenzbare Verebnungen entlang von Flüssen. Mehrere Verebnungen mit unterschiedlichen Verebnungsniveaus bilden eine Terrassentreppe. Diese Terrassen sind meist Relikte der verschiedenen Eiszeiten (nach Schirmer).
terrestrisch	dem Festland zugehörig.
Tertiär	Das T. ist ein Erdzeitalter, das der Kreidezeit folgt und vor dem Quartär kommt. Die moderne Forschung unterteilt das Zeitalter weiter in Neogen und Paläogen.
Tertiärhügelland	ist ein im Tertiär entstandenes Hügelland im nördlichen Alpenvorland.
Ton	Ton ist eine aus Tonmineralien bestehende Bodenart, die bei genügend Feuchtigkeit aufquillt und plastisch verformbar wird, bei Trockenheit jedoch hart und spröde ist. Die Korngröße von Ton ist < 0,002 mm.
Transhumanz	T. ist Wander- oder Fernweidewirtschaft, bei der die Herden unter der Obhut von Hirten saisonal zwischen zwei Weidegebieten wandern. Oft gehören diese Weidegebiete verschiedenen Klimazonen oder Höhenstufen an.
Trockenwetterabfluss	Abfluss eines Gerinnes nach einer längeren, niederschlagslosen Periode, in der kein Oberflächenabfluss mehr stattfindet, sondern der Fluss nur noch aus dem Grund- oder Quellwasser gespeist wird.
Trophie, Trophiestufen	Nährstoffgehalt eines Gewässers in Bezug auf die Nährstoffelemente Phosphat, Stickstoff, Kohlenstoff und Schwefel. Für stehende Gewässer werden Trophiestufen ausgewiesen, die anzeigen, ob ein Gewässer überdüngt ist.
turbulenter Abfluss	In der Natur ist der turbulente Abfluss der häufigste. Wegen seiner höheren Fließgeschwindigkeit ist die Geschwindigkeitsdifferenz zwischen strömendem Wasser und Gerinnebett so groß, dass es in der Grenzschicht zur Wirbelbildung kommt. Es entstehen Wasserbewegungen quer zur Strömungsrichtung und auch rückwärts gewendete Komponenten sind in Wirbeln vorhanden, vgl. laminarer und schießender A.
Typlokalität	ist in der Geologie und Geomorphologie der Ort, an dem eine Oberflächenform oder ein Gestein entweder erstmals wissenschaftlich beschrieben wurde oder wo es besonders gut und typgebend ausgeprägt ist.
Variabilität	V. bezeichnet in der Hydrogeographie die Veränderlichkeit eines Parameters, z. B. des Abflusses. In ähnlicher Weise wird der Begriff in der Statistik angewendet.
volatil	volatil bedeutet schwankend und ist ein Begriff aus der Statistik und dem Börsenwesen. Bei der Energieerzeugung werden nicht regelbare Energiequellen wie Wind und Sonne als volatil beschrieben.
Würmeiszeit	siehe Mindeleiszeit.
zelgengebundene Dreifelderwirtschaft	Die Flur einer Siedlung wird in drei große Flurstücke (Zelgen) aufgeteilt. Jeder dörfliche Nutzungsberechtigte hat in jeder Zelge eigene, abgegrenzte Grundstücke. Da nicht jedes Grundstück über einen Weg erschlossen ist, müssen zur Bearbeitung meist fremde Grundstücke betreten werden. Weil dadurch die Feldfrüchte geschädigt werden, wird in jeder der drei Zelgen eines Dorfes eine einheitliche Frucht angebaut, also z. B., nur Wintergetreide. Beim Bestellen der Zelge muss das Grundstück, das am weitesten vom Weg entfernt ist, zuerst bearbeitet werden, das dem Weg nächste Feld zuletzt. Umgekehrt wird bei der Ernte vorgegangen. Das wegnächste Feld wird abgeerntet und kann dann befahren werden. Das weitest entfernte Grundstück wird zuletzt abgeerntet. Dadurch wird sichergestellt, dass durch Überfahrten weder Saat noch Ernte geschädigt werden. In einer Zelge wechselten sich nacheinander Sommer-, Wintergetreide und Brache ab. Später wurde die Brache durch eine weitere Frucht (Rotklee, Kartoffeln oder Rüben) ersetzt.
Zungenbecken	Z. ist eine vom Gletscher geschaffene, langgestreckte Hohlform in einer Grundmoränenlandschaft. Nach dem Abschmelzen des Eises befindet sich häufig ein See im Z. Das Z. ist von Moränenzügen umkränzt.
Zweifelderwirtschaft	Agrarische Wirtschaftsform, bei der das Feld ein Jahr bebaut wird und im Folgejahr zur Erholung des Bodens brach liegen bleibt.

Literatur

Ahnert, F. (2009): Einführung in die Geomorphologie. Stuttgart

Amberger, C. (1553): Contrafactur der strittigen Lechgebew zu Fuessen. Handgezeichnete Vogelschaukarte des Lechs bei Füssen. (BayHStA, Plansammlung 2601)

ARGE SKI – IB KUP – UIBK (2017): Licca Liber – Weiterführende Untersuchungen. Anlage 5.1: Morphologisches Modell – Modellkonzept. Donauwörth

ARGE SKI – IB KUP – UIBK (2018): Licca liber – Weiterführende Untersuchungen. Anlage 5.4: Gewässermorphologische Langzeitprognose, Planvarianten. Donauwörth

Augsburgwiki – Lech: Lech. https://www.augsburgwiki.de/index.php/AugsburgWiki/Lech (letzter Zugriff: 04.01.2018)

Aust, H., H. Vierhuff und W. Wagner (Hrsg.): Grundwasservorkommen in der Bundesrepublik Deutschland. Braunschweig 1980

Bauer, F. (1979): Das flußmorphologische Verhalten des bayerischen Lechs. München

Bauer, U. (1991): Auswirkungen der Flußbaumaßnahmen auf die Avifauna des Lech. In: N. Müller und K. R. Schmidt (Hrsg.): Der Lech. Wandel einer Wildflusslandschaft. Augsburg, S. 121–128

Bayerisches Landesamt für Wasserwirtschaft: Mittlerer Jahresniederschlag in Bayern. https://www.lfu.bayern.de/wasser/hydrometerologische_parameter/hydro meteorologie_auswertung/niederschlag/doc/karte_niederschlag.pdf (letzter Zugriff: 10.10.2021)

Bayerisches Geologisches Landesamt (Hrsg.): Geologica Bavarica. Quartärgeologie. München 1959

Bayerisches Landesamt für Umwelt: Gewässerkundlicher Dienst Bayern. https://www.gkd.bayern.de/de/fluesse/abfluss/kelheim/haunstetten-12003500/haupt werte (letzter Zugriff: 24.01.2020)

Bayerisches Landesamt für Umwelt: Hochwassernachrichtendienst. https://www.hnd.bayern.de/pegel/donau_bis_kelheim/haunstetten-12003500/abfluss (letzter Zugriff: 20.02.2020)

Bayerisches Landesamt für Umwelt (2014a): Deutsches Gewässerkundliches Jahrbuch – Donaugebiet 2006

Bayerisches Landesamt für Umwelt (Hrsg.): Deutsches Gewässerkundliches Jahrbuch. Donaugebiet 2006 mit Anhang Bayer. Rheingebiet. 2006. Augsburg 2014b

Bayerisches Landesamt für Umwelt (2016): Gewässerverzeichnis. https://www.lfu.bayern.de/wasser/gewaesserverzeichnisse/doc/tab12.pdf (letzter Zugriff: 14.03.2019)

Bayerisches Landesamt für Umwelt (20.07.2020): Pegel Augsburg u.d. Wertachmündung/Lech. https://www.hnd.bayern.de/pegel/donau_bis_kelheim/augsburg-u-d-wertachmuendung-12006000/abfluss?

Bayerisches Landesamt für Wasserwirtschaft (Hrsg.): 100 Jahre Wasserbau am Lech zwischen Landsberg und Augsburg. Auswirkung auf Fluss und Landschaft. München 1984

Bayerisches Landesamt für Wasserwirtschaft (2003): Hochwasser Mai 1999. Gewässerkundliche Beschreibung. München

Bayerisches Staatsministerium für Umwelt und Verbraucherschutz (Hrsg.): Wann trifft uns das Wasser? Hochwasser- und Starkregenrisiken gemeinsam reduzieren. Regionalausgabe für das Einzugsgebiet von Lech, Wertach und den dazugehörigen Donauabschnitt. München 2021

BayHStA Plansammlung 2736: Vogelschau auf Lech bei Oberndorf und Rain. Kolorierte Federzeichnung aus dem Jahr 1580

BayHStA, Reichskammergericht 228 I, II (1551 ff.): Grenzstreitigkeit wegen des Lechsverlaufs bei Füssen. Gerichtsakten

Belletti, B., C. G. de Leaniz et al. (2020): More than one million barriers fragment Europe's rivers. Nature (588), S. 436–441

Bettel, S. (24.01.2019): Tiroler Lech. Ein gezähmter Fluss wird wieder wild. Spektrum der Wissenschaft, Online-Ausgabe

Biss, R. und H. Vobis (2006): Die Stauhaltung des Hoch- und Oberrheins. Historische, wasserwirtschaftliche und ökologische Zusammenhänge. In: D. Müller, A. Schöl, T. Bergfeld und Y. Strunck (Hrsg.): Staugeregelte Flüsse in Deutschland. Wasserwirtschaftliche und ökologische Zusammenhänge. Stuttgart, S. 113–146

Böhm, H. (1990): Die Wiesenbewässerung in Mitteleuropa 1937. Anmerkungen zu einer Karte von C. Troll. Erdkunde Bd. 44 (Heft 1), S. 1–10

Böhm, O. (2011): Hochwassergeschichte des bayerischen Alpenvorlandes. Die Hochwasser der Sommermonate im Kontext der Klimageschichte Mitteleuropas. Augsburg

Bork, H., T. Schatz, H.-P. Piorr und C. Dalchow (1998): Landschaftsentwicklung in Mitteleuropa. Wirkungen des Menschen auf Landschaften. Gotha, Stuttgart

Brunnacker, K. (1964): Die geologisch-bodenkundlichen Verhältnisse in Epfach. In: J. Werner (Hrsg.): Studien zu Abodiacum – Epfach. München

Büdel, J. (1977): Klima-Geomorphologie. Berlin, Stuttgart

Bundesministerium für Land- und Forstwirtschaft, Umwelt und Wasserwirtschaft (2012): Hydrographisches Jahrbuch von Österreich 2010

Busch, N. (2006): Hydrologische Grundlagen der Stauregelung von Flüssen. In: D. Müller, A. Schöl, T. Bergfeld und Y. Strunck (Hrsg.): Staugeregelte Flüsse in Deutschland. Wasserwirtschaftliche und ökologische Zusammenhänge. Stuttgart, S. 19–33

Cyffka, B., B. Stammel, P. Fischer, F. Betz, M. Gelhaus und M. Kuba (2018): Flussauen im Wandel von Raum und Zeit. Geographische Rundschau 70 (1/2), S. 18–24

Czysz, W. (2016a): Dokumentarischer Teil. In: W. Czysz (Hrsg.): Römische und frühmittelalterliche Wassermühlen im Paartal bei Dasing. Studien zur Landwirtschaft des 1. Jahrtausends. München, S. 15–108

Czysz, W. (Hrsg.): Römische und frühmittelalterliche Wassermühlen im Paartal bei Dasing. Studien zur Landwirtschaft des 1. Jahrtausends. München 2016b

Dalchow, C. und H. Rohdenburg (1989): Vorlesungsauswertungen Heinrich Rohdenburg: Geoökologie, Geomorphologie. Cremlingen-Destedt

Doppler, T. und R. Ebersbach (2014): Jahrgenau datiert – das Neolithikum im Voralpenraum. In: T. Terberger und D. Gronenborn (Hrsg.): Vom Jäger und Sammler zum Bauern. Die Neolithische Revolution. Darmstadt, S. 57–64

Dyck, S. und G. Peschke (1995): Grundlagen der Hydrologie. Berlin

Eberle, J., B. Eitel, W. D. Blümel und P. Wittmann (2010): Deutschlands Süden vom Erdmittelalter zur Gegenwart. Heidelberg

Egger, G., M. Reich und Juszczyk (2019): Lech. In: S. Muhar, A. Muhar und G. Egger (Hrsg.): Flüsse der Alpen. Vielfalt in Natur und Kultur, S. 426–429

Ehlers, E. (2008): Das Anthropozän. Die Erde im Zeitalter des Menschen. Darmstadt

Ehlscheid, T. (2006): Entwicklung der Wasserqualität der Mosel in Rheinland-Pfalz – Ergebnisse der Fließgewässerüberwachung. In: D. Müller, A. Schöl, T. Bergfeld und Y. Strunck (Hrsg.): Staugeregelte Flüsse in Deutschland. Wasserwirtschaftliche und ökologische Zusammenhänge. Stuttgart, S. 147–168

Ellmers, D. (1985): Flößerei in Vorgeschichte, Römerzeit und Mittelalter. In: H.-W. Keweloh (Hrsg.): Flösserei in Deutschland. Stuttgart, S. 12–33

Emmendörffer, C. und C. Trepesch (Hrsg.): Wasser Kunst Augsburg. Die Reichsstadt in ihrem Element: Begleitband zur Ausstellung im Maximilianmuseum Augsburg. Regensburg 2018

Englisch, R. (1997): Flußmorphologische Bestandsaufnahme des Lechs – Erosionsproblematik und tendenzielle Entwicklung der Ausleitungsstrecke bei Gersthofen. München

EU-Internetportal: Via Claudia Augusta. https://www.viaclaudia.org/geschichten/4-karten-durch-die-jahr tausende (letzter Zugriff: 09.07.2021)

Fendt, N. (2018): Wasserkunst und die Auswirkungen auf das Wertachtal. In: C. Emmendörffer und C. Trepesch (Hrsg.): Wasser Kunst Augsburg. Die Reichsstadt in ihrem Element: Begleitband zur Ausstellung im Maximilianmuseum Augsburg. Regensburg, S. 156–167

Filipp, K. (1972): Frühformen und Entwicklungsphasen südwestdeutscher Altsiedellandschaften unter besonderer Berücksichtigung des Rieses und Lechfelds. Bonn-Bad Godesberg

Filser, K. (2016): Holzhandel, Güterspedition, Militärtransporte. Aus der Geschichte der Lechflößerei. In: S. Fischer (Hrsg.): So ein Lech. Episoden und Stationen eines bayerischen Flusslaufs. Landsberg, S. 20–33

Fischer, A.-L., B. Gehlen und T. Richter (2009): Zum Stand der Neolithisierungsforschung im östlichen Bayern. Fragestellungen, Fundstellen, Perspektiven. Fines Transire 18, S. 45–78

Frei, H. (Hrsg.): Schwaben in Bayern. Historisch-geographische Landeskunde eines Regierungsbezirks. Lindenberg i. Allgäu 2016

Friedmann, H. (26.09.2019): Der Lech – vom letzten Wildfluss der Nordalpen zur Kraftwerkstreppe. Historisch-geographische Untersuchungen zur Wasserwirtschaft. Kiel

Gairhos, S. (2018): Wasser für Augusta Vindelicum. Die Versorgung Augsburgs in römischer Zeit. In: C. Emmendörffer und C. Trepesch (Hrsg.): Wasser Kunst Augsburg. Die Reichsstadt in ihrem Element: Begleitband zur Ausstellung im Maximilianmuseum Augsburg. Regensburg, S. 34–45

Ganser, K. (2011): Industriekultur in Augsburg. Pioniere und Fabrikschlösser. Augsburg

Gesslein, B. (2013): Zur Stratigraphie und Altersstellung der jungquartären Lechterrassen zwischen Hohenfurch und Kissing unter Verwendung hochauflösender Airborne-LiDAR-Daten. Bamberg

Gesslein, B. und G. Schellmann (2016): Erläuterungen zur quartärgeologischen Karte 1:25000 des Lechtals im Landkreis Landsberg am Lech. Kartierungsergebnisse aus den Jahren 2007 und 2008. In: G. Schellmann (Hrsg.): Geomorphologisch-quartärgeologische Kartierungen im bayerischen Lech-, Wertach- und Schmuttertal. Bamberg, S. 193–242

Giwer, A. (1986): Abwasser – Gewässergüte. Zur Problematik von Umweltstandards und ihrer Erreichbarkeit. In: Deutscher Verband für angewandte Geographie (Hrsg.): Wasser und Abwasser. Engpaßfaktoren der Umweltvorsorge. Bochum, S. 87–111

Glaser, R. (2001): Klimageschichte Mitteleuropas. 1000 Jahre Wetter, Klima, Katastrophen. Darmstadt

Glaser, R., C. Beck und H. Stangs (2007): Zur Temperatur- und Hochwasserentwicklung der letzten 1000 Jahre in Deutschland. In: W. Endlicher und F.-W. Gerstengarbe (Hrsg.): Der Klimawandel. Einblicke, Rückblicke und Ausblicke. Potsdam, S. 55–67

Glaser, R. und H. Hagedorn (1990): Die Überschwemmungskatastrophe von 1784 im Maintal. Eine Chronologie ihrer witterungsklimatischen Voraussetzungen und Auswirkungen. Die Erde 121. Jahrgang (1), S. 1–14

Glaser, R., D. Riemann, J. Schönbein, M. Barriendos, R. Brazdil, C. Bertolin, D. Camuffo, M. Deutsch, P. Dobrovolny, A. van Engelen, S. Enzi, M. Halickava, S. J. Koenig, O. Kotzya, D. Limanowka, J. Mackova, M. Sghedoni, M. Brice und I. Himmelsbach (2010): The variability of European floods since AD 1500. Climate Change (Nr. 101), S. 235–256

Goudie, A. (2019): Human impact on the natural environment. Past, present and future. Hoboken, Chichester

Grewe, K. (2014): Aquädukte. Wasser für Roms Städte. Der große Überblick – vom Römerkanal zum Aquäduktmarmor. Rheinbach

Gronenborn, D. (2014): Letzte Jäger und erste Bauern – das Spätmesolithikum in Süddeutschland. In: T. Terberger und D. Gronenborn (Hrsg.): Vom Jäger und Sammler zum Bauern. Die Neolithische Revolution. Darmstadt, S. 25–29

Groos, W. (1950): Alte Wasserbauten in der Meringer Au. Ber. Naturforsch. Ges. Augsburg 3, S. 46–54

Groos, W. (1967): Die Änderung des Lechlaufs in geschichtlicher Zeit. 21. Bericht der Naturforschenden Gesellschaft Augsburg. 111, S. 26–66

Gunzelmann, T. und C. Dorn: Die Kulturlandschaft der Fößerei im Frankenwald. Ein komplexes System und seine Relikte. In: Heimatkundliches Jahrbuch des Landkreises Kronach., S. 83–161

Haas, J. N., E. Gross-Klee und C. Erny-Rodmann (1997): Früher „human impact" und Ackerbau im Übergangsbereich: Spätmesolithikum-Frühneolithikum im schweizerischen Mittelland

Hahn, H.-U. (1992): Die morphogenetische Wirksamkeit historischer Niederschläge. Die Besselbergäcker und die Grünbachau – ein Beispiel aus dem Taubereinzugsgebiet. Würzburg

Haidvogel, G. und E. Tasser (2019): Landnutzung und Siedlungsentwicklung. Alpine Flusslandschaften als Siedlungs- und Wirtschaftsräume. In: S. Muhar, A. Muhar und G. Egger (Hrsg.): Flüsse der Alpen. Vielfalt in Natur und Kultur, S. 226–237

Häußler, F. (2010): Augsburgs historisches Wasserwerk. Ein einzigartiges Technikmuseum. Augsburg

Häußler, F. (2015): Wasserkraft in Augsburg. Augsburg

Haversath, J.-B. (1984): Die Agrarlandschaft im römischen Deutschland der Kaiserzeit. (1.–4. Jahrhundert n. Chr.). Passau

Helmholtz-Zentrum hereon GmbH: Klimadaten. https://www.klimawiki.org/klimawandel (letzter Zugriff: 03.06.2021)

Hiemeyer, F. (1991): Der Lech südlich Augsburg, einst und heute – und was weiter. In: N. Müller und K. R. Schmidt (Hrsg.): Der Lech. Wandel einer Wildflusslandschaft. Augsburg, S. 59–68

Hilgers, M. (2014): Landschaftswandel am Lech. In: M. Krauss, S. Lindl und J. Soentgen (Hrsg.): Der gezähmte Lech. Ein Fluss der Extreme. München, S. 131–147

Hohensinner, S., R. Becsi, G. Egger, M. Fiebig, F. Knopper, S. Muhar und H. Piégay (2019): Morphologie. Die vielfältige Gestalt der Alpenflüsse. In: S. Muhar, A. Muhar und G. Egger (Hrsg.): Flüsse der Alpen. Vielfalt in Natur und Kultur, S. 86–111

Jacobeit, J. (2007): Zusammenhänge und Wechselwirkungen im Klimasystem. In: W. Endlicher und F.-W. Gerstengarbe (Hrsg.): Der Klimawandel. Einblicke, Rückblicke und Ausblicke. Potsdam, S. 1–16

Jäger, H. (1994): Einführung in die Umweltgeschichte. Darmstadt

Jungwirth, M. (2012): Bewertung naturschutzfachlicher Potentiale geplanter Gewässerausbauten am Lech im Bereich der Stadt Augsburg. Wien

Jungwirth, M., O. Moog und S. Schmutz (2006): Auswirkung der Stauregelung großer Flüsse auf die aquatische Tierwelt (Fische und Makrozoobenthos). In: D. Müller, A. Schöl, T. Bergfeld und Y. Strunck (Hrsg.): Staugeregelte Flüsse in Deutschland. Wasserwirtschaftliche und ökologische Zusammenhänge. Stuttgart, S. 79–98

Keller, R. (Hrsg.): Hydrologischer Atlas der Bundesrepublik Deutschland. Boppard 1979

Kießling, R. (2013): Kleine Geschichte Schwabens. Regensburg

Kirchesch, V., T. Bergfeld und D. Müller (2006): Auswirkungen der Stauregelung auf den Stoffhaushalt und die Trophie von Flüssen. In: D. Müller, A. Schöl, T. Bergfeld und Y. Strunck (Hrsg.): Staugeregelte Flüsse in Deutschland. Wasserwirtschaftliche und ökologische Zusammenhänge. Stuttgart, S. 59–78

Kluger, M. (2011): Der Lech. Landschaft. Natur. Geschichte. Wirtschaft. Wasserkraft. Der Fluss und das Lechmuseum Bayern. Augsburg

Kluger, M. (2013a): Historische Wasserwirtschaft und Wasserkunst in Augsburg. Kanallandschaft, Wassertürme, Brunnenkunst und Wasserkraft. Augsburg

Kluger, M. (2013b): Wasserbau und Wasserkraft, Trinkwasser und Brunnenkunst in Augsburg. Die historische Augsburger Wasserwirtschaft und ihre Denkmäler im europaweiten Vergleich. Augsburg

Kluger, M. (2015): Augsburgs historische Wasserwirtschaft. Der Weg zum UNESCO-Welterbe. Augsburg

Kluger, M. (2018): Augsburgs erstes Wasserwerk am Schwibbogentor. Trinkwasserversorgung mit Technik aus dem Bergbau. In: C. Emmendörffer und C. Trepesch (Hrsg.): Wasser Kunst Augsburg. Die Reichsstadt in ihrem Element: Begleitband zur Ausstellung im Maximilianmuseum Augsburg. Regensburg, S. 58–67

Kohl, S. F. (2010): Geschichte der Stadtentwässerung Augsburgs. Augsburg

Konold, W., C. Suchomel und M. Hugelmann (2021): Riesen, Schwallungen, Flößerei. Eine Studie zur Kultur- und Baugeschichte der Holzbringungsanlagen im Einzugsgebiet der oberen Kinzig. In: Alemannisches Institut (Hrsg.): Alemannisches Jahrbuch 2019/2020. Freiburg im Breisgau, S. 13–168

Krapf, P. (1910): Der Wasserbau in Tirol. Innsbruck

Krauss, M. (2014): Isar und Lech. Geschichten von Naturschützern und Modernisierern. In: M. Krauss, S. Lindl und J. Soentgen (Hrsg.): Der gezähmte Lech. Ein Fluss der Extreme. München, S. 105–122

Krauss, M., S. Lindl und J. Soentgen (2014): Vorwort. In: M. Krauss, S. Lindl und J. Soentgen (Hrsg.): Der gezähmte Lech. Ein Fluss der Extreme. München, S. 7–11

Kreuz, A. und T. Terberger (2014): Von Hirsch und Hasel zu Kuh und Korn. In: T. Terberger und D. Gronenborn (Hrsg.): Vom Jäger und Sammler zum Bauern. Die Neolithische Revolution. Darmstadt, S. 87–97

Küster, H. (2001): Die Geschichte der Vegetation am Lech seit der letzten Eiszeit. In: Bayerische Akademie für Naturschutz und Landschaftspflege. (Hrsg.): Flusslandschaften im Wandel. Veränderungen und weitere Entwicklung von Wildflusslandschaften am Beispiel des alpenbürtigen Lechs und der Isar, S. 9–11

Lehnemann, E. und C. Meiborg (2018): Auf trockenem Fuß durch die Flußniederung. Die mittellatènezeitliche Brücke von Kirchhain – Niederwald, Kreis Marburg-Biedenkopf (Hessen). In: M. Wemhoff und M. M. Rind (Hrsg.): Bewegte Zeiten. Archäologie in Deutschland. Petersberg, S. 96–99

Leibundgut, C. und I. Vonderstrass (2016): Traditionelle Bewässerung – ein Kulturerbe Europas. Band 1 Grundlagen. Langenthal

Leidel, Gerhard (Hrsg.) (1998): Altbayerische Flußlandschaften an Donau, Lech, Isar und Inn. Handgezeichnete Karten des 16. bis 18. Jahrhunderts aus dem Bayerischen Hauptstaatsarchiv. Weißenhorn

Leiter, A. (2016): Übergänge. Die Brücken in Landsberg. In: S. Fischer (Hrsg.): So ein Lech. Episoden und Stationen eines bayerischen Flusslaufs. Landsberg, S. 88–101

Leser, H. (2009): Geomorphologie. Braunschweig

Leser, H. und J. Löffler (2017): Landschaftsökologie. Stuttgart

LfU Bayern: Wasserstand Lech, Pegel Haunstetten 2005. https://www.hnd.bayern.de/pegel/donau_bis_kelheim/haunstetten-12003500 (letzter Zugriff: 09.06.2019)

Liebig, N. (2017): Bäche und Kanäle im Stadtwald Augsburg. Das Gewässersystem und seine Bedeutung für den Augsburger Welterbeantrag unter besonderer Berücksichtigung des Pfandschillingvertrages von 1721. In: Stadt Augsburg (Hrsg.): Augsburg und die Wasserwirtschaft. Studien zur Nominierung für das UNESCO-Welterbe im internationalen Vergleich. Augsburg, S. 172–183

Liepert, T. (2012): „Licca Liber“ – Der freie Lech. Untersuchung der flussbaulichen Möglichkeiten zur Sanierung des Lechs. Morphologische Grundlagenstudie. München

Limmer, B. (2009): Matsch & Moor. Zum Stand der Erforschung bayerischer Feuchtboden- und Seeufer- bzw. Inselsiedlungen. Unterwasser- und Feuchtbodenarchäologie in Bayern. Bericht der Bayerischen Bodendenkmalpflege (50), S. 89–96

Limmer, B. (2014): Die Siedlungskammer von Pestenacker und ihre Stellung innerhalb des bayerischen Jungneolithikums. Eine chronologische Skizze. In: L. Husty und K. Schmotz (Hrsg.): Vorträge des 32. Niederbayerischen Archäologentages. Rhaden/Westf., S. 91–118

Lindl, S. (2014): Der Tiroler Lech. Wildfluss oder Mythos vom Wildfluss? In: M. Krauss, S. Lindl und J. Soentgen (Hrsg.): Der gezähmte Lech. Ein Fluss der Extreme. München, S. 91–104

Loipersberger, A. (2002): Wildbäche. Faszination und Gefahr. München

Lori, J. G. v. (1764): Geschichte des Lechrains. https://bildsuche.digitale-sammlungen.de/index.html?c=viewer&bandnummer=bsb00009146&suchbegriff= (letzter Zugriff: 19.08.2019)

Löser, F. (2014): Flüsse im Mittelalter: der Lech. In: M. Krauss, S. Lindl und J. Soentgen (Hrsg.): Der gezähmte Lech. Ein Fluss der Extreme. München, S. 15–30

Mahnkopf, G. (2013): 7000 Jahre auf einem Fleck. Die archäologischen Ausgrabungen in Blankenburg. In: G. Mahnkopf (Hrsg.): Geschichte aus dem Boden. Archäologische Ausgrabungen in Blankenburg. Augsburg, S. 8–17

Maier, J., R. Paesler, K. Ruppert und F. Schaffer (1977): Sozialgeographie. Braunschweig

Mangelsdorf, J., K. Scheurmann und F.-H. Weiß (1990): River Morphology. A Guide for Geoscientists and Engineers. Berlin, Heidelberg

Mariani, M. (2007): Anthropogene Einflüsse auf den Lech bei Augsburg und ihre Auswirkungen. Augsburg

Meiborg, C., I. Balzer, E. Lehnemann, R. Urz, A. Stobbe und A. Goldner-Bofinger (2016): Die mittellatènezeitliche Holzbrücke mit Siedlung bei Kirchhain-Niederwald (Hessen) und ihre Einbettung in die Siedlungslandschaft des Amöneburger Beckens. https://lfd.hessen.de/hessenarch%C3%A4ologie/arch%C3%A4ologische-landesforschung/kirchhain-niederwald

Meixner, D. (2013): Pioniere am Lechrain. Eine Siedlung der jungneolithischen Münchshöfener Kultur. In: G. Mahnkopf (Hrsg.): Geschichte aus dem Boden. Archäologische Ausgrabungen in Blankenburg. Augsburg, S. 112–220

Mensching, H. (1976): Die kulturgeographische Bedeutung der Auelehmbildung. Ursprünglich in Verhandlungen Dt. Geographentag 1951. In: G. Richter (Hrsg.): Bodenerosion in Mitteleuropa. Darmstadt, S. 334–346

Meyer, T. (2017): Ökologie mitteleuropäischer Flussauen. Berlin

Müller, M. (2019): Paul J. Crutzen – ein Jahrhundertmensch. In: M. Müller (Hrsg.): Paul J. Crutzen: Das Anthropozän. Schlüsseltexte des Nobelpreisträgers für das neue Erdzeitalter. München, S. 11–60

Müller, M. J. (1987): Handbuch ausgewählter Klimastationen der Erde. Trier

Müller, N. (1991a): Auenvegetation des Lech bei Augsburg und ihre Veränderungen infolge von Flußbaumaßnahmen. In: N. Müller und K. R. Schmidt (Hrsg.): Der Lech. Wandel einer Wildflusslandschaft. Augsburg, S. 79–108

Müller, N. (1991b): Veränderungen alpiner Wildflusslandschaften in Mitteleuropa unter dem Einfluß des Menschen. In: N. Müller und K. R. Schmidt (Hrsg.): Der Lech. Wandel einer Wildflusslandschaft. Augsburg, S. 9–30

Müller, N. und A. Bürger (1990): Flußbettmorphologie und Auenvegetation des Lech im Bereich der Forchacher Wildflußlandschaft. Oberes Lechtal, Tirol. Jahrb. d. Ver. zum Schutz der Bergwelt 55, S. 43–74

Müller, N., I. Dahlhof, B. Häcker und G. Vetter (1992): Auswirkungen von Flußbaumaßnahmen auf Flußdynamik und Auenvegetation am Lech. Eine Bilanz nach 100 Jahren Wasserbau an einer nordalpinen Wildflußlandschaft. Ber. ANL (Heft 16), S. 181–214

Müller, N. und K. R. Schmidt (Hrsg.): Der Lech. Wandel einer Wildflusslandschaft. Augsburg 1991

Neumeier, R. (19.02.2013): Licca liber – der freie Lech. Projektauftakt am 19. Februar 2013. Augsburg

Neumeier, R. und A. Lindenmaier (2017): Wertach vital. Ein Projekt zur ganzheitlichen Flusssanierung bei Augsburg. In: Stadt Augsburg (Hrsg.): Augsburg und die Wasserwirtschaft. Studien zur Nominierung für das UNESCO-Welterbe im internationalen Vergleich. Augsburg, S. 218–227

Noell, J. (1986): Die Veränderungen der Flußlandschaft des Mains durch den Wasserbau. In: Bayerischen Landesamtes für Wasserwirtschaft (Hrsg.): Geschichtliche Entwicklung der Wasserwirtschaft und des Wasserbaus in Bayern. Seminar am 24. April 1986, Teil 1. München, S. 241–270

Otillinger, F. (2017): Trinkwasser aus Augsburg. Premiumprodukt durch nachhaltige Wasserpolitik. In: Stadt Augsburg (Hrsg.): Augsburg und die Wasserwirtschaft. Studien zur Nominierung für das UNESCO-Welterbe im internationalen Vergleich. Augsburg, S. 228–233

Paulus, C. und W. Fleischer (2016): Schwaben als Geschichtslandschaft. In: H. Frei (Hrsg.): Schwaben in Bayern. Historisch-geographische Landeskunde eines Regierungsbezirks. Lindenberg i. Allgäu, S. 86–122

Penck, A. und E. Brückner (1901–1909): Die Alpen im Eiszeitalter. Leipzig

Pfeuffer, E. (1991): Die Bedeutung des Lechtales für die Schmetterlingsfauna und Auswirkungen von Flußbaumaßnahmen. In: N. Müller und K. R. Schmidt (Hrsg.): Der Lech. Wandel einer Wildflusslandschaft. Augsburg, S. 129–136

Pfeuffer, E. (2010): Der Lech. Augsburg

Picker, A. (2015): Die Villa rustica von Oberndorf a. Lech, Lkr. Donau-Ries. Kallmünz/Opf.

Plöger, S., A. Schlumberger und E. von Hirschhausen (2020): Zieht euch warm an, es wird heiss! Den Klimawandel verstehen und aus der Krise für die Welt von morgen lernen. Frankfurt/Main

Pöpel, J. und B. Lotz (1992): Abwasserreinigung im Lichte neuer Anforderungen. In: H. R. Böhm (Hrsg.): Wasser. Eine Einführung in die Umweltwissenschaften. Darmstadt, S. 155–175

Pröbstle, E., M. Seyberth und G. Hach (1981): Zur Geschichte der Wildbachverbauung in Bayern. Geschichtliche Entwicklung der Wasserwirtschaft und des Wasserbaus in Bayern. München

Pumhösel, A. (21.08.2021): Freiheit für den Fluss. Was passiert, wenn man einem regulierten Fluss wieder freien Lauf lässt? STANDARD Wissenschaftsmagazin Forschung

Rapp, R. (1997): Schwellbetrieb am Lech – zwischen den Staustufen Kaufering und Merching. DVWK-Mitteilungen – Landesverband Bayern. (2), S. 6–7

Raster, B. (1979): Nutzung und anthropogene Veränderungen des Lechs in historischer Zeit. masch.-schriftl. Diss. Würzburg

Reumschüssel, T. (21.03.2018): Staudamm Roßhaupten: Erneuerung der Dammdichtung. Presseveranstaltung in Lechbruck am See. Düsseldorf

Richter, T. und J. Affolter (2016): Subsistenz und Landschaftsnutzung im Mesolithikum Altbayerns. Dissertation. Kallmünz/Opf.

Roeck, B. (2005): Geschichte Augsburgs. München

Rohdenburg, H. (1989): Landschaftsökologie – Geomorphologie. Cremlingen-Destedt

Rösch, M. (2011): Landnutzung und Kulturlandschaft in Mitteleuropa von der Jungsteinzeit bis zur Neuzeit. Ein Überblick. TÜVA Mitteilungen (12), S. 13–34

Rösch, M. (2014): Offenheit als vegetationsgeschichtlicher Begriff – Definition, Proxidaten, Problematik. Siedlungsforschung 31, S. 9–28

Rösch, M. (2016): Mit Feuer und Pflug. Landnutzung und Landschaftswandel. In: S. Rau, J. Heiligmann und C. Wolf (Hrsg.): 4.000 Jahre Pfahlbauten. Ostfildern, S. 304–308

Rüdiger, A. (o.J.): Abwasserreinigung in der Papierindustrie nach IPPC-Richtlinien. Technologiereport. Lübeck

Ruhs, P. (1986): Alte Bewässerungsanlagen in Bayern. In: Bayerisches Landesamt für Wasserwirtschaft und Technische Universität München (Hrsg.): Geschichtliche Entwicklung der Wasserwirtschaft und des Wasserbaus in Bayern. München, S. 69–113

Scheffer, F. und P. Schachtschabel (1982): Lehrbuch der Bodenkunde. Stuttgart

Schellmann, G. (1994): Wesentliche Steuerungsmechanismen jungpleistozäner und holozäner Flussdynamik im deutschen Alpenvorland und im Mittelgebirgsraum. In: G. Schellmann (Hrsg.): Beiträge zur jungpleistozänen und holozänen Talgeschichte im deutschen Mittelgebirgsraum und Alpenvorland. Düsseldorf, S. 123–146

Schellmann, G. (Hrsg.): Studien zur quartären Talgeschichte von Donau und Lech. Bamberg 2010

Schellmann, G. (Hrsg.): Geomorphologisch-quartärgeologische Kartierungen im bayerischen Lech-, Wertach- und Schmuttertal. Bamberg 2016

Schenk, W. (2001): Auen als Siedlungs- und Wirtschaftsräume vor den ingenieurtechnischen Veränderungen des 19. Jahrhunderts – das Mittelmaingebiet als Beispiel. Z. Geomorph. N.F. (Suppl.-Bd. 124), S. 55–67

Scheurmann, K. (1981): Die Anfänge des Wasserbaus in Bayern unter Carl Friedrich von Wiebeking. In: L. Strobel (Hrsg.): Geschichtliche Entwicklung der Wasserwirtschaft und des Wasserbaus in Bayern. München, S. 107–120

Schiechtl, H. (1981): Wasserbau am Lech in seiner geschichtlichen Entwicklung. In: L. Strobel (Hrsg.): Geschichtliche Entwicklung der Wasserwirtschaft und des Wasserbaus in Bayern. München, S. 121–160

Schielein, P. (2010): Neuzeitliche Flusslaufverlagerungen des Lechs und der Donau am Lechmündungsgebiet – qualitative und quantitative Analysen historischer Karten. In: G. Schellmann (Hrsg.): Studien zur quartären Talgeschichte von Donau und Lech. Bamberg, S. 215–241

Schielein, P. (2012): Jungquartäre Flussgeschichte des Lechs unterhalb von Augsburg und der angrenzenden Donau. Bamberg

Schier, W. (2014): Frühes Kupfer in Südost- und Mitteleuropa. In: T. Terberger und D. Gronenborn (Hrsg.): Vom Jäger und Sammler zum Bauern. Die Neolithische Revolution. Darmstadt, S. 48–56

Schilling, L. (2014): Wälder, Holzeinschlag und Flößer am Lech. In: M. Krauss, S. Lindl und J. Soentgen (Hrsg.): Der gezähmte Lech. Ein Fluss der Extreme. München, S. 31–46

Schirmer, W. (1979): Rannen im Mainschotter. Fränkische Heimat am Obermain. (Heft 16), S. 3–44

Schirmer, W. (1983a): Die Talentwicklung an Main und Regnitz seit dem Hochwürm. In: W. Schirmer (Hrsg.): Holozäne Talentwicklung. Methoden und Ergebnisse. Hannover, S. 11–43

Schirmer, W. (Hrsg.): Holozäne Talentwicklung. Methoden und Ergebnisse. Hannover 1983b

Schirmer, W. (2019): Flussterrasse und Flument. Geologische Blätter für Nordostbayern 69 (1–4), S. 131–136

Schlichtherle, H. (1997): Pfahlbauten rund um die Alpen. In: H. Schlichtherle (Hrsg.): Pfahlbauten rund um die Alpen. Stuttgart, S. 7–14

Schmid, W. A. und A. Naef (1994): Einleitung. In: W. Konold (Hrsg.): Historische Wasserwirtschaft im Alpenraum und an der Donau. Stuttgart, S. 5–9

Schönwiese, C.-D. (2013): Klimatologie. Stuttgart

Schönwiese, C.-D. (2019): Klimawandel kompakt. Ein globales Problem wissenschaftlich erklärt. Stuttgart

Schubert, E. (2012): Alltag im Mittelalter. Natürliches Lebensumfeld und menschliches Miteinander. Darmstadt

Schubert, T. (Hrsg.): Regionale Hydrogeologie von Deutschland. Die Grundwasserleiter: Verbreitung, Gesteine, Lagerungsverhältnisse, Schutz und Bedeutung. Hannover, Stuttgart 2016

Semmel, A. (1996): Geomorphologie der Bundesrepublik Deutschland. Grundzüge, Forschungsstand, aktuelle Fragen, erörtert an ausgewählten Landschaften. Stuttgart

Soentgen, J. (2014): Der Lech als Cyborg. In: M. Krauss, S. Lindl und J. Soentgen (Hrsg.): Der gezähmte Lech. Ein Fluss der Extreme. München, S. 151–160

Sommer, M. (2006): Strukturdefizite staugeregelter Flüsse – Möglichkeiten der ökologischen Aufwertung. In: D. Müller, A. Schöl, T. Bergfeld und Y. Strunck (Hrsg.): Staugeregelte Flüsse in Deutschland. Wasserwirtschaftliche und ökologische Zusammenhänge. Stuttgart, S. 45–58

Staatsarchiv Augsburg (1816): Einbruch des Lechflusses bey den Drey Kreuzen oberhalb dem Stadt Augsburgischen Wehre (Karten- und Plansammlung O4)

Staatsarchiv Augsburg: Karten- und Plansammlung, M 75 (1811): Einbrüche des Lechs ober- und unterhalb Gersthofens. Handzeichnung zu Planung der Lechkorrektur, Inspektor Kramer (M 75)

Stadt Augsburg: Flüsse und Seen – Erfrischung vor der Haustüre. https://www.augsburg.de/freizeit/baden/fluesse-und-seen/ (letzter Zugriff: 10.07.2021)

Stadt Augsburg (Hrsg.): Augsburg und die Wasserwirtschaft. Studien zur Nominierung für das UNESCO-Welterbe im internationalen Vergleich. Augsburg 2017

Stadt Augsburg: Referat Umwelt und Soziales (2015): Schematische Darstellung der wichtigsten Augsburger Triebwerkskanäle und Bachläufe sowie ihre Zusammenhänge und Verbindungen. https://www.augsburg.de/fileadmin/user_upload/A_Bachlaeufe_und_TW_ohne_Beschr.pdf (letzter Zugriff: 17.02.2020)

Stadtarchiv Augsburg KPS 01361 (1635): Elias Holl: Die Lechkanäle der Stadt Augsburg mit Mühlen, Eisenhämmern u.a. um das Jahr 1635.

Stadtwerke Augsburg Wasser GmbH (o.J.): Trinkwasser

Thalmair, M. (2015): Der Ursprung Füssens am Fluss, an der Straße und der Brücke über den Lech. 1.–5. Teil. Rund um den Säuling, S. 5–26

Trier, M. (2002): Die frühmittelalterliche Besiedlung des unteren und mittleren Lechtals nach archäologischen Quellen. Teilw. zugl.: Bonn, Univ., Diss., 1989/1990. Kallmünz/Opf.

Trockner, K., A. Paetzold und U. Karaus (2002): Leben in der Flußdynamik zwischen Trockenfallen und Hochwasser. In: H. Hagedorn, D. Herm und C. Deigele (Hrsg.): Katastrophe oder Chance? Hochwasser und Ökologie. München, S. 37–46

Troll, C. (1925): Die Rückzugsstadien der Würm Eiszeit im nördlichen Vorland der Alpen. In: L. Distel (Hrsg.): Mitteilungen der Geographischen Gesellschaft in München. München, S. 281–292

Umwelt Bundesamt (09.05.2020): Wasserrahmenrichtlinie. https://www.umweltbundesamt.de/wasser rahmenrichtlinie

UNESCO Welterbe: Prähistorische Pfahlbauten um die Alpen. https://www.unesco-pfahlbauten.org/welt erbe-pfahlbauten/baden-wuerttemberg/die-einzel nen-stationen/ (letzter Zugriff: 08.07.2019)

Voigt, D. (2018): Die Augsburger Wasserwirtschaft des 14. und 15. Jahrhunderts im Spiegel der Baumeisterbücher der Reichsstadt. In: C. Emmendörffer und C. Trepesch (Hrsg.): Wasser Kunst Augsburg. Die Reichsstadt in ihrem Element: Begleitband zur Ausstellung im Maximilianmuseum Augsburg. Regensburg, S. 47–57

Waldert, R. (1991): Auswirkungen von wasserbaulichen Maßnahmen am Lech auf die Insektenfauna flußtypischer Biozönosen. In: N. Müller und K. R. Schmidt (Hrsg.): Der Lech. Wandel einer Wildflusslandschaft. Augsburg, S. 109–120

Walke, N. (1964): Zum Forschungsstand der mittelrömischen Straßensiedlung Abodiacum – Epfach-Dorf. In: J. Werner (Hrsg.): Studien zu Abodiacum – Epfach. München, S. 1–14

Wanner, H. (2007): Der Klimawandel in historischer Zeit. In: W. Endlicher und F.-W. Gerstengarbe (Hrsg.): Der Klimawandel. Einblicke, Rückblicke und Ausblicke. Potsdam, S. 27–33

Wanner, H. (2016): Klima und Mensch. Eine 12000-jährige Geschichte. Bern

Wasserwirtschaftsamt Donauwörth: Lechhochwasser 1910. https://www.wwa-don.bayern.de/fluesse_seen/massnahmen/liccaliber/index.htm (letzter Zugriff: 09.05.2020)

Wasserwirtschaftsamt Donauwörth (10.07.2014): Licca Liber. Entwicklungsziele als Grundlage der kommenden Planung

Wasserwirtschaftsamt Donauwörth (18.07.2019): Forum Licca liber. Weiterführende Untersuchungen. Augsburg

Wasserwirtschaftsamt Donauwörth (18.07.2019): Umsetzungskonzept Licca Liber

Wasserwirtschaftsamt Kempten: Der Forggensee – Überblick. https://www.wwa-ke.bayern.de/fluesse_seen/gewaesserportraits/forggensee/ueberblick/index.htm (letzter Zugriff: 23.01.2020)

Werner, J. (1969): Die Ergebnisse der Ausgrabungen auf dem Lorenzberg und ihre Interpretation. In: J. Werner (Hrsg.): Der Lorenzberg bei Epfach. Die spätrömischen und frühmittelalterlichen Anlagen. München, S. 247–279

Wieprecht, S. (2006): Morphologische Grundlagen. In: D. Müller, A. Schöl, T. Bergfeld und Y. Strunck (Hrsg.): Staugeregelte Flüsse in Deutschland. Wasserwirtschaftliche und ökologische Zusammenhänge. Stuttgart, S. 35–44

Wiesner, E. R. (1986): Die Veränderung der Gewässer und der artenmäßigen Zusammensetzung der Fischbestände im Regierungsbezirk Schwaben. Berichte des naturwiss. Vereins für Schwaben, Augsburg 90. Band (Heft 3), S. 66–99

Wikipedia: Archäologisches Museum Königsbrunn. https://de.wikipedia.org/wiki/Archäologisches_Museum_Königsbrunn (letzter Zugriff: 02.11.2019)

Wikipedia: Augsburger Eiskanal. https://de.wikipedia.org/wiki/Augsburger_Eiskanal (letzter Zugriff: 09.07.2021)

Wikipedia: Haindl Papier. https://de.wikipedia.org/wiki/Haindl_Papier (letzter Zugriff: 13.01.2020)

Wikipedia: Kraftwerksmanagement. https://de.wikipedia.org/wiki/Kraftwerksmanagement (letzter Zugriff: 20.05.2019)

Wikipedia: Kuhsee (Augsburg). https://de.wikipedia.org/wiki/Kuhsee_(Augsburg) (letzter Zugriff: 09.07.2021)

Wikipedia: Lech. https://de.wikipedia.org/wiki/Lech (letzter Zugriff: 09.03.2019)

Wikipedia: Mandichosee. (letzter Zugriff: https://de.wikipedia.org/wiki/Mandichosee)

Zahner, V. (1997): Biber in Bayern. DVWK-Mitteilungen – Landesverband Bayern. (2), S. 8–9

Zallinger zum Thurn, Franz Seraph (1779): Abhandlung Von Den Ueberschwemmungen In Tyrol (1778). Innsbruck

Zarfl, C. und B. Lehner (2020): Small barriers are a big deal for Europe's rivers. Nature (Vol 588), S. 395–396

Zepp, H. (2011): Geomorphologie. Eine Einführung. Paderborn

Danke!

Als Autor eines geographischen Sachbuchs ist man auf vielfältige Hilfe angewiesen. Deshalb ist es mir ein herzliches Anliegen, Danke zu sagen für überlassene Druckvorlagen, die Mühen der Korrektur, die Begleitung im Gelände, angeregte Fachdiskussionen, Hilfen bei der Erstellung von Grafik, Betreuung im Archiv und Verlag etc. Im Einzelnen bedanken möchte ich mich bei Lea Eggers, Michael Hilgers, Hedda Kirsten, Dr. Sandy Valerie Lunau, Prof. Dr. N. Müller, Dr. Andreas Nuber, Tobias Rueß, PD Dr. Jens Soentgen, Bernd und Katja Tschirner, Marianne Weiß, Simone Winter, Dr. Gerd Zastrow, bei meiner Tochter Imme und bei allen nicht namentlich erwähnten Helfern vor allem im Staatsarchiv Augsburg, im Stadtarchiv Augsburg und im Hauptstaatsarchiv München.

Dr. Herbert Friedmann

FSC
www.fsc.org
MIX
Papier | Fördert gute Waldnutzung
FSC® C083411

Zeitfracht Medien GmbH
Ferdinand-Jühlke-Straße 7
99095 Erfurt, Deutschland
produktsicherheit@kolibri360.de